21 世纪土木工程实用技术丛书

高层建筑钢筋混凝土结构概念设计

第 2 版

方鄂华 编著

U0257250

机 械 工 业 出 版 社

本书主要介绍高层建筑结构的概念设计，更着重于高层建筑钢筋混凝土结构的抗震设计概念。首先介绍了高层建筑的结构方案和结构体系。在概念设计方面，一是通过大量的震害实例来说明一些重要的设计概念，二是通过试验研究了解钢筋混凝土梁、柱、剪力墙等构件的性能，从而了解规范和规程对构件设计和配筋构造的要求，三是通过力学分析和受力、变形特性了解一些空间结构和复杂结构的特性，以便掌握设计概念。本书还介绍了许多工程实例，读者可以看到国内外一些钢筋混凝土结构和混合结构的著名建筑结构简介。

本书与高层建筑结构的教材和规范解说不同，书内基本没有对规范和规程具体规定条文的重复和逐条解释(仅有少量为说明概念列出的要求)，读者阅读时联系规范、规程条文，便可深化对条文的理解和掌握。规范、规程的条文不能涵盖千变万化的建筑结构，也不是一成不变的条条框框，规范和规程也会发展和改进，因此很多情况下需要设计者根据规范、规程条文的实质内容对所采取的设计措施做出合理判断，并加以灵活运用。

本书适合于广大的结构工程师和建筑师阅读，同时亦可作为高校相关专业师生的辅助教材，对于高层建筑方面的科研及设计人员也有很大的参考价值和帮助。

图书在版编目(CIP)数据

高层建筑钢筋混凝土结构概念设计/方鄂华编著.
—2版.—北京：机械工业出版社，2014.11(2021.5重印)
ISBN 978-7-111-47838-6

Ⅰ.①高… Ⅱ.①方… Ⅲ.①高层建筑—钢筋混凝土结构—结构设计 Ⅳ.①TU973

中国版本图书馆 CIP 数据核字(2014)第 201868 号

机械工业出版社(北京市百万庄大街22号 邮政编码100037)
策划编辑：薛俊高 责任编辑：薛俊高
版式设计：霍永明 责任校对：刘怡丹
封面设计：张 静 责任印制：常天培
北京虎彩文化传播有限公司印刷
2021 年 5 月第 2 版第 2 次印刷
169mm×239mm · 23.5 印张 · 447 千字
标准书号：ISBN 978-7-111-47838-6
定价：58.00 元

电话服务 网络服务
客服电话：010-88361066 机 工 官 网：www.cmpbook.com
010-88379833 机 工 官 博：weibo.com/cmp1952
010-68326294 金 书 网：www.golden-book.com
封底无防伪标均为盗版 机工教育服务网：www.cmpedu.com

21世纪土木工程实用技术丛书

编 委 会

主任委员

赵国藩　大连理工大学　中国工程院院士

编　　委（依姓氏笔画排序）

方鄂华　清华大学　教授
王永维　四川建筑科学研究院　教授
王清湘　大连理工大学　教授
冯乃谦　清华大学　教授
江见鲸　清华大学　教授
朱伯龙　同济大学　教授
李　奇　机械工业出版社副社长
宋玉普　大连理工大学　教授
杜荣军　北京建筑科学技术研究院　高工
沈祖炎　同济大学　教授
金伟良　浙江大学　教授
郝亚民　清华大学　教授
顾安邦　重庆交通学院　教授
陶学康　中国建筑科学研究院　教授
唐岱新　哈尔滨工业大学　教授
黄承逵　大连理工大学　教授
蔡中民　太原理工大学　教授

第2版前言

《高层建筑钢筋混凝土结构概念设计》出版至今已经有 10 年了。这 10 年中我国的高层建筑已经进入世界前列，无论在数量上、高度上，还是在结构设计和施工技术上都有飞速的发展与进步，这是值得我们自豪的。我国《建筑设计抗震规范》GB50010—2010 和《高层建筑混凝土结构技术规程》JGJ3—2010 的公布实施，标志着我国高层建筑的建设正向更高水平前进，我国已有一大批有经验的结构工程师，也会有更多的年轻工程师参加到设计工作中。

在高层建筑建设飞速发展的时候，广大工程设计人员应该更加注意提高技术水平与修养，但是，无论结构设计方法和技术如何发展，结构设计的基本概念是不会改变的，因此作者认为有必要再版本书，以便于更多结构工程师、本专业的教师和学生能够了解概念设计及概念设计的方法。

本书中有关震害及其经验教训、构件试验研究结果与设计规定以及一些结构的力学性能分析比较的内容没有变化。新版书除了一些局部修改和文字修改外，增加的内容有：最新世界高层建筑状况与我国高层建筑发展情况，高层建筑结构抗震性能设计方法的介绍及运用，建筑结构体系的发展和双重抗侧力结构的进一步探讨，结构规则性及减少扭转震害的措施等，并增加了一些近年设计的超高层建筑工程实例。

感谢广大读者的关心，欢迎指正！

方鄂华
2014 年 1 月于清华园

第1版前言

高层建筑在我国的大规模蓬勃发展已有30年的历史，与发达国家相比，历史不算长，但是我国已培养和建立了自己的高层建筑结构研究、设计和施工队伍，锻炼了高水平的专门人才，有了符合我国国情的规范和技术规定，我们国家的高层建筑已经进入了世界水平。随着经济的不断发展，无论从数量上，还是从质量和技术水平上，高层建筑还需要有新的发展和飞跃，我国的教学、科研人员以及广大的结构工程师还要以更上一层楼的精神发展我国高层建筑结构的科学理论和实践技术，另一方面也需要在普及和提高广大技术人员的知识和设计水平方面做更多的工作。

因为"概念设计"对高层建筑结构设计的重要性和丰富内涵，多年以来，在高层建筑结构的教育和培训中受到普遍重视，但是又往往在严格的规范规定和一体化的程序计算中淡化了。结构概念设计不是某种具体的方法，它贯穿在结构设计的每一步骤，包括方案布置、结构计算、结构构造等，它是结构工程师的基本功。本书的目的是企图整理概念设计的基本脉络和内容，以人们容易理解的逻辑加以归纳，使更多设计人员掌握和运用概念设计。因此，本书与高层建筑结构的教材或规范解说不同，书内基本没有对规范和规程具体条文的重复和逐条解释，没有公式推导和计算，希望读者联系力学和结构的基本知识，联系规范、规程条文，联系实际工程，掌握概念。规范、规程的条文不能涵盖千变万化的建筑结构，也不是一成不变的条条框框，很多情况下需要设计者理解规范，加以灵活运用。

本书主要介绍高层建筑结构的概念设计，更着重于高层建筑钢筋混凝土结构的抗震概念设计。首先介绍了高层建筑的结构方案和实例，读者可以看到国内外一些著名钢筋混凝土和混合结构的简介，有些是成功的，有些也存在一些遗憾。在概念设计方面，一是通过大量的震害实例来说明一些重要的设计概念；二是通过试验研究了解钢筋混凝土梁、柱、剪力墙等构件的性能，从而了解规范和规程对构件设计的要求；三是通过力学分析和受力、变形性能了解一些空间结构和复杂结构的特性，以便掌握设计概念。本书的读者需要具备大学课程的基本知识，如果有一些高层建筑结构设计的实践经验可能更有助于对内容的理解。

谨以此书献给广大年轻的结构工程师和建筑师，希望结构工程师在结构的基本功和结构的悟性上有所提高，希望增加建筑师与结构工程师的相互理解，密切配合，在中国的大地上创造出更美、更新、更符合人们要求的高层建筑。

感谢程懋堃总工程师、汪大绥总工程师、容伯生总工程师、李盛勇总工程师以及徐斌高级工程师等为本书提供资料，感谢孙建超高级工程师为第8章所作的计算和制图。

书中内容是作者多年从事高层建筑结构的教学、科研和设计评审等工作经验的积累，难免有片面和不周之处，望读者指教。

方鄂华

2004 年 5 月于清华园

目　　录

第1章　高层建筑结构的发展与现状

1.1　国内外高层建筑的历史和现状

我国的塔是古代高层建筑的典型代表，与埃及金字塔相比，我国古代的塔在建筑形式和结构上已有了相当高的水平，大都采用木与砖结构。有一些塔经受住了上千年风吹雨打，甚至经受了强烈地震而保留至今，足见其结构合理、工艺精良。但是古代的塔主要是宗教和权力的象征，是纪念性建筑，实用空间很小，墙壁厚度大，高度也受到限制。

现代高层建筑的出现是在19世纪，1884~1885年美国芝加哥建成了11层的家庭保险大楼(Home Insurance Building)，是用铸铁和钢建造的框架结构(现已拆除)，见图1-1，它首次采用框架代替承重墙建造房屋结构，被认为是一次革命，开创了现代高层建筑的历史阶段。在以后的130年间高层建筑的发展速度由慢到快，近年来呈迅速上升趋势。1931年，在纽约建成了著名的帝国大厦(Empire State Building)，102层，381m高，成为当时的奇迹，它享有"世界最高建筑"之美誉达40年之久。1960年以后，建筑材料、结构体系和施工技术的不断发展，才开始进入大量建造50层以上高层建筑的时代。近年来，亚太地区经济迅速

图1-1　美国家庭保险大厦(1885年)

发展，高层建筑的建造速度和高度都受到世界瞩目，建造高度被突破的时间间隔愈来愈缩短，表1-1是2013年11月公布的世界100幢高层建筑中的前10。由表中可见，由于商业竞争，高度突破周期由数十年发展为数年，美国在1972年建成402m高的世界贸易中心双塔（World Trade Center Twin Tower，2001年9.11事件中被毁）见图1-2，1974年就建成442m高的西尔斯大厦（Sears Tower），见图1-3，1998年马来西亚吉隆坡建成当时世界最高建筑——452m高的石油双塔（Petronat Twin Tower），见图1-4；2004年建成的台北市国际金融中心，达到480m（塔尖达508m），见图1-5；2010年建成的迪拜哈利法塔是目前世界最高的建筑，高828m，见图1-6。

图1-2　美国纽约世贸中心双塔(1972年)

图1-3　美国西尔斯大厦(1974年)

图1-4　马来西亚吉隆坡石油双塔(1998年)

图 1-5 台北国际金融大厦(2004 年)   图 1-6 迪拜哈利法塔(2010 年)

表 1-2 是对世界 100 幢最高高层建筑统计的一些数字，说明其分布的国家、建造年代、使用材料等，从 100 幢最高建筑中拥有的数量看，中国已占世界第一位。

表 1-1 世界 100 幢最高建筑的前 10 幢

高层建筑与城市住宅委员会（CTBUH）2013.11 发布

序号	名称	城市	层数	高度/m	材料	用途	建造年代
1	哈利法塔 Burj Khalifa	迪拜	163	828	钢/混凝土	旅馆/公寓/办公楼	2010
2	麦加钟楼 Makkah Royal Clock Tower Hotel	麦加	120	601	钢/混凝土	多功能	2012
3	台北 101 Tapei 101	台北	101	508	混合	办公楼	2004

（续）

序号	名称	城市	层数	高度/m	材料	用途	建造年代
4	上海世贸中心 Shanghai World Financial Center	上海	101	492	混合	办公楼/酒店	2008
5	国际商业中心 International Commerce Center	香港	108	484	混合	办公楼/酒店	2010
6	石油大厦双塔 Petronas Tower 1 Petronas Tower 2	吉隆坡	88	452	混合	办公楼	1998
7	紫峰大厦 Zifeng Tower	南京	89	450	混合	办公楼/酒店	2010
8	西尔斯大厦 Sears Tower	芝加哥	110	442	钢	办公楼	1974
9	京基100 KK100	深圳		442	混合	办公楼/酒店	2011
10	广州国际金融中心 Guangzhou International Finance Center	广州	100 103	439	混合	办公楼/酒店	2010

表1-2 世界100幢最高建筑分布、建造年代、材料及功能

依据高层建筑与城市住宅委员会（CTBUH）2013.11发布

分布的国家		分布的城市		建造年代		所用材料	
中国	33	迪拜	22	2010－2013	44	钢	14
阿联酋	25	芝加哥	7	2000－2009	27	混凝土	45
美国	20	香港	7	1990－1999	17	混合	41
马来西亚	3	广州	6	1980－1989	5		
韩国	3	上海	5	1970－1979	3		
		纽约	5	1960－1969	1		
其他13国	16			1960以前	3		

注：中国33幢建筑中，包括香港7幢、台北1幢、高雄1幢。

解放前我国大陆高层建筑很少，在20世纪50及60年代陆续建成了一些，70年代才开始大批建造，我国大陆的现代高层建筑起步较晚。20世纪的80及90年代，我国高层建筑进入了高速发展时期，在数量、质量及高度上都有很大发展，高层住宅已遍及全国各地，上海、深圳、北京、广州——形成了成片的高层建筑群。进入21世纪后，我国的发展速度更加迅猛，高层建筑的数量和高度几乎是飞跃式的增加，由表1-1、表1-2可见，现在我国已替代美国，成为世界上高层建筑最多的国家。表1-3列出了我国大陆各个年代建造的具有代表性的高层建筑，而目前尚有多幢超过400m的高层建筑仍在施工中。图1-7～图1-10是在表1-3中列出的几幢国内高层建筑。

图1-7　深圳地王大厦

表1-3　我国高层建筑发展

年代(20世纪)		名　称	层数	高度/m	体　系	备　注
30	1934	上海国际饭店	22	82.5	SS框架	当年远东第一
50	1959	北京民族饭店	12	47.4	RC框架	
60	1968	广州广州宾馆	27	87.6	RC框—剪	当年国内最高
70	1976	广州白云宾馆	33	114.1	RC剪力墙	当年国内最高
80	1985	深圳国贸大厦	50	158.7	RC筒中筒	当年国内最高
	1987	广州国际大厦	63	200.0	RC筒中筒	当年国内最高
	1987	北京京广中心	57	208.0	SS框—剪	当年国内最高
90	1996	深圳地王大厦	69	384	混合框架—核心筒结构	当年世界第6
	1996	广州中信广场	80	391	RC框架—核心筒结构	当年世界第5、世界钢筋混凝土最高
	1999	上海金茂大厦	88	421	混合筒—框	当年世界第4、国内最高

(续)

年代(20 世纪)		名 称	层数	高度/m	体 系	备 注
21 世纪	2008	上海环球金融中心	101	492	混合	世界第2，国内最高
	2010	南京紫峰大厦	89	450	混合	世界第7
	2010	广州国际金融中心	103	439	混合	世界第10
	2011	深圳京基100	100	442	混合	世界第9

图 1-8　上海金茂大厦(中)、上海
环球金融中心(左)、上海中心
(右,建设中,632m)

图 1-9　北京中国尊(建造中,528m)

图 1-10 南京紫峰大厦

1.2 高层建筑结构的特点

从名词上看，高层结构的主要特点是层数和高度，实质上，其特点是指水平荷载在设计中所占的主导地位。

图 1-11 是结构内力（N、M）、位移（Δ）与高度（H）的关系，除轴向力 N 与高度成正比外，水平荷载产生的弯矩 M 与位移 Δ 都呈指数曲线上升，因此，随着高度增加，水平荷载将成为控制结构设计的主要因素。可以说，多层到高层，是一个水平荷载起的作用由小到大的量变过程，多层与高层建筑结构没有固定的划分界线，从结构的观点看，凡是水平荷载起主要作用时就可认为进入了高层建筑结构的范畴。我国规范将 10 层或 28m 以上的建筑规定为高层建筑，这也是世界多数国家习惯上的划分方法，便于划定规范的适用范围。

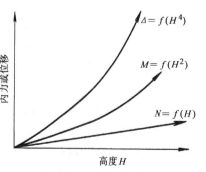

图 1-11 高层建筑内力、位移与高度关系

在高层建筑中，要使用更多结构材料来抵抗水平荷载，抗侧力结构成为高层建筑结构设计的主要问题，特别是在地震区，地震作用对高层建筑危害的可能性也比较大，高层建筑结构的抗震设计应受到加倍重视。因此，高层建筑结构设计及施工要考虑的因素及技术要求比多层建筑更多、更为复杂。图 1-12 表示了侧向力与结构各部分所需材料的关系（按钢结构每平方米所需的钢材数量统计），由此图可见，随着层数增加，水平力作用下结构设计是否优化，材料用量将有很大差别。

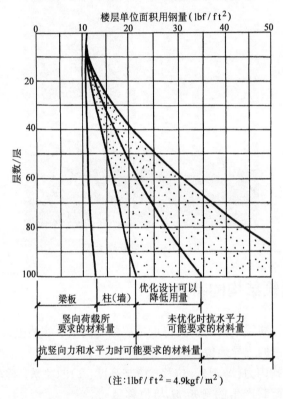

图 1-12　高层建筑结构材料用量与高度关系[1]

1.3　钢筋混凝土结构及混合结构在高层建筑结构中的应用

在过去的 100 年里，特别是近 50 年，高层建筑结构有了巨大的发展，其中包括材料、结构体系及施工技术。

高层建筑结构的材料主要是钢筋混凝土和钢。除了全部采用钢材的钢结构和全部采用钢筋混凝土材料的钢筋混凝土结构外，同时采用两种材料做成的混合结构和组合结构在近年来得到愈来愈广泛的应用。

钢结构优点突出：钢材抗压、抗拉、抗剪强度都很高，韧性大，易于加工；钢结构具有结构断面小、自重轻，可减少结构所占据的建筑面积，可降低基础造价；构件延性好，结构抗震性能优于钢筋混凝土结构；钢结构构件可在工厂加工，缩短现场施工工期。钢结构的主要问题也是明显的，一是防火性能不好，需要用昂贵的防火涂料，因而维护费用高，二是钢结构的造价高，高层钢结构造价一般为钢筋混凝土结构造价的 1.5~2.0 倍，具体分析造价高的原因有三方面：用钢量大；钢构件制作、运输、安装费用大；防火涂料费用多等。如果考虑钢结构的综合经济效益(可降低地基基础造价,增加使用面积)，以及上部结构只占工程总造价的 15%~20%，工程总造价又只占总投资的 50%~70%，那末由于采用钢结构而增加的总投资仅为 5%~10%。

钢筋混凝土结构造价较低，且材料来源丰富，并可浇筑成各种复杂断面形状，钢材用量少，而承载力也不低，侧向刚度大，整体浇筑的连接节点可靠，抗震性能虽不如钢结构，但经过合理设计也可获得较好的抗震性能。其缺点是构件断面大，占据室内空间多，因而减少使用面积，自重大，从而基础用材更多，导致基础造价增高，但一般总造价都低于钢结构。近年来高强混凝土和高性能混凝土的发展更促进了高层钢筋混凝土建筑的发展。

在发达国家，大多数高层建筑采用钢结构。混凝土高层建筑发展缓慢，在美国，1903 年建成第一幢用钢筋混凝土材料建造的高层建筑是辛辛那提的 Ingalls Building，16 层，64m 高；1922 年在达拉斯建成 19 层、70m 高的 Medical Arts Building；到 1959 年，才建成了 39 层、113m 高的 Executive House，为框架—剪力墙结构。而此时，在古巴和巴西，都已建成高度更大的钢筋混凝土建筑(分别为 123m 和 154m)；1968 年，澳大利亚的悉尼建成了当时世界最高的钢筋混凝土建筑，Australia Square，51 层，183m 高。在早期，发达国家的钢筋混凝土高层建筑不仅数量很少，高度也不大。近年来，由于钢筋混凝土结构具有的优点，发达国家的钢筋混凝土建筑逐渐增多。1971 年，美国休斯顿首次建造了 50 层、218m 高的第一贝壳广场大厦(One Shell Plaza)，也是第一幢用轻混凝土建造的高层混凝土建筑，见图 1-13。以后，由于高强混凝土的成熟和应用，钢筋混凝土高层建筑数量增加，支加哥 64 层、高度为 423m 的支加哥 Trump 国际酒店大楼是目前美国最高的钢筋混凝土建筑。但是，美国较高的钢筋混凝土高层建筑都建造在非地震区。在地震区，直到 1984 年，在美国旧金山海湾地区才建成了 31 层的太平洋广场高层公寓(Pacific Plaza)，采用了钢筋混凝土延性框架结构(第 10 章 10.13 节将作详细介绍)。在日本，由于地震频繁，长期以来不允许建造钢筋混凝土高层建筑，在 20 世纪 80 年代，继美国之后，开始建造了极少量的 30~40 层钢筋混凝土框架结构，1984 年设计和建造了日本最高的钢筋混凝土框架结构，是 41 层、高度为 135.81m 的公寓建筑(其平面见第 10 章图 10-70、

图 10-71）。

图 1-13　美国休斯顿第一贝壳广场大厦（One Shell Plaza）

在发展中国家，大多数高层建筑采用钢筋混凝土材料建造。许多发展中国家最大量的和最高的高层建筑都是钢筋混凝土结构，现在阿联酋迪拜的高层钢筋混凝土结构最多。我国是在地震区建造抗震钢筋混凝土高层建筑数量最多、也是高度最高的国家。上海、广州、深圳都是 7 度抗震设防地区，已建造了多幢 300m 以上的钢筋混凝土高层建筑，1996 年建造的广州中信广场大厦是当时世界最高的钢筋混凝土结构，见图 1-14。现在，我国最高的钢筋混凝土结构是 1996 年建

图 1-14　广州中信广场大厦

造的广州花旗广场，80层，高390m。北京是8度抗震设防区，有多幢高度超过100m的钢筋混凝土结构，1991年建造的111m高、34层的新世纪饭店尤其是有代表性（第10章10.6节介绍），目前北京正在建造更高的钢—钢筋混凝土混合结构——中国尊（见第10章10.19节）。

实际上，在高度很大的结构中，采用钢和混凝土两种材料做成组合构件及混合结构，是安全、合理且经济的结构，这也是我国近年来发展研究的热点。

组合构件是将钢材和钢筋混凝土组合在同一构件中，例如钢骨混凝土柱或梁、钢管混凝土柱、叠合钢管混凝土柱、钢—混凝土组合楼板、钢板剪力墙等。混合结构则是指在整个结构中采用钢构件、钢筋混凝土构件或组合构件组成的结构。日本较早应用钢骨混凝土结构，从日本历次大地震的震害看，除钢结构外，钢骨混凝土结构的震害较少。由表1-2的统计可见，当今世界100幢最高建筑中，建筑高度增加，但钢结构数量却减少，由2002年的37幢减少为2013年的14幢，而无论是发达国家或发展中国家，超高层建筑中采用混合结构的数量都增加了，由2002年的32幢增加到2013年的41幢，最高100幢建筑中前10名多数采用混合结构。

在我国，高层建筑中一直以钢筋混凝土结构为主，近年来钢管混凝土柱的研究和应用增多，深圳的赛格广场（见第10章10.11节）建于2000年，是那个时期利用钢管混凝土柱的最高建筑。后来我国又自主研发了叠合钢管混凝土柱，取得了很好的效果。目前在超过300m的高层建筑中采用钢管混凝土柱或钢骨混凝土柱的混合结构数量增加，由表1-3可见，进入世界100幢最高建筑排名中的中国超高层建筑，以及我国在建造中的超过400m的超高层建筑，几乎都采用了混合结构。

高层建筑的抗侧力体系是高层建筑结构是否合理、经济的关键，随着建筑高度及功能的发展需要，抗侧力结构体系也在不断发展变化。由最初的框架、剪力墙结构等基本体系，发展为框架—剪力墙体系，继而又发展了框架—筒体体系、框架—筒体—伸臂体系、框筒体系、筒中筒体系、巨型框架体系、脊骨结构体系等。随着建筑功能及形式的不断发展，必定还会有更多、更新的结构体系出现。

1.4　高层建筑结构抗震设计

我国处于欧亚板块和太平洋板块边缘，见图1-15，因此是个多地震国家，我国《建筑抗震设计规范》GB50011—2010（以下简称《抗震规范》）规定，在国家地震局（1990）颁布的《中国地震烈度区划图》上规定的基本烈度为6度及6度以上地区内的建筑结构，应当抗震设防。我国设防烈度为6度和6度以上地区约占全国总面积的60%。我国建造高层建筑的大城市几乎都在抗震设防范围内，因此，高层建筑结构的抗震设计成为高层建筑设计中的重要组成内容。

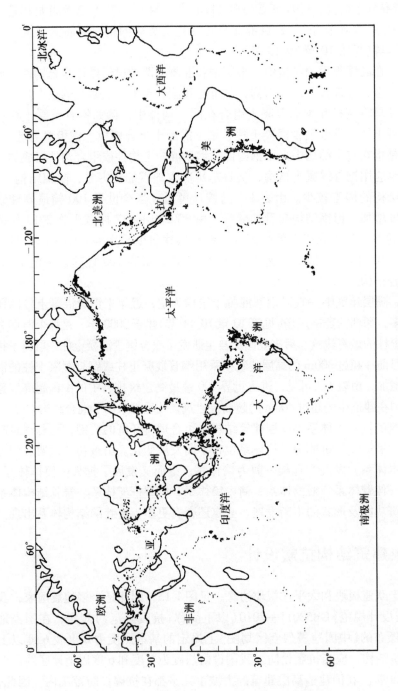

图 1-15 我国周边的地震带

我国《抗震规范》又按建筑物重要性及地震危害的严重性将房屋分为甲、乙、丙、丁四个设防类别，高层建筑没有丁类。甲类建筑是重大建筑工程和地震时可能发生严重次生灾害的建筑，设计时地震作用应高于本地区设防烈度；乙类建筑是地震时使用功能不能中断或需尽快恢复的建筑，按本地区设防烈度进行设计；除甲、乙类以外的建筑属于丙类。

我国的房屋建筑采用三水准抗震设防目标，即："小震不坏，中震可修，大震不倒"。在小震作用下，房屋应该不需修理仍可继续使用；在中震作用下，允许结构局部进入屈服阶段，经过一般修理仍可继续使用；在大震作用下，构件可能严重屈服，结构破坏，但房屋不应倒塌、不应出现危及生命财产的严重破坏。也就是说，抗震设计要同时达到多层次要求。在新《抗震规范》和新《高层建筑混凝土结构技术规程》JGJ3—2010（以下简称《混凝土高规》）都提出了"结构抗震性能设计"要求，将三水准抗震设防目标更加具体化，对超高层建筑抗震要求更加严格。

小、中、大震是指概率统计意义上的地震烈度大小：

小震是指该地区 50 年内超越概率约为 63% 的地震烈度，重现期为 50 年，即众值烈度，又称为多遇地震；

中震指该地区 50 年内超越概率约为 10% 的地震烈度，重现期为 475 年，又称为基本烈度、设防烈度或设防地震；

大震是指该地区 50 年内超越概率约为 2%～3% 的地震烈度，重现期为 1600～2400 年，又称为罕遇地震。

抗震与抗风设计有不同的特点，风是经常作用在结构上的外部荷载，发生的机会多，且作用的时间长，有时达数小时，一般要求在风作用下结构处于弹性阶段，不允许出现大的变形，装修材料、结构和非结构构件都不能出现裂缝，人不应有不舒适感。而地震作用是地面运动通过基础对上部结构产生影响，地面竖向振动使结构产生竖向振动，影响相对较小；地面水平振动使结构产生移动和摇摆，扭转振动使结构扭转。对建筑结构造成破坏的，主要是水平振动和扭转振动。后者对房屋破坏性很大，但目前尚无法计算，主要采用概念设计方法以减小其破坏性。

地面运动的特性可以用三个特征量来描述：强度（由振幅值大小表示）、频谱和持续时间。强烈地震的振动加速度或速度幅值一般很大，但如果地震时间很短，对建筑物的破坏性可能不大；而有时地面运动的振动加速度或速度幅值并不太大，而地震波的卓越周期（频谱分析中能量占主导地位的频率成分）与结构物基本周期接近，或者振动时间很长，都可能对建筑物造成严重影响。因此，强度、频谱与持时被称为地震三要素。地面运动的特性除了与震源所在位置、深度、地震发生原因、传播距离等因素有关外，还与地震传播经过的区域和建筑物所在区域的场地土性质密切相关。

建筑物本身的动力特性对建筑物是否破坏和破坏程度有很大影响。建筑物动力特性是指建筑物的自振周期、振型与阻尼，它们与建筑物的质量和结构的刚度、材料有关。通常质量大、刚度大、周期短、阻尼比小的建筑物在地震作用下的惯性力较大；刚度小、周期长的建筑物侧向位移较大，但惯性力较小。特别是当地震波的卓越周期与建筑物自振周期相近时，会引起类共振，结构的地震反应加剧。

影响地震作用的因素极为复杂，是一种随机的、尚不能预见和准确计算的外部作用，目前规范给出的计算方法还是一种半经验半理论的方法，抗震结构的设计应该是概念设计、计算和构造措施等综合而完整的设计过程。

由于地震的不可预见性及地震作用的不确定性，抗震设防的结构必须重视概念设计。概念设计涉及的面很广，从方案、结构布置到计算简图的选取，从截面配筋到构件的配筋构造等都存在概念设计的内容。概念设计是相对于量化计算而言，通过力学规律、震害教训、试验研究、工程实践经验等建立设计概念、设计对策和措施，它比量化计算更能有效地从宏观上处理好结构的安全问题，特别是抗震安全。对于整个设计过程，概念设计与计算相辅相成，但是，由于地震作用的不确定性，必须有概念设计作引导和判断；计算设计常常是在概念设计的指导下完成的。

结构概念设计是高层建筑结构设计的重要内容，工程师对概念设计的掌握是一个不断学习和积累的过程，应该通过力学知识和力学规律建立结构受力与变形规律的各种概念(力学不能只是计算的工具)，对历次地震震害的关注与对国内外震害教训经验的积累，以及对各类结构试验研究结果的了解和应用，还有大量工程经验的日积月累(不能只依赖计算结果)，深入施工现场，理论联系实际，这样就会逐步提高概念设计的知识和能力。

第2章 结 构 体 系

2.1 高层建筑结构体系

结构体系是指结构抵抗竖向荷载和水平荷载时的构件组成方式及传力途径，竖向荷载通过水平构件（楼盖）和竖向构件（柱、墙、斜撑等）传递到基础，是任何结构的最基本的传力体系；而在高层建筑中，抗侧力体系要将房屋承受的水平荷载传到基础，抗侧力体系的选择与组成成为高层建筑结构设计的首要考虑及决策重点，多数情况下，它也应当满足竖向荷载传力体系是统一的要求。

高层建筑的抗侧力体系是高层建筑结构是否合理、经济的关键，它也随着建筑高度及功能的发展需要而不断发展变化。由最原始的框架、剪力墙结构等基本体系，发展为框架—剪力墙体系，继而又发展了框架—筒体体系、框架—筒体—伸臂体系、框筒体系、筒中筒体系、巨型框架体系、脊骨结构体系等。随着建筑功能及形式的不断发展，抗侧力结构体系也需要不断发展、不断改进、创新，在积累经验和深入研究的基础上将会逐渐形成各种新的、高效而合理的抗侧力体系。

2.1.1 框架结构(Frame Structure)

由梁、柱组成的结构称为框架结构，可同时抵抗竖向及水平荷载。框架结构的柱网间距可大可小，大约为 4~10m，建筑平面布置灵活是它的突出优点。框架结构构件类型少，设计、计算、施工都比较简单，是美国第一幢现代高层建筑（家庭保险公司大楼，见图 1-1）采用的体系，也是各种高层结构抗侧力体系最基本的组成部分。

按照抗震要求设计的钢筋混凝土框架结构都可以成为延性大，耗能能力强的延性框架结构，具有较好的抗震性能，美国和日本的抗震钢筋混凝土高层建筑采用了延性框架结构体系（见 10.13 节美国加州太平洋广场公寓介绍）。但框架结构的抗侧刚度较小，用于比较高的建筑时，需要截面较大的钢筋混凝土梁、柱才能满足变形限值的要求，减小了有效使用空间，经济指标也不好，非结构的填充墙和装饰材料容易损坏，修复费用高。根据我国目前广泛采用的填充墙材料及构造方式，钢筋混凝土框架结构的适用高度受到限制，国内最高的钢筋混凝土框架结构是北京的长城饭店，18 层（凸出部分 22 层），总高 82.85m，其结构平面见图 10-68。

2.1.2 剪力墙结构（Shear Wall Structure）

用钢筋混凝土剪力墙抵抗竖向荷载和抵抗水平力的结构称为剪力墙结构。

现浇钢筋混凝土剪力墙结构的整体性好，抗侧刚度大，承载力大，在水平力作用下侧移小，经过合理设计，能设计成抗震性能好的钢筋混凝土延性剪力墙，由于它变形小且有一定延性，在历次大地震中，剪力墙结构破坏较少，表现出令人满意的抗震性能（但仅就延性而言，剪力墙不如框架）。全部采用钢筋混凝土剪力墙的结构中，由于楼板跨度的局限，剪力墙的间距小，一般为 3~8m，平面布置不灵活、建筑空间受到限制是它的主要缺点，因此，它只适用于开间要求不大的住宅、旅馆等建筑。由于自重大，刚度大，使剪力墙结构的基本周期短，地震惯性力较大。

钢筋混凝土剪力墙结构在国内应用十分广泛，10.22 节给出了一些应用剪力墙结构的平面图。应用最多的是 10~30 层的高层住宅及旅馆。剪力墙结构施工方便，且适用高度范围较大（多层及高层均适用），但高度很大的剪力墙结构并不经济。

2.1.3 框架—剪力墙（简体）结构（Frame—Wall Structure）

在结构中同时布置框架和剪力墙，就形成框架—剪力墙结构；两个方向的剪力墙围成简体，就形成框架—简体结构，二者基本性能一致，可以统称为框架—剪力墙结构。

框架—剪力墙结构兼有框架结构布置灵活，延性好的优点和剪力墙结构刚度大，承载力大的优点。由于框架是剪切型变形，其底部层间变形大，向上逐渐减小，而剪力墙是“变曲型”变形，其底部层间变形小，向上逐渐增大，框架、剪力墙协同受力后，在结构的底部框架侧移减小，在结构的上部剪力墙的侧移减小，侧移曲线兼有这两种结构的特点，是“弯剪型”，见图 2-1。弯剪型变形曲线的层间变形沿建筑高度变化比较均匀，减小了框架和剪力墙的层间变形，适用于较高的建筑；地震时，一般情况下剪力墙为第一道防线，框架为第二道防线，形成多道抗震设防结构。可以说，框架—剪力墙结构综合了框架结构及剪力墙结构的优点，是一种适合于建造高层建筑的结构体系。当剪力墙分散布置时，建造高度有限，约 20~30 层，当剪力墙做成简体时，其建造高度可增大至 40~50 层，甚至更高。

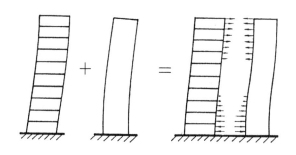

图 2-1 框架—剪力墙协同工作

2.1.4 框架—核心筒结构(Frame—Core Structure)

当框架布置在周边，筒体布置在中间时，成为框架—核心筒结构。它是框架—剪力墙结构的一种特例，剪力墙组成的核心筒成为抵抗水平力的主要构件，因此《混凝土高规》中把它归入筒体体系，实际上，它的受力变形特点与框架—剪力墙(筒体)结构相同，具有协同工作的许多优点。此外，如果采用大截面的柱，这种结构外框架间距可达 8 ~ 9m，甚至更大，而且布置方式可多变，允许布置较大的窗户，建筑立面灵活，可以获得良好的外观。若采用无粘结预应力楼板，或采用钢梁(轻型钢桁架)—压型钢板—现浇混凝土楼板，外框架与核心筒的间距可以达 10m 以上，使用空间大而灵活，采光条件好，是高层公共建筑和办公用房的理想选择。在高度较大时，还可以设置伸臂(outrigger)，成为框架—核心筒—伸臂结构，设置伸臂可减小侧移，其建造高度可达 60 ~ 100 层。因此框架—核心筒结构成为近年来在各种高度的高层建筑中应用最为广泛的一种结构，其典型平面见表 2-1，在第 10 章中有许多工程实例采用这种体系，10.23 节图 10-82 ~ 图 10-96 给出了很多实际工程中的布置方式。在第 8 章将对框架—核心筒结构和框架—核心筒—伸臂结构作详细的讨论。

2.1.5 框筒和桁架筒(Frame Tube and Diagonally Braced Frame Structure)

由密柱深梁框架围成"筒状"组成了空间结构，称为框筒；由梁、柱、斜支撑形成桁架，并由数片桁架围成"筒"状，就形成了桁架筒。其典型平面见表 2-1，一般布置在建筑物外围，内部可设置一些柱，以减小楼板梁的跨度。

表 2-1　几种体系(钢筋混凝土结构)适宜的高度范围

体系名称	框架	框架—剪力墙	剪力墙	框架—核心筒	框架—核心筒—伸臂
典型平面					
典型立面					
适宜范围	10 层以下 40m	8 ~ 20 层 80m	10 ~ 40 层 120m	30 ~ 50 层 200m	50 ~ 100 层 400m
适宜高宽比	≤4	≤5	≤6	≤6	≤8
体系名称	框筒、桁架筒	筒中筒	束筒	巨型框架	脊骨结构
典型平面					
典型立面					
适宜范围	50 ~ 100 层 300m	50 ~ 100 层 400m	50 ~ 110 层 450m	30 ~ 150 层 500m	50 ~ 80 层 300m
适宜高宽比	≤6	≤7	≤8	≤10	≤7

　　框筒结构构件都布置在建筑物周边,内部空旷,可以充分发挥空间作用,在水平力作用下,除了与水平力方向一致的腹板框架受力以外,垂直于水平力的翼缘框架可承受很大的倾覆力矩。框筒的空间作用明显,因此框筒的抗侧刚度很

大，框筒抗扭刚度也很大。框筒翼缘框架各柱的轴力呈抛物线形分布，角柱的轴力大于平均值，远离角柱的柱轴力小于平均值；腹板框架柱的轴力也不是直线分布，见图2-2。这种现象称为剪力滞后，剪力滞后越严重，空间作用越小。在第8章将对框筒结构的剪力滞后作详细的讨论。

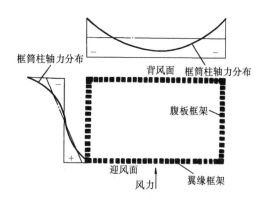

图 2-2　框筒的剪力滞后

桁架筒结构承受的水平力通过斜杆传至角柱，然后传至基础，桁架各构件都主要承受轴向力，受力合理，能充分利用材料；桁架筒也是位于建筑物周边而内部空旷，主要依靠四周桁架形成空间作用抵抗水平荷载，构件数量虽少，但结构的整体抗侧刚度很大，桁架筒结构比框筒结构能建造更高的建筑，也更节省材料，主要用于钢结构，例如美国支加哥的 John Hancock Center，1969 年建成，地上100层，总高344m，采用钢桁架筒结构，是当时最省钢的高层建筑。也有少数钢筋混凝土结构采用桁架筒体系，本书10.16节介绍的芝加哥昂提瑞中心就是钢筋混凝土桁架筒结构。近年来有很多超高层建筑采用钢—混凝土组合构件建造混合桁架筒结构。

框筒和桁架筒结构都是很适合于建造高层建筑的体系。为了传递楼盖的竖向荷载，布置少量中间柱子，这些内柱不抵抗水平荷载。事实上，由于竖向交通和管道设备的通行，要设置内筒，因而更常见的结构体系是筒中筒结构体系。

2.1.6　筒中筒结构(Tube in Tube Structure)

筒中筒结构由外筒及内筒组成，外筒为框筒或桁架筒，内筒可以采用剪力墙围成的实腹筒，或采用内钢桁架筒或内框筒。内筒可设置竖向交通井以及竖向管道井，是高层建筑使用功能所必需的部分，从结构而言，内筒加强了结构，因而筒中筒结构的抗侧刚度和抗扭刚度更大，适用于更高的高层建筑。内外筒之间一般不设柱(也可设柱)，它与框架—核心筒结构平面组成相似(由外围周边结构与内筒结构组成），但是，从受力分析上看，它们有很大的区别，前者外围是筒体（框筒或桁架筒），后者外围是一般框架。对框筒、筒中筒和框架—核心筒受力区别的详细讨论见本书第 8 章。

在水平力作用下，外框筒的变形以剪切型为主，内筒以弯曲型为主。通过楼板，外筒和内筒协同工作。在下部，核心筒承担大部分剪力；在上部，剪力转移到外筒上。筒中筒结构侧移曲线呈弯剪型，具有结构刚度大，层间变形均匀等特点。

筒中筒结构的楼板起水平刚性隔板的作用，使内、外筒协同工作，保持结构"筒"的形状，因此楼板必须有足够的平面内刚度，但又要尽量采用厚度较小的楼板体系，以减少内外筒之间的弯矩传递（减小墙的平面外弯矩），厚度较小的楼板体系还可以降低层高。

筒中筒结构适用于 50 层以上的高层建筑，20 世纪 60 ~ 80 年代成为高层建筑的主要体系，但由于它的平面形状呆板，近年来在 200m 以下的高层建筑中应用已逐渐减少。而在 400m 以上的超高层建筑中，巨型桁架筒和核心筒组成的筒中筒结构体系应用又逐渐增多。10.19 节介绍的北京中国尊就采用了上述筒中筒结构体系。10.24 节中还介绍了另一些筒中筒结构的平面布置实例。

2.1.7　束筒结构（Bundled Tubes Structure）

两个或两个以上的框筒紧靠在一起成"束"状排列，称为束筒。束筒的翼缘框架和腹板框架数量多，翼缘框架与腹板框架相交柱增加，这样可以大大减小剪力滞后，同时，束筒可以组成较复杂的建筑平面图形，图 2-3 所示是美国密执安湖边的一幢高 57 层的钢筋混凝土结构，由框筒和无梁楼板组成，22 层以下为 3 个框筒，23 ~ 49 层为 2 个框筒，顶部减为一个框筒。束筒结构的刚度和承载力比筒中筒结构更大，可用于平面复杂或者更高的建筑。1974 年建造的当时世界最高建筑、现居世界第九位的 Sears Tower（现已改名为 Willis Tower）就采用了束筒体系。

2.1.8　巨型框架结构（Mega Frame Structure）

巨型框架用筒体（实腹筒或桁架筒）做成巨型柱，用高度很大（一层或几层楼高）的箱形构件或桁架做巨型梁，典型的巨型框架见图2-4。巨型梁可以隔若干层设置一根，巨型梁之间的楼层用截面很小的、只承受竖向荷载的构件组成，称为次结构，各层巨型构件承受它上面次结构传来的竖向荷载，水平荷载则由巨型框架抵抗，其抗侧刚度视巨型梁、巨型柱构件的刚度而定，可适用于一般高层或超高层建筑。它的主要优点是适合于多功能需要和建筑布置具有复杂空间的高层建筑，巨型梁之间的次结构可以变化，或者不设次结构而形成一个大空间，巨型结构本身

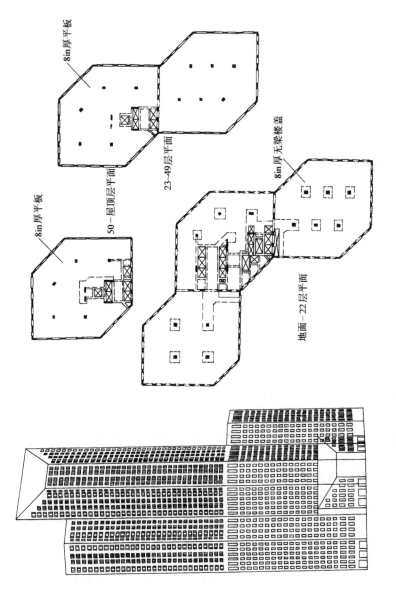

图 2-3 美国 One Magnificent Mile Buiding 结构立面和平面

保持上下一致的规则布置。采用巨型框架结构的高层建筑有东京市政大楼、台湾高雄的 T & C 大厦、广州天王中心（见 10.10 节介绍）、深圳亚洲大酒店（见图 10-101）等。近年的超高层建筑中，常采用大截面的钢骨混凝土或钢管混凝土巨柱，与环向水平桁架组成巨型框架—核心筒—伸臂结构，10.17 节介绍的上海中心和图 10-104 介绍的武汉中心都是这种结构体系。

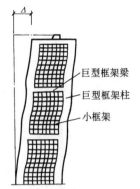

巨型框架梁
巨型框架柱
小框架

图 2-4 典型的巨型框架

2.1.9　脊骨结构(Spine Structure)

脊骨结构是在矩形框架的基础上进一步发展起来的，适合于一些建筑外形复杂，沿高度平面变化较多的复杂建筑，取其形状规则部分做成刚度和承载力都十分强大的结构骨架抵抗侧向力，称为脊骨结构。图 2-5 是一个典型的脊骨结构实例——美国费城 53 层的 Bell Atlantic Tower[29]。该建筑的外立面变化层次很多（图 2-5a），如果在外周边设置抗侧力的框架，则框架柱将多次转换，结构性能不好，如采用柱直通到底的方案（图 2-5b）则不能满足建筑立面要求，现取建筑中间部分的矩形面积做一个脊骨结构（图 2-5c、d），四角采用截面很大的箱形柱，柱之间用空腹桁架和支撑相连，使脊骨的刚度和承载力都很大。周边再设置仅承受竖向荷载的小框架。

脊骨结构一般由巨型柱和柱之间的剪力膜组成，巨型柱可以做成箱形柱、组合柱、桁架柱等，剪力膜可做成如图 2-6a 所示的一些形式：跨越若干层的斜支撑组成的桁架、空腹桁架、伸臂桁架等，或由几种形式结合，主要承受弯矩和剪力，大柱则主要承受倾覆力矩产生的轴力。

脊骨结构应当上下贯通，直到基础，是抗侧力的主要结构；大柱之间相距尽量远，以便抵抗较大的倾覆力矩和扭矩；应使楼板上的竖向荷载最大限度地传到大柱上，以抵消倾覆力矩产生的拉力；如果脊骨结构的抗扭刚度尚嫌不足，可以利用周边的小框架参与抗扭。一个剪力膜的高度往往为若干层，上、下剪力膜之间不传递竖向荷载，但可以传递剪力，图 2-6d 是一种竖向可以滑动的铰接构造。

这种结构体系在国外有应用，但国内尚没有采用。

上述各种体系适合于钢结构，也适合于钢筋混凝土结构和混合结构。混合结构种类很多，例如采用钢框架和钢筋混凝土墙板（墙板填充在钢框架中）组成的框架—剪力墙结构，钢框架、钢骨混凝土或钢管混凝土柱与钢筋混凝土现浇核心筒（或钢骨混凝土核心筒）组成的框架—核心筒结构等。组成方式很多，不能一一列举，未来还会有新的组合方式出现，但必须注意，无论怎样，都要以充分发挥各种材料的优势以及安全为原则，要取长补短，而不能盲目组合，不能只顾经济效益而忽视结构的合理性和安全性。

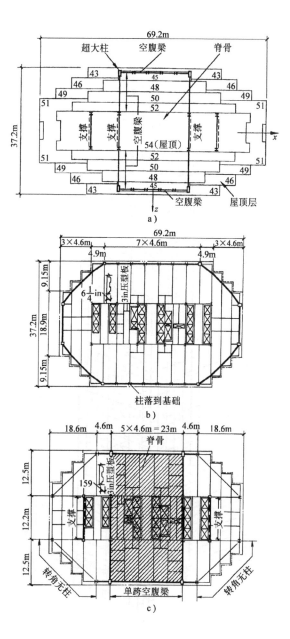

图 2-5 脊骨结构实例——Bell Atlantic Tower

a) 建筑平面轮廓　b) 周边框筒或框架方案

c) 脊骨结构方案

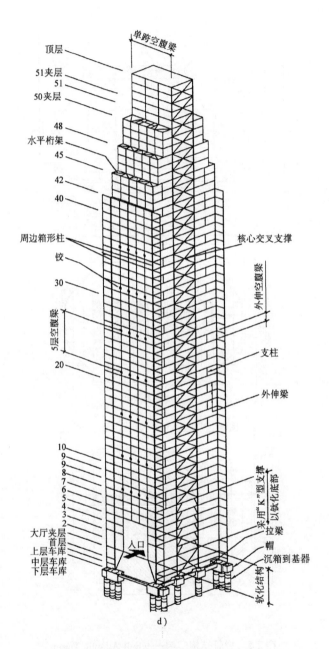

单跨空腹梁

顶层
51夹层
51
50夹层

48
水平桁架
45

42
40

周边箱形柱
铰
30

5层空腹梁
20

核心交叉支撑

外伸空腹梁

支柱

外伸梁

10
9
9
8
7
6
5
4
3
2
大厅夹层
首层
上层车库
中层车库
下层车库

入口

采用"K"型支撑
以软化底部

拉梁
帽
沉箱到基器

软化结构

d)

图 2-5　脊骨结构实例——Bell Atlantic Tower(续)

d) 脊骨结构

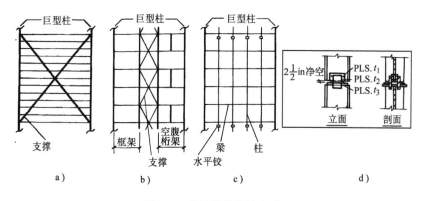

图 2-6 脊骨结构的剪力膜

a) 多层对角支撑 b) 外伸空腹桁架 c) 单跨空腹桁架 d) 滑动铰

2.2 结构体系的适用范围

2.2.1 体系的适宜高度范围

由于抗侧刚度的不同和承载力的不同，上述各种体系的适宜高度是不同的，表 2-1 列出的是各种体系的一般适宜高度范围。

2.2.2 我国规范规定的体系适用高度

我国现行《抗震规范》和《混凝土高规》对于在我国常用的各种钢筋混凝土高层结构和混合结构体系给出了其适用的最大高度，分别见表 2-2 ～ 表 2-4。在表中规定的适用高度范围内，规范和规程的各项规定是适用的。

表 2-2 A 级高度钢筋混凝土结构高层建筑适用的最大高度[13] （m）

结 构 体 系		非抗震设计	抗震设防烈度				
			6 度	7 度	8 度		9 度
					0.20g	0.30g	
框架		70	60	50	40	35	—
框架—剪力墙		150	130	120	100	80	50
剪力墙	全部落地剪力墙	150	140	120	100	80	60
	部分框支剪力墙	130	120	100	80	50	不应采用
简体	框架—核心筒	160	150	130	100	90	70
	简中简	200	180	150	120	100	80
板柱—剪力墙		110	80	70	55	40	不应采用

表 2-3   B 级高度钢筋混凝土结构高层建筑适用的最大高度[13]   （m）

结 构 体 系		非抗震设计	抗震设防烈度			
			6 度	7 度	8 度	
					0.20g	0.30g
框架—剪力墙		170	160	140	120	100
剪力墙	全部落地剪力墙	180	170	150	130	110
	部分框支剪力墙	150	140	120	100	80
筒体	框架—核心筒	220	210	180	140	120
	筒中筒	300	280	230	170	150

表 2-4   混合结构高层建筑适用的最大高度[13]   （m）

结 构 体 系		非抗震设计	抗震设防烈度				
			6	7	8		9
					0.2g	0.3g	
框架—核心筒	钢框架—钢筋混凝土核心筒全部落地剪力墙	210	200	160	120	100	70
	型钢（钢管）混凝土框架—钢筋混凝土核心筒部分框支剪力墙	240	220	190	150	130	70
筒中筒	钢外筒-钢筋混凝土核心筒框架—核心筒	280	260	210	160	140	80
	型钢（钢管）混凝土外筒—钢筋混凝土核心筒筒中筒	300	280	230	170	150	90

    各个国家的规范与规程要根据本国的经济、国内技术发展的水平和当前的建设方针、政策制定，一般都是经验性规定。我国规范中对最大适用高度的规定也是经验性的规定，考虑了我国目前常用的材料，并综合考虑不同结构体系的抗震性能、经济和合理使用、地基条件及震害经验等因素，并考虑了我国建设的经验，制定了各种结构体系的最大适用高度。例如，我国规定的剪力墙结构的适用高度就高于一些西方发达国家的限制高度，因为我国对于钢筋混凝土剪力墙结构有大量而丰富的实践经验，但是在 9 度地震设防区，对剪力墙的高度限制是较严的；B 级高度的规定也是在近年来我国实践经验的基础上新做出的规定。

    《混凝土高规》将高层建筑分为 A 级高度和 B 级高度，主要是它们的结构设计和构造要求有所差别，B 级比 A 级高度大，设计要求更高。如果设计的结构高度超过 B 级表的规定，则必须采取更加有效的措施。事实上，突破 B 级高度限制的高层建筑已经存在,从发展的观点看, 当积累了更多经验以后, 在修订规程时,适用的最大高度也会作出调整。

束筒和脊骨结构在我国还没有应用实例,我国的规范和规程中尚未纳入。

混合结构的组成方式多种多样,其中要特别注意在表 2-4 中列出的结构体系。钢框架—钢筋混凝土核心筒结构,虽然其造价较低,并且也已有一些建成的结构实例,但应用时要注意建筑高度不能太高。因为周边钢框架刚度很小(与钢筋混凝土核心筒相比),不能承担足够多的地震力,抗扭刚度也较小;此外, 由于钢框架与钢筋混凝土内筒二者徐变性能的差别,在高度很大时,竖向变形差对构件受力也不利;由于国内外应用都不多,更没有在高烈度区遭受地震作用的实际考验,因此, 在现行的《混凝土高规》中, 在抗震设防烈度较高的 8 度区,对钢框架—钢筋混凝土内筒这种混合结构的适用高度也作了较严格的限制。

规范和规程上还给出了钢筋混凝土结构高层建筑适用的最大高宽比。高宽比限制值更是一个经验性的规定, 在一般情况下, 符合高宽比限制值要求的建筑比较容易满足侧移限制, 而侧移限制才是最根本的要求。如果各方面都能满足规范要求, 突破高宽比限值是可能的。因而, 高宽比限值可以作为初步设计的参考。

2.3　结构体系的应用和发展

建筑功能、建筑形式、建筑高度和空间利用的需要和不断发展, 促成了高层建筑结构体系、材料应用的发展。新材料和新技术, 以及计算机技术的发展, 又给结构体系的发展和创新创造了条件。在建筑师层出不穷的翻新方案下, 结构工程师必须接受挑战,不能墨守成规,但是创新结构必须安全可靠,必须符合科学规律, 又必须考虑经济。

在本章中介绍的结构体系既适用于钢筋混凝土结构、混合结构, 也适用于钢结构 (为了说明体系的发展和创新, 本节中用了一些钢结构的实例)。图 2-7 简

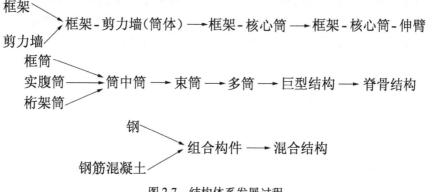

图 2-7　结构体系发展过程

单归纳了结构发展的过程，总结如下规律和特点，以便从中受到启发。

1. 单种抗侧力体系发展到双重和多重抗侧力体系，发挥双重和多重结构的优势

框架或剪力墙分别是单种抗侧力结构，在古老的多层建筑中已有运用，100多年前的首个高层建筑采用的就是框架结构（见图 1-1），把"剪切型"变形的框架和"弯曲型"变形的剪力墙结合，形成"弯剪型"变形的框架—剪力墙结构体系，就形成了双重抗侧力体系。双重抗侧力体系的出现是结构体系上的一次飞跃。1931 年建成当时世界最高的纽约帝国大厦（102 层、381m 高）就采用了框架—剪力墙体系，再突破这个高度是 40 年以后的事了。后来发现，双重抗侧力体系有利于设计多道设防的抗震结构。

随后出现的框架—筒体结构、框架—核心筒结构、筒中筒结构都是双重结构体系概念的发展与应用。

2. 由平面结构向空间结构发展

最初的框架结构和剪力墙结构，都是片状的平面结构，主要依靠平面内传力，在平面内刚度很大，但平面外的刚度很小，必须在双向布置平面结构，以抵抗不同方向的荷载作用，因此结构布置的间距不大，不仅可利用空间受到限制，而且结构构件数量多、材料耗费多，可建造的建筑高度也不大。在对结构的内在力学性能深入认识的基础上，发展了空间结构，最先认识到剪力墙可以围成筒体，抗侧刚度大大增加；随后，在剪力墙筒体上开洞，就形成了密柱深梁的框筒结构。

实腹筒体和框筒都是空间结构，它们减少了构件数量，提高了结构抗侧和抗扭刚度，增大了可利用空间，实腹筒与框筒结合成双重抗侧力体系的优越性更大，成为 20 世纪 60 年代以后高度较大高层建筑的主要结构体系。

3. 平面桁架和空间桁架的应用

桁架原本是用在大跨度屋架和桥梁结构中，用以承受竖向荷载的，工程师发现，把桁架竖起来就可以有效地抵抗水平荷载。桁架杆件主要承受轴向力，可以大大节省材料。有了空间结构概念以后，将平面桁架围成筒体，发展成桁架筒，又进一步节约了材料。1969 年建成的 John Hancock Center 首次采用钢桁架筒结构，它是高层钢结构中最省钢的建筑。近年来的超高层建筑结构中，桁架筒应用逐渐增多。

4. 周边布置结构，可以提高结构抗侧力和抗扭转刚度

利用空间结构的性能，将抗侧力结构布置在周边，能加大结构抗侧力刚变、抗扭转刚度和抗倾覆能力，提高结构效率，框筒、束筒、桁架筒等都是结构布置在周边的高效抗侧力体系。

一般框架—剪力墙结构中，将刚度较大的剪力墙布置在周边，也能取得较好的抗侧和抗扭效果。

5. 设计巨型结构，在不规则的建筑布置中建立规则的结构体系

建筑布置不断翻新，不规则的建筑布置日渐增多，这是对结构的挑战，相应的对策是在不规则的建筑布置中建立规则的结构体系，例如巨型结构和脊骨结构。

传统梁柱杆件的尺寸有限，但是将许多杆件连接组成巨型梁、巨型柱、巨型框架，就可以大大提高抵抗竖向和水平荷载的能力，其中的次结构可以灵活布置，可以实现建筑要求的灵活空间，主、次结构的各种组合和变化，可以适应多种建筑布置，也可能加大结构高度。

巨型框架筒或巨型桁架筒将抗侧力结构放置在周边，和核心筒结合，组成巨型框架—核心筒或筒中筒结构，适用于建造超高层结构。

脊骨结构也是巨型结构类型，但是把抗侧结构放置在中部，适合于建筑外形复杂、变化多的建筑，也就是在不规则的建筑体型中找到规则的中部位置，布置规则的结构体系。

6. 发展组合构件和混合结构

越来越多地利用钢和钢筋混凝土的结合，发展钢骨混凝土、钢管混凝土、叠合钢管混凝土、钢—混凝土组合楼板、钢板剪力墙等组合构件，可以充分发挥钢和混凝土两种材料的优点。钢构件、钢筋混凝土构件、各种组合构件结合在一起，组成混合结构，是近年来结构发展的趋势。除钢结构外，钢骨混凝土结构的抗震性能较好，震害少。我国近年来对钢管混凝土柱的研究和应用增多，又自主研发了叠合钢管混凝土柱，取得了很好效果，深圳的赛格广场（见第10章10.11节）建于2000年，是那个时期利用钢管混凝土柱建造的最高建筑。现在在超高层建筑中多数都采用组合构件和混合结构。

7. 高强度材料、轻质材料的应用，减轻结构自重

减轻建筑重量，在高层建筑中有着重要意义，它可以减小基础材料用量，可以减小地震作用产生的惯性力，从而又节省了结构材料。高强度、轻质材料的应用为减轻结构自重创造了条件。

8. 发展消能减震结构

近年来高层建筑中应用消能和减震方法，是技术上的进步，给结构设计带来了很多新的概念。

在地震时结构塑性变形可以耗散地震能量，在传统的抗震结构中，是采用提高结构本身的变形能力、提高构件延性的方法建造延性抗震结构。但是，构件塑性变形和耗散能量的结果，必然导致结构损坏，过去，抵抗大震要求达到"裂而不倒"，现代高层建筑则要求结构在地震作用下无损或损坏很小。如果要求构件地在大震中也处于弹性阶段，将加大构件，多用材料，很不经济。消能减震结构就完全用了另一种途径抵抗地震。通过在结构中设置消能装置来耗散地震能

量，从而减小结构主体的地震反应，减小结构本身的损坏，以实现抗震目标，这是一种积极主动的结构抗震设计概念。现在已经有很多消能减震的方法，在不高的建筑中采用在底部设置隔振层是一种行之有效的方法，在高层建筑中则采用设置阻尼器的方法，阻尼器的种类很多，设计计算方法也已经很成熟，这些内容已超出本书范围，这里不再介绍。

结构体系的发展和创新需要较长时间的积累，是渐进的过程，或在积累了许多实践经验以后的某个时期可能出现飞跃式的进展。无数工程技术人员为此作出了贡献。

介绍结构体系的发展，特别是钢筋混凝土结构体系的应用和发展，不能不提到一位杰出的美国结构工程师——法兹勒·R·坎恩（Fazlur Rahman Khan，生于孟加拉），他1955年开始在美国 Skidmore Owings And Merrill 设计公司担任结构工程师，直到1982年去世。他主持设计了大量工程，而最重要的贡献是在高层建筑体系的发展和推广应用方面。1963年坎恩在芝加哥首次采用框筒体系，设计了43层高的 Dewitt Chestnut 公寓，提出了框筒的计算和设计方法，探究了剪力滞后现象和各种影响因素，使高层建筑进入了一个新的时期，从20世纪60年代到80年代，50层以上的高层建筑几乎都采用了框筒和筒中筒结构而得以大量建造。1971年坎恩在休斯敦用高强轻混凝土建造了50层、218m高的 One Shell Plaza（见图1-13），也是采用了筒中筒结构体系。坎恩设计的著名高层建筑，如芝加哥的 John Hancock Center，首次采用桁架筒结构体系，是用钢量最少的高层钢结构，芝加哥的110层 Sears Tower，首次采用束筒结构，成为当时世界最高建筑；在他生命的最后阶段，又开创性的设计了芝加哥59层的 Onterie Center（见10.16节）采用了钢筋混凝土桁架筒结构，该建筑到1984年建成时，他已去世。法兹勒·R·坎恩既是一个敢于接受挑战、又能深入理解并运用结构力学规律、做出创新的工程师，他能充分理解并协助建筑师设计出美观、新颖的建筑，使结构既合理又经济，他对结构体系的发展作出了巨大贡献，开辟了空间结构的广阔天地。

世界上还有无数知名和不知名的结构工程师都在结构体系方面进行着发展和创新，有些结构在开始设计时，规范和书本上还没有名称，更不用说规范作出具体规定了，结构体系的发展永远是走在规范前面的，下面列举一些实例。

香港中国银行，70层、315m高，采用了巨型空间桁架结构，著名建筑师贝聿铭为了实现他建筑上的独特造型，采用了特殊的结构体系，见图2-8。底部平面是正方形，在不同高度分别切去正方形中的1/4，只有一个三角形直升到顶，沿4个周边和对角布置8片斜撑桁架，每12层做成一个桁架单元，桁架的斜撑构件是在钢管内填混凝土做成，桁架杆件固定在四角的钢筋混凝土大柱中，柱内的 H 型钢就是桁架的边缘构件，钢构件全部埋在现浇混凝土中。从 25 层开始到顶部，增加 1 根中心柱，用以固定切角以后的对角桁架。这是以前没有出现过的、独特的空间桁架结构，不仅施工方便，而且节省了钢材，取得了很好的效益。

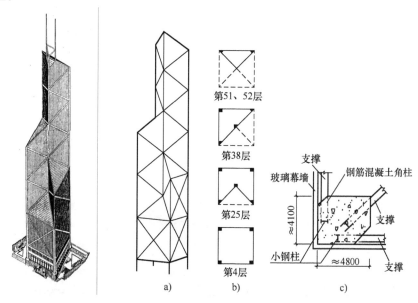

第51、52层

第38层

第25层

第4层

a)   b)

支撑
玻璃幕墙   钢筋混凝土角柱

≈4100

支撑

小钢柱   ≈4800   支撑

c)

图 2-8　香港中国银行

图 2-9 是德国 61 层的法兰克福商业银行总部大楼，1996 年建成。业主要求设计一个与众不同的创新建筑，要求在三角形的平面内必须有一边是空中花园，另外两侧为办公楼，而且在每个办公楼区都能看到这个空中花园。方案经过多次的修改，最终的方案见图 2-9b、c 所示，每 8 层办公楼为一组，在三角形的一边插入 3 层高的花园，错开 4 层后，在三角形的另一边又设置一个花园。主要采用了交错设置的空腹桁架结构，图 2-9d 是三角形三个边的结构展开图，其中一个结构单元见图 2-9e。从总体看，是错层的空腹桁架围成的筒体，这个外筒结构没有名称，我们暂时把他称为角筒空腹桁架筒，再加上内筒，还是筒中筒结构。

另一个比较独特的结构是由广州市设计院设计的深圳金通大厦，见图 2-10，它的角部 3 个圆筒和中间三角形实腹筒是落地的，另外的 6 个柱子和悬臂桁架支承在角筒上，不落地，从整体来看，有 3 个三角形结构，其中两个相互交叠，这个结构也很独特，设计者进行了大量分析研究，多次修改各个构件的设计，建成现在的金通大厦，规范上找不到这种结构的名称，我们暂时把它称作多筒—悬臂桁架结构。

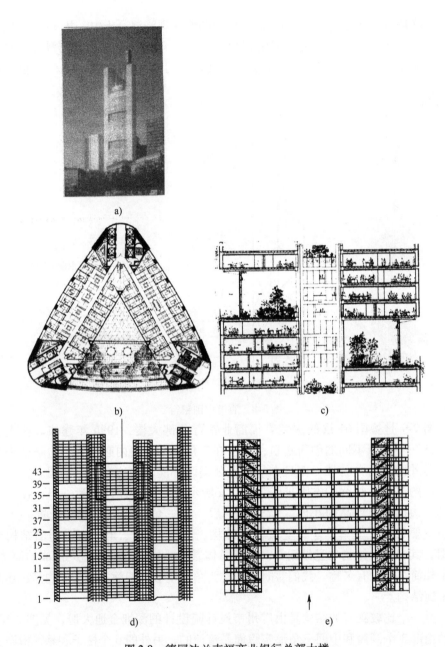

图 2-9 德国法兰克福商业银行总部大楼

a）建筑外立面 b）建筑平面 c）建筑平面 d）结构展开立面 e）结构单元

在建筑结构中局部的、点滴的修改，突破或发展了规范规定内容的工程不胜枚举。创新和发展需要建筑师和结构工程师的密切配合和合作，工程师不能守旧，不能局限于规范规定，当然也不能盲目冒进。

20世纪70年代以来，我国高层建筑高速发展，经历了学习和模仿阶段，经过广大技术人员的努力，我国现在的高层建筑设计和施工技术已经处于世界先进地位，我国已经有了较为成熟的设计规范和规程，抗震的高层建筑在我国应用最多，高度也最大。国内建设工程的数量和要求都是世界第一的。但是，也应当看到，在大量的建设和繁忙的工程设计中，我们的工程师忙于出图，设计研究力量不足，规范和规程规定只是过去经验的总结，规范不能超前，也总有许多不足之处，一般情况下也不宜突破，凡此种种，抑制了广大工程师开创性结构设计的智慧。在我国，应当提高我国工程师的概念设计能力，提倡开创性思维，充分发挥我国规程技术人员的聪明才智，合理而科学地应用和突破规范、规程的规定，提高我国的建筑结构设计水平。

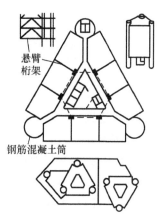

悬臂桁架

钢筋混凝土筒

图2-10 深圳金通大厦(26层和32层)

第3章 抗风、抗震设计方法

高层建筑结构除了抵抗竖向荷载之外，风荷载和地震作用往往是结构设计的主要影响因素，它们主要是水平荷载。风与地震都是动力作用，但是由于它们的性质不同，设计的对策也不相同。风作用出现的概率较大，大风作用的时间较长，因此人们要求在50年或100年重现期的风作用下结构仍然能正常使用，也就是要求结构处于弹性和小位移状态，抗风设计主要是基于承载力的设计，对于高度较高的高层建筑，还要保证在2~10年重现期的风荷载作用下，人处于舒适状态，因而需要计算并限制风作用下的加速度；而地震作用发生的概率较低，一次地震的时间不长，但地震强烈，不确定因素较多，在地震发生时要求结构完全处于弹性是十分不经济的，因此人们要求在能保护人类的生命和财产安全的前提下，提出了小震不坏、中震可修，大震不倒的三水准设计对策，在地震作用下变形能力不足是结构破损和倒塌的主要原因，因此抗震设计方法由基于承载力的设计方法发展为基于延性的设计方法，近年来又开始了基于性能的设计方法。风和地震作用的设计策略、设计方法很不相同，设计的概念也不相同。

本章简单讨论了风荷载的特点，介绍了风洞试验，着重介绍抗震设计的基本方法和概念，介绍了地震作用计算的基本手段：反应谱理论、时程分析和弹塑性静力分析方法。

3.1 风荷载和风洞试验

空气流动形成的风遇到建筑物时，就在建筑物表面产生压力和吸力，这种风力作用称为风荷载。风的作用是不规则的，图3-1表示了随时间改变而变化的风速，风压随着风速、风向的紊乱变化而不停地改变。实际上，风荷载是随时间而波动的动力荷载，但房屋设计中把它看成静荷载，对于高度较大且比较柔软的高层建筑，要考虑动力效应的影响。

随着高层建筑高度的不断增加，风的作用效应随之增大，引起的动力效应就不能忽视了。人类的舒适度在摩天大楼中成为突出的问题，甚至会影响结构的方案和体系，例如10.8节介绍的马来西亚吉隆坡的石油双塔，采用钢筋混凝土结构的主要原因是为减小风振影响满足人的舒适度要求。由于采用了弹性结构的设计对策和基于承载力的设计方法，还没有由于风作用造成的高层建筑结构破坏的实例，但是1973年1月20日在美国波士顿的一次大风，使一幢60层、高790ft

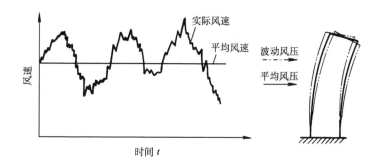

图 3-1　波动风作用引起的房屋振动

（240m）的钢结构大楼——John Hancock Tower 的镜面玻璃大量的破碎并掉落，引起震惊[31]。通过详细的研究发现，平时已经存在人感觉不舒服的摇晃情况（那时设计规范还没有关于人舒适度的要求和计算方法），固定镜面玻璃的金属嵌条在反复的风晃动下已达到疲劳极限，已经存在裂缝，而当大风引起建筑物的振动加速度较大时，造成了大面积玻璃破碎的事故。最后安装了阻尼器，并加固了结构纵向框架以提高其在水平力作用下的刚度（建筑结构还存在一些其他问题）。

此外，城市中成片地兴建高层建筑，使建筑物之间风的相互干扰问题日渐突出。近年来，高层建筑抗风设计和风的动力效应问题逐渐得到重视。

在设计抗侧力结构、围护构件及考虑人类舒适度时都要用到风荷载，还要设定各种允许值。在我国的新规范和规程中已经对此做了一些新的规定。

风是紊乱的随机现象，风对建筑物的作用十分复杂，规范中关于风荷载值的确定适用于大多数体型较规则、高度不太大的单幢高层建筑。高度 300m 以下的高层建筑可按照荷载规范规定的方法计算风荷载值，规范只要求用适当加大风荷载数值的方法考虑动力效应，风荷载仍然作为静力荷载计算结构内力和位移，用经验公式估算顶点加速度效应。由于我国高层建筑的高度逐渐增大，规范和规程还要求少数建筑（高度大、对风荷载敏感或有特殊情况者）通过风洞试验确定风荷载和风的动力反应，以补充规范的不足。新规范和规程对高层建筑的风洞试验较以前更为重视。

1. 确定风压值沿建筑物高度的变化

国内外对一些高层建筑所做的风洞试验得到的风荷载沿建筑物高度的分布规律与规范给出的分布规律往往有所不同，在建筑物的2/3～3/4 高度以上，风压力可能减小，由此计算风荷载作用下的侧移和内力都会减小，这将大大影响设计的结果。我国还进行了在建筑物顶部实测风速的研究，通过研究和分析也得出了建筑物顶部风速小于规范给定值的结论[32]，但是，由于实测值数量少，尚不足以作为规范规定的依据，故只能依据风洞试验结果对风荷载值作适当修正。

2. 确定复杂体型建筑的体型系数

体型系数是计算风荷载必须用的系数，体型复杂结构的体型系数还很难确定，目前没有有效的预测体型复杂、高柔建筑物风作用的计算方法，所以一些体系复杂的高层建筑也需要通过风洞试验得到。

3. 应重视用户对建筑舒适度的要求

随着高层建筑高度加大，设计将会更加重视舒适度问题，风作用会引起建筑物摇晃，设计建筑物时要确保它的摇摆运动不会引起用户的不舒适感。目前国内在这方面的研究还很少。世界上首先提出舒适度与房屋顶层加速度关系的是加拿大的达文波特教授(Prof. Davenport)，现在虽然有一些计算建筑物顶层加速度的经验公式，但是常常需要通过实测得到较为可靠的数值，这也是风洞试验的一个目的。

4. 应重视横向风振动作用及扭转风振效应

当结构高宽比较大、结构顶点风速大于临界风速时，可能引起明显的横向结构振动，甚至出现横向风振动效应大于顺风向风作用的情况。当结构体型复杂时，可通过风洞试验确定横向风振动的等效风荷载，并计算结构的横向位移。

摩天大楼可能造成很强的地面风，对行人和商店有很大影响；当附近还有别的高层建筑时，群体效应对建筑物和建筑物之间的通道也会造成危害(见图3-2)，这些都可以通过风洞试验得到对设计有用的数据。

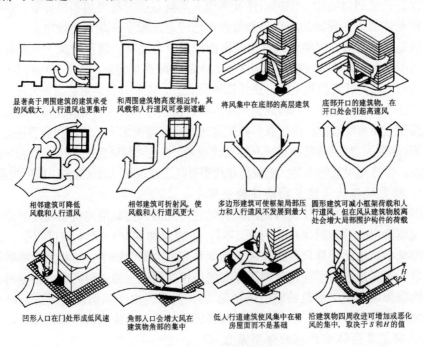

图 3-2 风荷载对高层建筑的影响[2]

风荷载的影响因素复杂，需要研究的问题很多，而且规范条文也难以概括，风洞试验是一种有效的测量大气边界层范围内风对建筑物作用和获得风动力反应的手段。我国《混凝土高规》规定有下列情况之一的建筑物，宜进行风洞试验。

1) 高度大于 200m。

2) 平面形状不规则、立面形状复杂，或立面开洞、连体建筑等；或规程中没有给出体型系数的建筑物。

3) 周围地形和环境复杂，邻近有高层建筑时，宜考虑互相干扰的群体效应，一般可将单个建筑物的体型系数乘以相互干扰增大系数，缺乏该系数时宜通过风洞试验得出。

当风洞试验结果与按规范计算的风荷载存在较大差距时，设计者应进行分析判断，以确定风荷载的最后取值。

建筑物的风洞试验要求在风洞中能实现大气边界层范围内风的平均风剖面、紊流和自然流动，即要求能模拟风速随高度的变化，大气紊流纵向分量与建筑物长度尺寸应具有相同的相似常数，一般说来，风洞尺寸达到宽为 2～4m、高为 2～3m、长为 5～30m 时可满足要求。为在风洞中正确模拟风剖面，要使模型和原形的环境风速梯度、紊流强度和紊流频谱在几何上和运动上都相似。风洞试验必须有专门的风洞设备，模型制作也有特殊要求，量测设备和仪器也是专门的，因此风洞试验都委托风工程专家和专门的试验人员进行。

风洞试验的费用较高，但多数情况会得到更安全而经济的设计，在国外应用较为普遍。在我国高层建筑高度逐渐增大的情况下，需要更加重视风洞试验，随着我国经济实力和技术的提高，国内已有一些可以对建筑物模型进行风洞试验的设备，今后国内风洞试验会逐步完善和增加。

风洞试验采用的模型通常有三类[2]，①刚性压力模型；②气动弹性模型；③刚性高频力平衡模型。第 1 类模型最常用，建筑模型的比例大约取 1：300～1：500，一般采用有机玻璃材料，建筑模型本身、周围结构模型、以及地形都应与实物几何相似，与风流动有明显关系的特征如建筑外形、凸出部分都应在模型中正确模拟。模型上布置大量直径为 1.5mm 的测压孔，有时多达 500～700 个，在孔内安装压力传感器，试验时可量测各部分表面上的局部压力或吸力，传感器输出电信号，通过数据采集仪器自动扫描记录并转换为数字信号，由计算机处理数据，从而得到结构的平均压力和波动压力的量测值，并可得到体型系数。风洞试验一次需持续 60s 左右，相应实际时间为 1h。

这种模型是目前在风洞试验中应用最多的模型，主要是量测建筑物表面的风压力(吸力)。以确定建筑物的风荷载，用于结构和围护构件的设计。

第 2 类模型则可更精确地考虑结构的柔度和自振频率、阻尼的影响，因此不仅要求模拟几何尺寸，还要求模拟建筑物的惯性矩、刚度和阻尼特性。对于高宽比大于 5 的、需要考虑舒适度的高柔建筑采用这种模型更为合适。但这类模型的设计和制作比较复杂，风洞试验时间也更长，有时采用第 3 类风洞试验代替。

第 3 类风洞试验是将一个轻质材料的模型固定在高频反应的力平衡系统上，也可得到风产生的动力效应，但是它需要有能模拟结构刚度的基座杆或高频力平衡系统。高频力平衡所用的模型尺寸较小，为 1∶500 量级，柔性底座是长约 150mm 的矩形钢棒与一组很薄的钢棒组合，可量测倾覆力矩和扭矩等。

3.2　抗震设计和计算方法的发展

结构地震作用计算方法大致经历了三个阶段。

1. 静力法

1900 年日本学者大森房吉提出了震度法概念，将地震作用简化为静力，取重量的 0.1 倍作为水平地震作用，这是抗震设计初始阶段应用的方法，称为静力法。

2. 反应谱理论计算方法

20 世纪 30 年代美国开展了强震纪录的研究，在 1940 年取得了 El Centro 地震纪录，以后陆续取得的地震纪录加强了人们对地震的认识，促进了地震工程的发展，使抗震设计理论和地震作用的计算方法有了极大的改变，美国 M. Biot 提出了用地震纪录计算反应谱的概念，50 年代初，G. W. Housner 实现了反应谱的计算，并应用于抗震设计，反应谱理论为现代抗震设计奠定了基础。这是抗震计算方法的第二阶段，用反应谱方法计算地震作用取代了静力方法，并且成为世界各国所通用的方法，虽然在较长的应用过程中有许多改进和新发展，但反应谱方法的基本理论一直沿用至今。

3. 地震反应动力计算方法

20 世纪 50 年代末期，G. W. Housner 实现了地震反应的动力计算方法，并将其成功地应用于墨西哥城的拉丁美洲大厦设计，在 1958 年的墨西哥大地震中，墨西哥城遭受严重震害，而拉丁美洲大厦的良好表现，促使人们开始重视地震反应的直接动力计算方法，又称为时程分析方法。从 20 世纪 60 年代到 70 年代，地震反应动力分析方法得到了广泛研究和发展，从弹性时程分析方法发展到弹塑性时程分析方法，在工程设计应用和科学研究中，取得了显著成绩。这是地震作用计算方法发展的第 3 阶段。时程分析方法应用于设计，主要是作为应用反应谱方法进行设计的补充手段。日本从 20 世纪 60 年代开始，首先要求在高度大于 60m 的高层建筑结构中，应用弹塑性时程分析方法对设计结果进行检验；20 世纪 90 年代，美国也在规范中将它列为一种可运用的动力计算方法；我国在 1989

年版抗震规范中提出了两阶段设计的要求，第一阶段是设计阶段，以反应谱方法作为设计地震作用的计算方法，第二阶段是设计校核阶段，要求用弹塑性时程分析方法进行变形验算，要求层间位移小于倒塌极限，但是要求进行第二阶段验算的只限于少数建筑结构。

结构抗震设计方法的发展也可分为三个阶段。由于抗震计算理论的发展，在抗震设计的概念上也逐步发生着变化。

1. 基于承载力的抗震设计方法

静力方法和最初的反应谱方法主要的目的是计算结构的内力，并设计构件，使其达到承载力要求，可称之为基于承载力的抗震设计方法。

2. 基于承载力和延性的抗震设计方法

震害不断发生，震害调查、分析的不断深入，加深了人们对地震造成建筑物破坏原因的认识，结构的塑性变形可以消耗地震能量，具有延性的结构变形可以有效地抵抗地震，而结构的变形能力不足又是结构破坏和倒塌的重要原因。由此开展了杆件和结构变形能力及延性的研究，在此基础上进入了基于承载力和延性的抗震设计阶段，即以反应谱理论为基础，以三水准设防为目标，以构件极限承载力设计保证结构承载力，以构造措施保证结构延性的完整的抗震设计方法。一方面要提高结构和构件的延性能力，另一方面要确定地震对结构和构件的延性要求，做到"要求≤能力"。在这两方面，日本、美国和新西兰都作了大量的研究和贡献。

承载力与延性是一对相互关联的参数，图 3-3a 表示了两种理想情况下延性结构的承载力降低比值和延性的关系：在低频结构中，假定弹性体系与弹塑性体系位移相等，在中频结构中，假定弹性体系与弹塑性体系吸收的能量相等（即变形曲线下覆盖的面积相等），由图示几何关系就可以得到弹性结构承载力降低系数 R 和延性系数 μ 的关系[3][9]（$R = F_D/F_E$，$\mu = \Delta_m/\Delta_y$），F_D、F_E 分别是设计地震力和弹性结构的地震力；Δ_m、Δ_y 分别是结构的塑性位移和弹性结构的弹性位移。μ—R 的关系见图中所示。

图 3-3b 是由典型的单质点体系在不同条件下（地震波、阻尼比、恢复力模型不同）进行地震反应分析得到的承载力与延性比值，归纳在 $\sqrt{\mu}$—R 坐标图上，基本符合由图 3-3a 得到的两种理想情况下的关系曲线[3]。由此，建立了结构承载力与延性关系的概念：承载力高的结构，延性要求可以较低，而承载力较低时，则必须设计具有较高延性的结构；反过来说，延性不好的结构承载力必须提高，延性好的结构承载力可以降低。

我国从 20 世纪 70 年代积极开展研究，吸收国外先进经验，在较短的时间内研究和制定了我国自己的抗震设计规范。我国现阶段的抗震设计主要是基于承载力和延性的抗震设计方法。

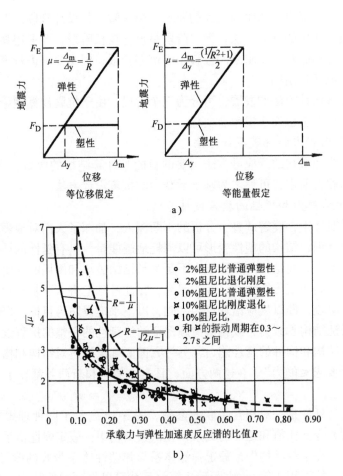

图 3-3 结构承载力与延性关系

a）理想情况下的 $R—\mu$ 关系　b）单自由度钢筋混凝土结构的
地震反应得到的 $R—\mu$ 关系

　　基于承载力和延性抗震设计概念的逐步完善和成熟，除了大量的试验研究提供了对钢筋混凝土构件变形性能和"延性能力"的了解外，还依靠了弹性和弹塑性时程分析这一手段，通过弹塑性时程分析，对结构在地震作用下的"延性要求"进行了研究，建立了地震与房屋表现关系的概念[79]，建立了结构屈服机制和强柱弱梁等重要设计概念，许多著名的结构震害分析由于采用了弹塑性时程分析而给人们的启示更加明确和有效。

　　3. 基于性能的抗震设计方法

　　近代建筑对使用功能和环境功能的要求日益增长，要求抗震设计达到的目标也愈来愈高，愈来愈细。例如，现代建筑遭受震害的经济损失远远大于建筑物本身的造价，由于一些重要建筑停止使用而处于危险状态的人数和财产也远远超过以前一幢房屋中居住的人群，次生灾害的危害性也大大超过以前。因此，仅仅用"小震不坏、中震可修、大震不倒"的笼统设计概念已不能满足现代建筑结构的抗震设计要求了。延性结构可以使建筑物在经历大震后保留下来，但是延性也对结构造成了一定程度上的"破坏"，有时结构修复十分困难，而修复费用往往取决于非结构构件的更换，可能达到建设造价的 50%~80%，内部设备破坏造成的经济损失也很大。有些建筑，虽未倒塌，但破坏严重，震后拆除，损失巨大。建筑业主应当有权利提出功能、性能水准、经济条件和修复费用等方面的要求，工程师也应当能够说明其设计可以达到的性能指标、使用时间和造价要求等，于是基于性能的抗震设计方法就提到日程上来了。

近 10 年来，弹塑性时程分析和弹塑性静力分析方法和软件获得了迅速发展，基于性能的抗震设计方法成为人们研究的热点，已经逐步实现。它要求在不同水准的地震作用下，直接以结构的性能和表现作为设计目标，在同一个地区和城市，不同的建筑可以根据业主的要求达到不同的性能目标，例如正常使用、生命安全、设备安全、防止倒塌等。经验表明，变形能力不足是结构倒塌的主要原因，结构变形过大、加速度和速度反应过大是建筑物内设备损坏、管道和装修等受到破坏的主要原因，因此，控制结构性能和控制结构设计造价成为抗震设计的多层次目标(单纯加大结构刚度、减小位移不是经济的设计)。实际上，可以表示结构"性能"的指标很多，而其中位移指标较为直接且合理，又是工程师们熟习的指标，因而有时把"基于性能的抗震设计"直接叫做"基于位移的抗震设计"。在这方面，日本和美国走在研究的前列，日本于 1998 年已经制定了基于性能抗震设计要求的框架，以补充和修订现行的建筑标准法[33]。美国早在 2000 年就在 SEAOC 中提出了 2000 年设想[79]和 FEMA356、357[80]等文件，成为基于性能抗震设计最初的指导性文件。

基于性能的设计方法要求在不同强度水平的地震作用下，达到不同的预期目标，表 3-1 和表 3-2 分别给出了一个概括的"表现"等级和各个等级在不同地震水平下的可接受程度设想[2]。

表 3-1　建筑物表现等级

破损指数	破损程度	表　现	破损状态
10 9	忽略	完全可运行	无损坏，继续使用 继续使用，设备运转正常，结构和非结构微小破损
8 7	轻微	可运行	大部分运行和功能可立即修复，有一些不重要的设施需要修理，结构和非结构微小破损 人员安全，重要的运行得到保护，不重要的运行遭破坏

（续）

破损指数	破损程度	表 现	破 损 状 态
6	中等	生命安全	房屋中等程度破坏，外貌和内部受到保护，人员安全
5			结构受到中等破坏，不会倒塌，一般可保证生命安全
4	严重	接近倒塌	结构破坏，房屋不会倒塌，非结构构件掉落
3			结构严重破坏，但仍可不倒塌，非结构构件破坏严重
2	完全破坏	倒塌	主要结构部分倒塌
1			结构完全倒塌

表 3-2　基于性能设计的目标

		表 现 水 平			
		完全可运行	可运行	生命安全	接近倒塌
设计地震水平	常遇地震	●	×	×	×
	中等地震	✦	●	×	×
	罕遇地震	◆	✦	●	×
	极罕遇地震	✸	◆	✦	●

注：●——大多数基本建筑物，　✦——重要的(会产生危害的)建筑物，

◆——少数必须安全的建筑物，　✸、×——不可接受的情况。

我国《抗震规范》GB50011—2010 和《混凝土高规》JGJ3—2010 已经把结构抗震性能设计的性能目标、性能水准等修订入条文。目前并不要求所有结构都要做性能设计，而只要求一些具有特殊性的结构(如超限高层、特别不规则、特殊功能结构等)进行抗震性能设计，我国的抗震性能设计方法与常规抗震设计方法基本接轨，且已具有我国自己的特点。

我国建筑结构抗震性能设计目标分为 A、B、C、D 四个等级，每个等级都要求分别设计、校核在小震、中震、大震下的结构性能，要求达到的结构抗震性能又分为五个水准，表 3-3 是《混凝土高规》规定的五个性能水准结构预期的震后性能状况。

表 3-3　各性能水准结构预期的震后性能状况

结构抗震性能水准	宏观损坏程度	损坏部位			继续使用的可能性
		关键构件	普通竖向构件	耗能构件	
1	完好、无损坏	无损坏	无损坏	无损坏	不需修理即可继续使用
2	基本完好、轻微损坏	无损坏	无损坏	轻微损坏	稍加修理即可继续使用
3	轻度损坏	轻微损坏	轻微损坏	轻度损坏、部分中度损坏	一般修理后可继续使用
4	轻度损坏	轻度损坏	部分构件中度损坏	中度损坏、部分比交严重损坏	修复或加固后可继续使用
5	比较严重损坏	中度损坏	部分构件比较严重损坏	比较严重损坏	需排险大修

从表 3-3 可见，五个宏观的结构性能水准表达为"完好"、"基本完好"、"轻度损坏"、"中度损坏"和"比较严重损坏"，宏观的结构性能水准的实现是基于：①对结构变形限制，主要是限制结构在小震作用下的弹性侧移和大震作用下的弹塑性侧移；②对构件承载力性能的要求，主要是对下列三类结构构件在小震、中震、大震作用下的性能和屈服性能提出了明确要求，三类构件是：

关键构件——是指这类构件的失效可能引起结构的连续破坏或危及生命安全的严重破坏，一般是指竖向构件，如柱、剪力墙、矩形柱等；

普通竖向构件——是指关键构件之外的竖向构件（以下简称普竖构件）；

耗能构件——是指框架梁、剪力墙连梁、耗能支撑或其他耗能构件等。

因此，在进行结构抗震性能设计时，首先要分析、判断所设计的结构中，哪些是关键构件，哪些是普通竖向构件、哪些是耗能构件，按照选定的性能目标要求进行这些构件的承载力设计，构件设计的基本要求仍然是：作用组合内力≤构件承载力。要注意抗震性能设计中构件的承载力设计要求与常规的构件承载力设计要求的区别。

《混凝土高规》给出了抗震性能设计对结构构件承载力设计的三级要求，加上按常规结构构件设计的承载力要求（在多遇地震作用下，考虑各种系数，构件处于弹性，并有足够安全度），也可以说，构件承载力设计共有四个等级。各级承载力计算中，外部作用产生的构件组合内力（S_d）与构件承载力（R_d）的计算方法都不同，图 3-4 是构件承载力四级要求的示意图，图中曲线表示在不同地震作用下构件承载力 – 变形关系的全过程，四级要求如下：

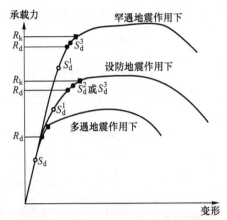

图 3-4　构件承载力四级要求示意图

（1）常规弹性设计承载力

要求构件承载力满足　　　　　$S_d \leqslant R_d / \gamma_{RE}$　　　　　　　　　　　（3-1）

式中，S_d、R_d 与 γ_{RE} 都是按规范、规程规定的常规计算方法，分别是在多遇地震与风荷载组合作用下的构件内力、承载力和承载力抗震调整系数，计算时要按规范要求考虑各种有关系数（荷载分项系数、材料强度系数、抗震等级的内力增大系数，等等）。

（2）弹性承载力

要求构件承载力满足　　　　　$S_d^1 \leqslant R_d / \gamma_{RE}$　　　　　　　　　　　（3-2）

式中　　　　　$S_d^1 = \gamma_G S_{GE} + \gamma_{Eh} S_{Ehk}^* + \gamma_{EVk} S_{Evk}^*$　　　　　（3-2a）

S_d^1 是在重力荷载与设防烈度地震作用下，进行结构弹性计算后，按式（3-2a）组合构件的内力效应（注意：不包括风作用），应用相应的各项分项系数，但不考虑地震作用的增大系数；构件承载力 R_d、γ_{RE} 与常规弹性设计相同。也就是说，在设防地震作用下，构件处于弹性阶段，且有一定安全度。

（3）弹性屈服承载力

要求构件承载力满足　　　　　$S_d^2 \leqslant R_k$　　　　　　　　　　　（3-3）

式中　　　　　$S_d^2 = S_{GE} + S_{Ehk}^* + 0.4 S_{Evk}^*$　　　　　　（3-3a）

S_d^2 是在重力荷载与设防地震作用下，或预估罕遇地震作用下，进行结构弹性计算，按式（3-3a）组合内力效应，分项系数都取 1.0（即采用标准值），式（3-3）中的 R_k 是构件承载力标准值（按材料强度标准值计算），且不除以承载力调整系数 γ_{RE}。也就是说，在设防地震作用下，要求构件处于不屈服状态，不要求具有安全余度。

（4）弹塑性屈服承载力

要求构件承载力满足　　　　　$S_d^3 \leqslant R_k$　　　　　　　　　　　（3-4）

S_d^3 是在设防烈度地震或预期的罕遇地震作用下，进行结构弹塑性计算所得构件内力，计算时注意，必须在计算模型中加入重力荷载和 40% 竖向地震作用。

式(3-4)中的 R_k 是构件承载力标准值(按材料强度标准值计算)。也就是说,在结构某些部位中已经出现塑性铰的情况下(结构处于弹塑性状态),要求所设计的构件没有屈服(处于弹性)。另外,在弹塑性状态下,要求控制关键构件的名义剪应力,不能出现脆性剪切破坏。

抗震性能设计时,不同抗震性能目标(A、B、C、D)对各类型构件承载力设计有不同要求,可以通过上述四级承载力设计方法分别实现。

表 3-4 中归纳、综合表示了我国《混凝土高规》JGJ3—2010 中规定的结构抗震性能目标、性能要求、结构侧移限制以及构件承载力的四级要求。

表 3-4　我国《混凝土高规》抗震性能设计方法综合

		A	B	C	D
多遇地震	性能水准	1*	1*	1*	1*
	弹性位移限值	结构完好无损,按规程常规要求,用多遇地震设计构件和结构,见式(3-1)。			
设防烈度地震	性能水准	1. 结构完好、无损坏	2. 结构基本完好、轻微损坏	3. 结构轻度损坏	4. 结构中度损坏
	—	用设防烈度地震作用计算			
		弹性计算,所有构件应符合弹性承载力要求,按式(3-2a)计算构件内力 S_d^1	弹性计算,关键、普通竖向构件无损坏,符合弹性承载力要求,按式(3-2a)计算 S_d^1。耗能构件允许轻微损坏,符合弹性屈服承载力要求,按式(3-3a)计算 S_d^2,不允许脆性剪切破坏	弹塑性计算,得到关键、普通竖向构件 S_d^3,应符合弹塑性屈服承载力要求;部分耗能构件屈服,不允许脆性剪坏	弹塑性计算,得到关键构件 S_d^3,应符合弹塑性屈服承载力要求;部分普通竖向构件及大部分耗能构件屈服,不能剪切破坏,且竖向构件应控制剪应力
罕遇地震	性能水准	2. 结构基本完好、轻微损坏	3. 结构轻度损坏	4. 结构中度损坏	5. 结构比较严重破坏,不倒塌
	层间弹塑性位移角限值	用预估的罕遇地震作用计算			
		弹性计算,关键、普通竖向构件无损坏,符合弹性承载力要求,按式(3-2a)计算 S_d^1;耗能构件允许轻微损坏,符合弹性屈服承载力要求,按式(3-3a)计算 S_d^2	弹塑性计算,得到 S_d^3;关键、普通竖向构件应符合弹塑性屈服承载力要求;部分耗能构件屈服,不允许脆性剪切破坏	弹塑性计算,得到 S_d^3;关键构件应符合弹塑性屈服承载力要求;部分普通竖向构件及大部分耗能构件屈服,不能剪切破坏,且竖向构件应控制剪应力	弹塑性计算,得到 S_d^3;关键构件应符合塑性屈服承载力要求;较多普通竖向屈服,但不允许同层竖向构件全部屈服,控制截面剪应力,部分耗能构件严重破坏

注1. 此表未列出长悬臂与大跨结构中的关键构件要求。

　　2. 控制截面剪应力的计算公式见《混凝土高规》。

结构抗震性能设计的步骤归纳如下：

1）选定抗震性能目标(A、B、C、D)；

2）分析所设计的结构，确定结构中的关键构件、普通竖向构件和耗能构件；

3）由表3-4查出在设定的性能目标下，多遇地震、设防烈度地震、预计的罕遇地震作用下，分别要求的性能水准(1^*、1、2、3、4、5)和三类构件的承载力要求；

4）分别对结构进行弹性计算、弹塑性计算，分别按四级承载力要求设计各类构件，实现不同的性能水准；

5）通过结构整体弹性及弹塑性分析，检查并核实各类构件是否已达到预期的结构性能水准(包括侧移和构件性能)。

我国现行规范和规程已经纳入了基于性能的抗震设计方法，对各级地震作用下的各类不同构件分别做出了量化的设计要求，性能设计方法在"小震不坏，中震可修，大震不倒"的三级抗震设计方法基础上前进了一大步，是在总结震害、科研和工程实践基础上建立的、先进的抗震设计方法。

但是也应该看到，目前的抗震性能设计方法还有不足之处，需要进一步完善，需要结构工程师们理解、并灵活运用规范规程的各项规定。特别要注意到，由于地震的不确定性，弹塑性分析方法相对粗糙，即使是进行了抗震性能的量化设计，仍然不能完全确定未来地震发生时结构真实的地震反应，因此，还需要充分发挥概念设计的作用，要根据工程具体情况(使用功能、业主要求、建造场地、结构高度、结构体系、布置、规则性等)适当选择性能目标，或对性能目标下的性能要求作灵活变通，(例如，C级或D级目标也可以要求在小震、中震、大震下的抗震性能水准分别为1^*、3、5)或者对规程中没有具体规定的一些特殊构件，分别按照弹性、弹性不屈服、弹塑性不屈服等方法进行设计。

总之，抗震性能设计方法是先进的，又是新的、尚不完善的方法，需要通过广大工程设计人员在对抗震性能设计基本方法理解和运用的基础上，不断实践，不断总结经验，提出改进意见，相信今后我国规范的抗震性能设计方法会逐步修改完善。

由上述介绍可见，现行的"小震不坏，中震可修，大震不倒"的三水准目标已经具备了基于性能抗震设计的思想，然而不同的是，抗震性能设计方法需要定量，因而也需要更为可靠的定量计算方法。在设计阶段仍然需要应用反应谱方法，而地震反应的弹塑性时程分析方法(Time History Analysis)和静力弹塑性计算方法——又称为推覆方法(Push-Over Analysis)是目前技术比较成熟的、可以获得结构性能和表现定量的两种主要计算方法。

抗震设计方法的发展，以及它们和地震作用计算方法的关系归纳如图3-5所示。

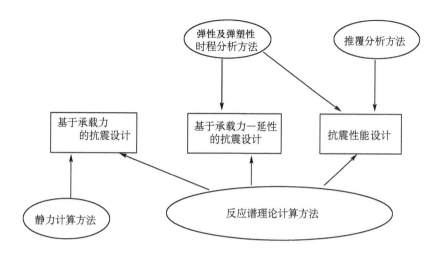

图 3-5　抗震设计方法和地震作用计算方法的关系

3.3　反应谱方法

我国规范规定，应按照反应谱方法（Spectrum Analysis Method）计算地震作用，对结构进行弹性分析，将得到的地震作用效应（内力及位移）与竖向荷载、风荷载效应等组合，然后用组合位移及组合内力进行结构和构件设计，少数情况下才需要采用弹性时程分析法进行地震作用的补充计算；反应谱方法是我国结构抗震设计采用的基本方法，本节将介绍反应谱是什么。

反应谱是通过单自由度弹性结构的地震反应计算得到的，地震反应分析（弹性时程分析）要求直接输入地面运动，可以得到单自由度质点的加速度、速度、位移反应。图 3-6a 表示了一个单自由度弹性结构在某个地面运动 $\ddot{x}_0(t)$ 的作用下，得到质点的加速度反应时程曲线 $\ddot{x}(t)$，刚度为 k_1 的结构加速度反应为 $\ddot{x}_1(t)$，其绝对最大值是 S_{a1}，刚度为 k_2 的结构加速度反应为 $\ddot{x}_2(t)$，其绝对最大值是 S_{a2}，若刚度继续改变可以得到一系列的加速度反应绝对最大值。

加速度反应绝对最大值 S_a 与地震作用和结构刚度有关，若将结构刚度用结构周期 T（或频率 f）表示，则用某一次地震记录对不同周期 T 的结构进行计算，可求出不同的 S_a 值，如图 3-6b 所示，将最大值 S_{a1}、S_{a2}、S_{a3}…等投影到加速度—周期坐标图上，相连作出一条 S_a—T 关系曲线，就是该次地震的加速度反应谱。如果阻尼比 ζ 不同，得到地震的加速度反应谱也不同，阻尼比增大，谱值降低。图 3-7 为 1940 年 El Centro 地震记录南北分量、不同阻尼比计算得到的加速度反应谱。

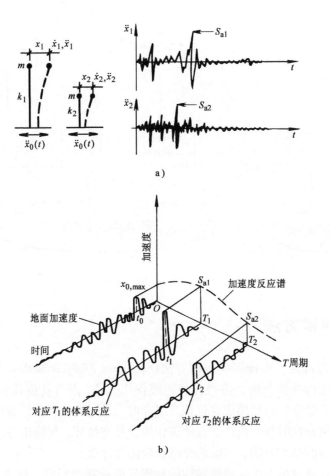

a)

b)

图3-6　单自由度体系地震反应

a）单自由度体系地震反应　b）单自由度体系地震反应及反应谱

　　场地、震级和震中距都会影响地面运动，从而也影响反应谱曲线形状，反应谱峰值对应的周期可近似代表场地的卓越周期（卓越周期是指地震动功率谱中能量占主要部分的周期），硬土中反应谱的峰值对应的周期较短，即硬土的卓越周期短；软土的反应谱峰值对应的周期较长，即软土的卓越周期长，而且较大反应值的范围也比硬土大。也可以说反应谱的形状反映了场地土的性质，图3-8是用不同性质土壤上记录的地震波做出的加速度反应谱，所以，长周期的高层建筑结构在软土地基上的地震反应会更大。

　　同理，用地面运动还可以得到单质点体系的速度和位移反应，找出最大值和周期关系后也可以做成速度反应谱和位移反应谱。目前我国抗震设计都采用加速度反应谱，取加速度反应绝对最大值计算惯性力，作为等效地震荷载，即

$$F = mS_a \qquad\qquad (3-5)$$

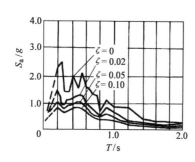

图 3-7　1940 年 El Centro NS 记录地震波的加速度反应谱

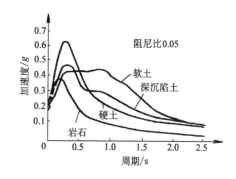

图 3-8　不同性质土壤的加速度反应谱

将公式的右边改写：

$$F = mS_a = \frac{\ddot{x}_{0,max}}{g} \frac{S_a}{\ddot{x}_{0,max}} mg = k\beta G = \alpha G \qquad (3-6)$$

式中　α——地震影响系数，$\alpha = k\beta$；　　　　　　　　　　　　　　　　　(3-7)

　　　G——质点的重量，$G = mg$；　　　　　　　　　　　　　　　　　　　　(3-8)

　　　g——重力加速度；

　　　k——地震系数，$k = \ddot{x}_{0,max}/g$；即地面运动最大加速度与重力加速度 g 的比值；

　　　β——动力系数，$\beta = S_a/\ddot{x}_{0,max}$，即结构最大加速度反应相对于地面最大加速度的放大系数。

β 是一个相对值，β 与 $\ddot{x}_{0,max}$、结构周期 T 及阻尼比 ζ 等有关，β—T 曲线，称为 β 谱，通过计算发现，不同地震波得到的 β_{max} 值相差并不太多，平均为 2.25 左右。因此可以从不同地震波中求出大量的 β—T 曲线，取具有代表性的平均曲线作为设计依据，称为标准反应谱曲线。我国规范用 α 曲线计算地震力，α 值不仅包含了 β 值，还可以将 k 值，即地面运动强烈程度（也是相对值）同时表达出来，α 曲线又称为地震影响系数曲线，其形状、性质与 β 谱类似，不同的阻尼比得到不同的 α 曲线。图 3-9a 是根据若干条加速度反应谱平均得到的 β 谱曲线，图 3-9b 是我国抗震设计规范规定的设计地震影响系数曲线。

　　反应谱方法是目前世界各国计算地震作用普遍应用的方法，其优点是考虑了地震的强烈程度——烈度，考虑了地面运动的特性，特别是场地性质的影响，考虑了结构自身的动力特性——周期与阻尼比。通过反应谱值将结构的动力反应转化为作用在结构上的静力，结构计算不需要特殊的计算方法，从而使结构计算与风荷载作用下的计算一样容易，加速度反应谱值是加速度反应的最大值，用它来进行设计一般说来是安全的。

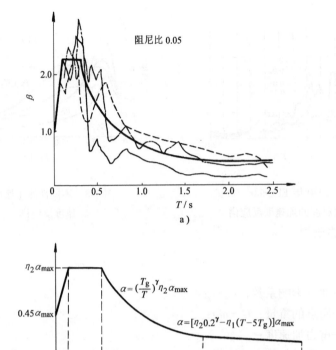

图 3-9 β 谱与 α 谱

a) β 谱曲线   b) 我国规范规定的地震影响系数曲线

但是它也有缺点：

1）主要是只考虑了地面运动中的加速度分量，未考虑地面运动中速度和位移的影响，实际上地面运动中的速度分量对结构反应影响很大，在相同的加速度峰值下，速度愈大，结构反应也愈强烈，结构更容易受到损坏。

而且设计反应谱值只取出了加速度反应中的最大值，它是惯性力的最大值，但不一定是结构的最危险状态，因为结构的最大剪力、最大倾覆力矩和最大位移并不是发生在同一时刻。

2）反应谱是通过单自由度体系计算得出的，应用在多自由度体系时，只能将结构分解为许多独立的振型，每个振型作为一个单自由度结构，得到对应的反应谱值和对应的惯性力，然后通过振型组合得到多自由度结构的内力与位移。振型组合所采用的 SRSS 方法或 CQC 方法都是从概率统计方法得到的，增加了地震作用下计算内力与位移的粗糙性。而且，经过振型组合的结构各构件内力不再符合力的平衡条件，有时会出现错误而无法检查。

3）结构的动力特性对地震作用的大小影响极大，但是由于结构计算简图对结构的简化，结构自振特性的确定也是粗糙的（设计时只通过笼统的周期折减系数修正计算周期），结构周期和阻尼比的确定都不可能准确。

4）此外，目前应用的设计反应谱是单自由度弹性结构的反应谱，只能进行弹性计算，未考虑持时的影响，未考虑结构可能出现塑性和塑性变形的累积过程。

对于高层建筑，反应谱计算得到的地震作用只能是经验性的，有很多不确定性因素，规范在一定程度上代表了国家对于建筑结构抗震设计的一种要求和标准（与经济实力和发展阶段有关），它在一定程度上反映了地震对建筑物作用的量级和特点，但不能代表真正的地震作用，特别是等效地震荷载计算得到的内力和位移，不是真正地震时结构的内力和位移。但是多年的实践证明，在正确进行概念设计的基础上，按规范规定的方法进行计算和构件设计，可以保证大多数结构在地震作用下的安全。

正因为反应谱方法存在不确定性，结构安全设计更需要有效的概念设计和保证延性的构造措施，高度较大和较复杂的高层建筑还需要第二阶段的变形验算或进行抗震性能设计。经过全面的抗震设计的各个步骤和采取各种措施，结构抗震安全才能得到保证。在某些情况下，规范要求按弹性时程分析法（直接动力理论）作补充计算。设计反应谱是通过上百条地震记录的加速度谱处理后得到的，而小震作用的加速度峰值很小，多数结构在小震作用下弹性时程分析得到的层剪力结果小于反应谱方法得到的层剪力，不起控制作用。更为有用的弹塑性时程分析方法将在下一节中介绍。

3.4 弹塑性地震反应分析（弹塑性时程分析）

无论是基于承载力延性的抗震设计，还是基于性能的抗震设计，都需要用到弹塑性时程分析或弹塑性静力计算，目前计算软件已有较大改进，应用日益广泛。

时程分析法是一种直接的动力计算方法，在结构的基础部位作用一个地面运动（加速度时程 $\ddot{x}_0(t)$），用动力方法直接计算出结构随时间而变化的地震反应。通过计算可以得到输入地震波时段长度内结构地震反应的全过程，包括每一时刻的构件变形和内力，每一时刻的结构位移、速度和加速度，弹塑性时程分析还可以得到杆件屈服的位置、塑性变形等，也可以得到各种反应的最大值，各种反应的最大值并不在同一时刻出现。直接动力分析方法既考虑了地面震动的振幅、频率和持续时间三要素，又考虑了结构的动力特性。时程分析方法是一种较先进的直接动力计算方法。事实上，反应谱就是通过单质点体系的直接动力方法计算得到的。

时程分析方法可用于弹性结构，也可以用于弹塑性结构，应用要点如下[8][34]：

1. 动力计算方法

时程分析方法建立在动力方程的基础上，多自由度体系的动力方程为：

$$[M]\{\ddot{x}\} + [C]\{\dot{x}\} + [K]\{x\} = -\ddot{x}_0[M]\{1\} \qquad (3-9)$$

式中　$[M]$、$[C]$、$[K]$——结构的质量矩阵、阻尼矩阵、刚度矩阵；

　　　　$\{\ddot{x}\}$、$\{\dot{x}\}$、$\{x\}$——结构的加速度、速度、位移反应，都是时间 t 的函数；

　　　　$\ddot{x}_0$——地面加速度，为时间 t 的函数。

地面运动是随机函数，动力方程不能得到解析解，一般是用逐步积分方法，在已知初始值的情况下在微小时间区段 Δt 范围内积分求解，得到第 i 步的结果后，将其作为第 $i+1$ 步的初始值，再取微小时间区段 Δt 积分，如此逐步积分得到所有时间区段的数值解。求解动力方程的数学方法很多，常用的有 Newmark-β 法、Wilson-θ 法等。

2. 计算模型

结构的计算模型即力学模型，分为杆模型和层模型两大类。杆模型和层模型各有优缺点，可根据计算目的和要求精确程度选择适当的方法。通常，弹性时程分析采用杆模型，弹塑性时程分析采用层模型；用于研究时采用杆模型，用于设计第二阶段的倒塌验算时，采用层模型等。

杆模型以杆件为计算的基本单元，计算简图与弹性分析相同，见图3-10，刚度矩阵的建立方法与构件有限元分析方法相同，自由度的多少和基本假定有关，有平面结构假定和空间结构假定之分，一般都假定楼板在平面内无限刚性，每个楼层的质量集中到楼板高度。杆模型的刚度矩阵是明确的，易于确定，计算可以得到杆件内力和变形随时间变化的全过程，可以找出每个杆件最大内力和最大变形，也可以得到杆件和楼层的位移。计算结果相对精确，但是计算过程长，输出的数据量大。对于弹性时程分析，杆模型应用较多，因为弹性时程分析所用的刚度矩阵与设计计算相同，十分方便，

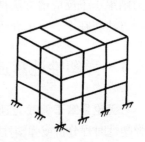

图3-10　杆模型

而对于弹塑性时程分析，因为杆件刚度随杆件开裂和屈服而改变，每一步都要重新建立刚度矩阵，费时多，输出的数据量大，而其中设计需要的数据只是少数。

层模型如图 3-11 所示，把整个结构视为一根悬臂杆，每个楼层质量集中为一个质点，楼层的刚度凝聚在一根杆中，称为层刚度。根据结构的变形特点和简化假定，层模型又分为剪切型模型、弯曲型模型、弯剪型模型和等效剪切型模型等，它们的刚度矩阵分别包含了剪切刚度 GA 和弯曲刚度 EI，其中等效剪切型模型的刚度矩阵元素排列与剪切型模型类似，等效剪切层刚度的定义为 $k_i = \dfrac{V_i}{\delta_i}$，式

中 V_i、δ_i 分别是第 i 层的层剪力和层位移，是从整体结构的平面或空间分析得到（见弹塑性静力分析），也就是说，每一楼层的层刚度元素 k_i 都综合考虑了全部杆件的轴向、弯曲和剪切变形。

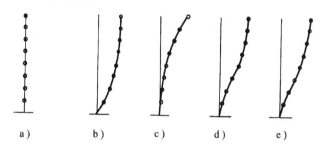

图 3-11　层模型
a）集中质量的悬臂杆　b）剪切型模型　c）弯曲型模型
d）剪弯型模型　e）等效剪切型模型

　　层模型自由度数目少，计算简洁、迅速，计算得到的结果有层剪力、层位移、层间位移角等，可以满足设计第二阶段的层间位移角检验需要，也可以检查结构是否存在薄弱层等。但是层模型计算不能得到杆件的内力和变形，计算结果相对地比较粗糙和笼统，与杆模型相比，是更为近似的分析，一般在设计完成后进行层间变形检验时采用。高层建筑结构首先要用静力弹塑性方法获得杆模型的等效剪切刚度，计算工作量也比较大。

　　3. 恢复力模型

　　进行弹塑性时程分析时，要给出反复循环地震作用下的杆件刚度，因为开裂、屈服、荷载反向作用等原因，杆件刚度要发生变化。图3-12是在反复循环荷载作用下试验实测的力—位移关系曲线，称为滞回曲线，图 3-12a 是一般钢筋混凝土弯曲及压弯构件的滞回曲线，图3-12b是剪切变形较大、存在剪切斜裂缝构件的滞回曲线，受力和变形不同的构件滞回性能不同。计算时必须将滞回曲线模型化，给出可用于数值计算的反复循环力—变形的非线性关系，即恢复力模型。恢复力模型既要符合杆件的受力—变形性质，又要便于用数学公式表达，折线形式应用较为方便(也可用曲线表达)。数字化的恢复力模型由两部分组成：骨架线和滞回环。骨架线是滞回曲线的外包线，考虑开裂性能时，可设定为三线性骨架线，不考虑开裂时，可设定为二线性骨架线，见图3-13，骨架线的作用是确定杆件的刚度。滞回环表示杆件在往复荷载下的变形途径(加载、卸载、反向加载……等)，刚度退化、强化以及能量吸收、耗散等性能，常用的滞回环模型是在大量试验研究基础上归纳形成的，由于构件性质不同可以得到不同的力—位移关系，也就有不同的模型。图 3-14 为几种由试验曲线简化的滞回环类型，图 3-14a 是一般钢筋混凝土压弯构件的性能，图 3-14b 是剪切变形较大的钢筋混凝土构件性能，图 3-14c 是钢构件的性能。

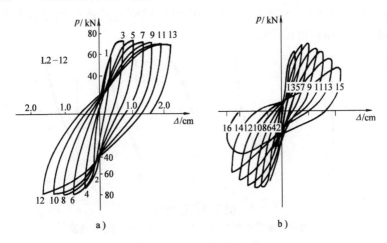

a) b)

图 3-12 试验实测的滞回曲线

a）受弯或压弯构件 b）剪切变形较大、存在斜裂缝的构件

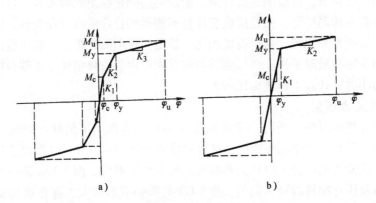

a) b)

图 3-13 骨架线

a）三线性骨架线 b）二线性骨架线

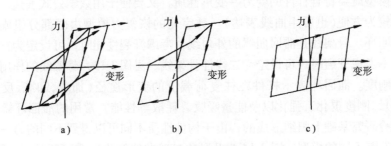

a) b) c)

图 3-14 滞回环类型

a）钢筋混凝土压弯构件 b）剪切变形较大的钢筋混凝土构件 c）钢构件

在杆模型中，要输入杆件的恢复力模型，杆件的恢复力模型容易确定。

在层模型中，要给出楼层的恢复力模型，包括骨架线和层滞回模型。首先要通过整体结构的静力弹塑性分析得到楼层的 $V—\delta$ 关系曲线，作为层模型骨架线，计算得到的一般是曲线，没有明确的开裂点和屈服点，通常以折线拟合曲线，用三折线或四折线的骨架线可较好地代表结构的层刚度变化，折点虚拟结构的开裂点及屈服点，见图 3-15。层模型的滞回环规则根据结构性能假设。

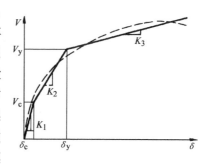

图 3-15　层模型的骨架线

4. 质量矩阵与阻尼矩阵

为了简化计算，无论在杆模型或层模型中，都假定质量集中在每个楼层，因此质量矩阵都是对角矩阵。

结构阻尼是结构的性能，但是要精确定量却十分困难。在时程分析中做了假定，使阻尼矩阵为刚度和质量的函数，以简化计算。方法很多，其目的都是便于将动力方程中的阻尼项分解，以简化方程求解的过程，常用的阻尼矩阵见式 (3-10)。

$$[C] = \alpha_1 [M] + \alpha_2 [K] \tag{3-10}$$

$$\alpha_1 = \frac{2(\lambda_i \omega_j - \lambda_j \omega_i)}{(\omega_j + \omega_i)(\omega_j - \omega_i)} \omega_j \omega_i \tag{3-10a}$$

$$\alpha_2 = \frac{2(\lambda_j \omega_j - \lambda_i \omega_i)}{(\omega_j + \omega_i)(\omega_j - \omega_i)} \tag{3-10b}$$

式中，λ_i、λ_j 分别为第 i、j 振型的阻尼比，ω_i、ω_j 分别为第 i、j 振型的频率。

阻尼比 λ_i、λ_j 应该由实测确定，但是结构高振型的阻尼比尚无一致结论，目前时程分析取值与结构设计统一，取一般公认的阻尼比，钢筋混凝土结构为 5%，钢结构为 2%，高振型与基本振型相同。

5. 输入地震波

地震波是随机振动，影响因素复杂，不同的地震地面运动，结构的反应也不相同，图 3-16 是 1985 年墨西哥地震时在墨西哥城 SCT 站记录的地震波，同时记录了南北水平、东西水平及竖向振动分量（时程分析主要用水平分量）。时程分析证明，同一幢结构用不同的地震波输入，会得到不同的结果，因此如何选择作用在结构所在地的地面地震加速度，成为时程分析的一个难点，也是时程分析结果的一个不确定因素。

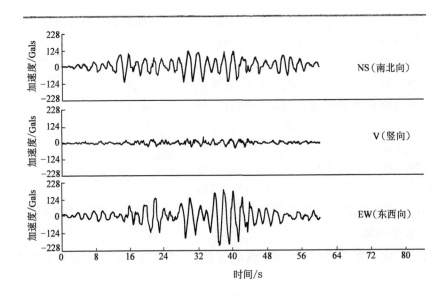

图 3-16　1985 年墨西哥地震时在墨西哥城 SCT 站记录的地震波

　　如果进行建筑物震害分析，可取当地本次地震记录的地震波，比较明确。而设计时，无法预见将来发生的地震，只能选择多条(3 条或 4 条)地震波进行时程分析，以便相互比较和选择合理的计算结果，多条地震波应包括实际地震记录和人工波。最理想的是实际记录的地震波，是本地区历史上曾经记录到的地震波，但是我国历史地震记录很少；近年来我国虽已有了不少记录，但是在大城市的也不多。现在收集到的可供选择的地震记录已较多，设计时所选用的实际地震记录，要考虑其卓越周期和土壤性质，尽可能与当地土壤相近，要使分析结果与反应谱方法有可比性等[35]。人工地震波是根据当地的场地特性(勘测得到)拟合做成的，但是拟合的人工波有多种可能性(不是唯一的)，拟合的人工波不同，计算结果也不会相同。弹性时程分析所用的地震波加速度峰值需调整为当地小震的加速度峰值，弹塑性时程分析所用的地震波加速度峰值则应调整为当地大震相应的加速度峰值。小震和大震的加速度峰值，可由规范查得，也可由当地地震危险性分析得到。

　　时程分析法比反应谱方法前进了一大步，主要的优点是可以得到结构的地震反应全过程，便于判断结构在地震作用下的表现是否符合设计要求。特别对于结构研究和地震震害的分析，该方法比较有效，已经在国内外普遍应用，并获得很多成果，在第 4 章、5 章、7 章中有一些关于国内外震害分析和研究应用的实例介绍。第 10 章的一些工程实例介绍中也有关于设计工作中弹性和弹塑性分析的应用情况。

　　从以上的介绍可见，弹塑性时程分析方法是先进的，但是在应用上还有很多困难和局限,尤其是输入地震波的不确定性,结构性能的近似假定和模拟等,使结果的可信度受到限制;该方法需要专门的程序和运用知识,输入、输出数据量大,计算技术复杂,一般需要专门的技术人员和结构设计人员共同进行分析,不能盲目地使用计算结果。规范只要求少数重要、高度大而柔或有薄弱部位的结构,用弹塑性时程分析进行大震作用下的变形校核或性能设计。我国新抗震规范中已给出了弹塑性时程分析的要求,例如地震波选用要求、罕遇地震作用的峰值加速度、允许层间位移角等。

3.5 静力弹塑性分析(推覆分析)

静力弹塑性分析(推覆分析 Push-over Analysis)是在结构上施加一组静力(竖向荷载全部作用和水平荷载逐步增加),考虑构件从开裂到屈服、刚度逐步改变的弹塑性计算方法。计算时竖向荷载不变(自重及活荷载等),水平荷载由小到大逐步加载,每一步会有部分构件屈服,屈服的构件需要改变刚度,重新建立刚度矩阵,在增量荷载作用下再进行分析,得到的结果叠加在前一步计算的结果上,如此逐步计算,直到结构达到其极限承载力或极限位移,结构倒塌。静力弹塑性分析可以得到结构从弹性状态到倒塌的全过程,因此也称为推覆分析。

静力弹塑性分析需要给出的条件为:计算简图、构件参数与荷载,见图 3-17。图 3-17a 为计算简图和荷载,与一般静力分析相同,采用平面结构或空间结构,一般都假定楼板在自身平面内为无限刚性;竖向荷载与弹性分析的荷载相同,在分析过程中是不变的;水平荷载则要选择一组尽可能能代表地震作用的荷载分布形式,荷载由小到大,数值改变而分布形式不变。构件计算参数有两部分,除了一般弹性计算时需要的几何尺寸和弹性刚度外,还应给出每个构件力—变形的弹塑性骨架线,一般采用二线性或三线性骨架线(也可采用多折线或曲线),有明确的屈服点和极限承载力(或极限变形);图 3-17b 为受弯构件性能,应考虑正向和反向受弯,也可以考虑剪切刚度改变;图 3-17c 为压弯构件(柱和剪力墙)性能,必须给出轴向力对构件屈服性能的影响,也就是要给出"屈服轨"。

静力弹塑性分析不是新方法,在荷载增量 ΔP 作用下结构刚度不变,相当于一次"弹性计算",因此只需将"弹性计算"重复计算 n 次,每一次的结构刚度都不相同,方法的复杂之处在于每一次计算结束后要重新确定构件的当前状态和刚度,重新建立刚度矩阵。由于该方法能够提供结构的"能力和性能"数据,符合现在正在研究发展的"基于性能设计"的需要,近年来静力弹塑性分析方法得到普遍的重视和广泛研究,在计算的精细程度和解决难点的计算技巧方面得到很大发展。静力弹塑性分析的主要功能有:

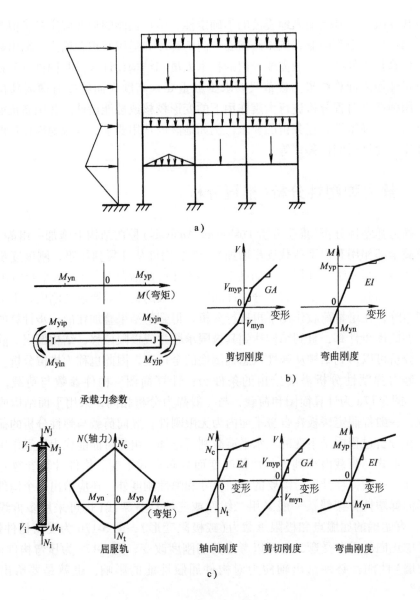

图 3-17 静力弹塑性分析

a）计算简图及荷载   b）受弯构件(梁)计算参数

c）压弯构件(柱、墙)计算参数

1）得到结构承受逐步增大的水平荷载作用时内力和变形的全过程，见图 3-18a，它综合表示结构在各个阶段的状况，得到结构的最大承载能力和极限变形能力。作出每一层的内力—变形全过程，就可以得到各层层间位移角和顶点位移等重要指标；可以估计相对于设计荷载而言的结构承载力的安全储备大小。

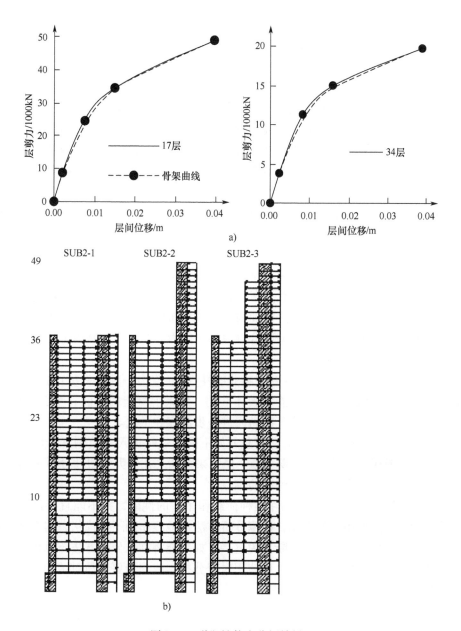

图 3-18　弹塑性静力分析结果

a）层剪力—层间变形曲线　b）在某个荷载作用下结构塑性铰分布

2）得到第一批塑性铰位置和各个阶段的塑性铰出现次序和分布状态，见图 3-18b，可以判断结构是否符合强柱弱梁、强剪弱弯等设计要求。

3）得到不同受力阶段下楼层侧移和层间位移角沿高度的分布，结合塑性铰的分布情况可以检查是否存在薄弱层。

4）得到不同受力阶段结构各部分塑性内力重分布情况，结合塑性铰分布，检查多道设防设计意图是否能实现。

5）由结构每一层的层剪力—层间位移角曲线，可以得到弹塑性时程分析需要的各层等效刚度，图3-15中虚线就是静力弹塑性分析得到的一个楼层的层剪力—层间位移角曲线，再拟合成为计算采用的三折线骨架线（实线）。

相对于弹塑性时程分析，静力弹塑性分析要简单一些，其分析的概念、需要的参数和计算结果都更加明确，得到的结构性能比较丰富和详细，构件设计和配筋是否合理都能很直观地判断，容易为工程设计人员了解和接受。但是也存在一些问题：

1）结构计算时施加的水平荷载形式的不确定性。荷载不同，所得结果会有些区别，采用均布荷载所得的极限承载力最大，采用顶点集中力所得的极限承载力最小，倒三角分布荷载的结果居于二者之间。而什么样的荷载能代表地震作用？几乎不可能有明确答案，因为地震作用下惯性力（荷载）分布形式随时间而变化。弹塑性静力分析时，荷载分布形式可以改变一次或两次，但不可能随时改变。目前多数情况取基底剪力法得到的层荷载分布形式、或反应谱分析得到的第一振型地震力分布形式、或振型组合以后的地震力分布形式，基本上类似于倒三角形分布。

2）构件的弹塑性性能需要在材料非线性性能（应力—应变关系）的基础上确定，其中三维构件的弹塑性性能和破坏准则、约束混凝土的性能、塑性铰长度、剪切和轴向变形的非线性性能等都尚需进一步研究和量化。

3）构件在达到最大承载力后荷载开始下降，这时进入"负刚度"阶段，构件的失效一般用最大承载力下降10%~15%来判断。在静力弹塑性分析中需要计入下降段，往往成为计算程序编制的难点。

4）推覆分析只能给出结构在某种荷载作用下的性能，并不能直接得到结构在某一特定地震作用下的表现，推覆分析方法对地震作用下结构状态的判断和评价不如地震反应时程分析的判断更为直接，如果能将推覆分析方法与时程分析方法相结合，即先使用推覆分析，后使用时程分析，或许会更容易对结构进行评价和判断。

第4章 震 害 分 析

对于建筑师和结构工程师而言，了解和分析已建成建筑物遭受震害的经验和教训是十分重要的，每年世界上发生的大地震很多，但是值得高层建筑设计借鉴的却有限，高层建筑是近年才开始建造的。早期建造的多层和高层建筑，在大城市中地震时倒塌和损坏严重，死伤人数多，因为过去没有经验，抗震设计不完善，各国的抗震设计规范都在惨痛的教训中逐步改善，在近年的地震中，按照改进了的规范设计的多层和高层建筑，比过去震害减少了很多，但是，还不断有新问题在出现。现代高层建筑遭遇地震后，如果可能做到不倒塌，人的生命可以得到保护，但是其社会、经济损失都远远超过一般建筑，如果发生次生灾害，影响就更大，因此高层建筑的抗震设计要求更高。本章收集了一些重要的震害实例，虽然有一些震害发生的时间较早，或者有些震害发生在多层建筑，但是由于它们的典型性以及对建立设计概念的重要性，本书仍然加以收录，重温教训，总结经验，对于我们掌握概念设计、更深刻地理解现行规范和规程所做的关于结构布置和设计的许多规定都是有益的。

4.1 国内外大地震的一般情况

表4-1不完全统计了1923年以来历次对建筑影响较大的地震，特别是与高层建筑有关的大地震，并综合了多层和高层建筑遭受的主要震害特点。

表4-1 1923年以来国内外大地震概况

时　间	地　点	震级	最大地面加速度 及持续时间	建筑震害特点
1923.9.1	日本关东	7.9级	—	大火次生灾害严重，钢筋混凝土结构破坏率比其他类型结构小，一座8层钢筋混凝土框架倒塌
1940.11.10	罗马尼亚乌兰恰恰地区	7.4级	—	布加勒斯特一座13层钢筋混凝土框架完全倒塌
1948.6.28	日本福井	7.2级	0.3g 延续30s以上	一座8层钢筋混凝土框架毁坏
1957.7.28	墨西哥墨西哥城	7.6级	0.05~0.1g，地面卓越周期2.5s左右	5层以上建筑物震害较大，11~16层损坏率最高。55座8层以上建筑物中，11座钢筋混凝土结构破坏。两座23~42层建筑无损

(续)

时 间	地 点	震级	最大地面加速度及持续时间	建筑震害特点
1963.7.26	南斯拉夫斯普科里	6 级	冲击性地震，持续时间短，最大加速度估计为 0.3g	4 层以下砖结构破坏严重，13～14 层钢筋混凝土结构仅有部分受害。凡是各层都有围护墙的框架结构破坏轻，凡是上层有填充墙而底层无填充墙的框架破坏严重
1964.3.27	美国阿拉斯加	8.4 级	持时 2.5～4min，估计地面卓越周期 0.5s，地面加速度 0.4g	大多数建筑经抗震设防，但地面加速度比规范规定大好几倍。长周期影响突出，高层破坏多，28 座预应力钢筋混凝土建筑中，6 座严重破坏，其中四季大楼完全倒塌
1964.7.5	日本新泻	7.4 级	加速度 0.16g，持续时间 2.5min	主要由砂土液化引起震害，44% 建筑受到程度不同的破坏，一幢 4 层公寓倾倒 80°，一幢 4 层商店倾倒 19°，且下沉 1.5m。有地下室和有桩基础的建筑物很少破坏
1967.7.29	委内瑞拉加拉加斯	6.5 级	在 LosPalos 区，地面加速度 0.06～0.08g，地面卓越周期 0.2～1s 在 Caraballeda 区，地面加速度 0.1～0.3g	烈度不高，但高层建筑损坏很多。冲积层厚度超过 160m 的地区，高层建筑破坏率急剧上升，在岩石或浅冲积层上，高层建筑大部分未损坏
1968.5.16	日本十绳冲	7.9 级	最大加速度 0.18g～0.28g，持续时间 80s	钢筋混凝土柱破坏较多，其中短柱剪坏现象突出，引起对短柱的注意。开始进行研究
1971.7.9	美国圣菲南多	6.6 级	最大加速度 0.1～0.2g	取得 200 多个强震记录，测得 20 层高层建筑顶部最大加速度是地面加速度的 1.5～2 倍。3 座高层建筑（14 层、38 层、42 层）有轻微损坏，Olive View 医院破坏具有典型性
1972.12.22	尼加拉瓜马那瓜	6.5 级震中靠近马那瓜	最大加速度：东西向：0.39g 南北向：0.34g 竖向：0.33g 0.2g 加速度振动持续了 5s，随后有长周期振动出现	70% 以上建筑物倒塌或严重损坏，3 座钢筋混凝土高层建筑损坏，具有典型意义，非结构构件破坏很大

（续）

时　间	地　点	震级	最大地面加速度及持续时间	建筑震害特点
1975.4.21	日本大分	6.4级	最大加速度 东西向：0.65*g* 南北向：0.049*g* 竖向：0.028*g*	无高层建筑。在同一建筑中有长短柱混合的加剧了建筑物损坏。地基变形、沉陷造成建筑物损坏
1977.3.5	罗马尼亚布加勒斯特	7.2级	持续时间80s，18s以前以竖向振动为主	33座高层框架结构倒塌，其中31座为旧建筑，多数刚度不均匀，2座新建筑都是底层商店、上层住宅建筑。剪力墙结构仅有一座11层建筑由于施工质量不好而倒塌，剪力墙结构破坏率小
1978.2.20	日本宫成冲	6.7级		大部分建筑未按抗震设计，与十绳冲地震破坏相似。8层以下建筑破坏多，仙台市3座8~9层SRC结构短柱、窗间墙、窗下墙破坏严重
1978.6.12	日本宫成冲	7.5级	东北大学9层建筑记录地面加速度0.25*g*	同上。3~6层框架结构底层柱剪坏，6~9层框架结构中未经计算的现浇钢筋混凝土外墙剪切裂缝多，长柱基本无破坏
1978.6.20	希腊萨洛尼卡	6.5级	最大加速度： 纵向：0.148*g* 横向：0.16*g* 竖向：0.13*g* 卓越周期： 0.3~0.5s	严重震害区域在软土冲积层上。底层刚度小的建筑震害严重，具有剪力墙的建筑震害轻。许多建筑在两端破坏，没有缝的建筑物震害轻微。20%建筑物有非结构性破坏
1978.7.28	中国唐山	7.8级	烈度为： 震中唐山11度 丰南10度 宁河、汉沽8.5度 塘沽、天津8度 北京6.5度	震中区砖石混合结构全部倒塌。塘沽一座13层框架倒塌，天津一座11层框架填充墙破坏严重，个别角柱损坏，北京高层建筑碰撞较多。有剪力墙的高层建筑和经抗震设计的建筑破坏少
1985.9.19	墨西哥墨西哥城	8.1级 墨西哥城震中距350km	地震持续时间60s，其中超过0.1*g*的振动有20s，最大为0.18*g*。26s以后又有一次能量释放。卓越周期2s	软土冲积层卓越周期长，引起类共振，造成10~20层建筑物破坏严重，30~40层建筑物基本无破坏。板柱结构倒塌很多，设计地震力太小

（续）

时　　间	地　　点	震级	最大地面加速度及持续时间	建筑震害特点
1988.12.7	亚美尼亚斯皮达克 Spitak	6.8级	震中为 Spitak，在首都北 80km，震源深 5～20km。Leninakan 的土壤软，仅 25% 建筑物得以保存	震中区大部分4～5层砌体及空心板建筑没有水平及竖向联系而倒塌。其他城市预制钢筋混凝土框－剪结构（其中有9层）倒塌较多，因为地震力比设计大4倍，未设计延性框架，预制空心板上无现浇层，钢筋搭接不够等原因
1989.10.17	美国洛马普里埃塔 Loma Prieta	7.1级	持续时间15s，有感范围近100万 km²，震中地面加速度 0.64g（水平）0.66g（竖向），Oklan 地区地面加速度 0.08～0.29g	1906 年以来最大地震，地面变形严重。建筑破坏较大的是距震中 90km 处的旧金山湾区，主要是软土地基造成多层砌体建筑破坏。海湾大桥及 Oklan 地区双层高速公路破坏严重
1994.1.17	美国北岭地震 Northridge	6.8级	震中以南 7km 处记录地震加速度峰值为 1.82g（水平）和 1.18g（竖向），洛杉矶市距离震中 36km，记录地震水平加速度峰值为 0.5g。震动约 60s，其中 10～30s 为强烈震动	是城市人口密集地区的较大地震，建筑损坏及经济损失大。未经延性设计的钢筋混凝土框架柱被剪坏，按现代设计要求设计的一幢停车库破坏。钢结构没有倒塌，表面未发现问题，但经过仔细检查，发现许多钢梁和钢柱焊接节点开裂，严重威胁建筑安全，这个现象引起广泛关注，引起梁柱节点研究改进的热潮
1995.1.17	日本阪神地震	7.2级震中位于神户附近海峡，深20km	神户烈度11度，地面加速度：水平：0.818g　0.617g竖向：0.332g持时：15～20s，卓越周期：0.8～1s	神户震害严重，震害集中在旧式木结构，不规则或质量差的建筑，特别是底层空旷的住宅破坏严重，有些建筑的中间楼层整层塌落，形成中间薄弱层破坏。按新抗震标准设计的建筑或经过审查的高层建筑基本没有损坏
1999.9.21	中国台湾集集地震	7.6级	中部断层长 83km，地表错动最大为垂直 11m、水平 10m。最大加速度 0.989g，震动延时 25s震中在南投县集集镇东北方向 4.5km 处，震源深度 8km	南投建筑破坏严重，全县 186 所中、小学，全毁 30 所。台北也有许多建筑物破坏。特别是民居建筑破坏较多
1999.8.17	土耳其	7.4级，震中在伊斯坦布尔以东 90km 处	在 900km 长的 North Anatolian 断层上发生断裂，震中地表高差 2.3m	4～7层框架结构破坏和倒塌多，地基液化影响大。钢筋混凝土结构箍筋不足，且锚固不够。有剪力墙的建筑未见破坏

4.2 场地、地基土与结构震害

地震对建筑物的破坏程度，首先取决于地震释放能量的大小，也就是通常所说的震级，同时还和震源深浅程度、建筑物与震中的距离以及建筑物所处场地土性质有关。此外，地震对建筑物的破坏还和建筑物本身动力特性有关。一般说来，震级小、震源深、离震中距离远的地方，建筑物遭到破坏的可能性小一些。但是对于高层建筑，大量宏观震害表明，遭到震害的范围比低层建筑要大一些，震害程度受场地性质影响也更大一些，软土对高层建筑不利。

1）地震波在土介质中传播时，地面运动中的短周期分量容易衰减，而长周期分量却传播较远。例如1952年7月21日美国加利福尼亚州的克恩地震，洛杉矶市距震中112~128km，洛杉矶市的低层建筑只有轻微损坏，而五、六层以上的钢筋混凝土建筑发生了强烈振动，造成一些破坏；与此相反，距震中很近的克恩县的一、二层砖石结构却比多层钢筋混凝土结构破坏严重[7]。由此，人们认识到震害不仅与震中距离远近有关，还与地震波经过的土壤介质有关，与建筑物的特性有关。

2）地震传播过程中，在软土中，地震波的长周期成分传播得更远，而在硬土中，短周期成分则保留较多。由基岩到上部土壤，地震波还有放大作用，图4-1是一个观测实例[38]，在地下90m的基岩只有很小的振动，达到地表后，加速度急剧增大，地震波的周期特性也明显地表现出土壤的性质。因此，软土层愈厚的地方，不但卓越周期愈长，地震波的振幅也放大得愈大。许多大地震发生

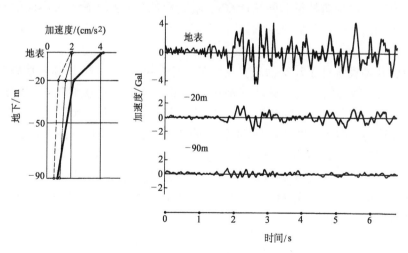

图4-1 地基土壤对地震波的放大作用

后，软土区高层建筑破坏率高，1967 年 7 月 29 日委内瑞拉地震，震中在加拉加斯市西北约 70km 的加勒比海中，地震烈度并不高，但高层建筑的损坏却十分严重，损坏的建筑物大都集中在加拉加斯市东部，地震后统计了覆盖土层厚度与震害的关系如图 4-2 所示。由图可见，覆盖土层厚度超过 160m 后，震害急剧增加，尤以大于 14 层的高层建筑为甚[10]。

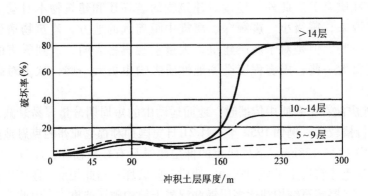

图 4-2　加拉加斯地震冲积土层厚度与震害关系

　　3）墨西哥城多次遭到地震严重破坏，是由场地土影响造成震害的典型。墨西哥大地震大都发生在墨西哥南部海岸近海，墨西哥城距离震中很远，大约 270 ~ 350km，但历次地震遭受震害都比较严重。20 世纪中，超过 7 级的地震大约发生过 40 次以上，而其中以 1957 年 7 月 28 日发生的 7.6 级地震和 1985 年 9 月 19 日的 8.1 级(9.20 日余震 7.5 级)最为著名，原因是它们受到地震学家的重视，技术上也已具备了记录地震和深入分析建筑物震害的条件，对震害的分析较充分。1985 年的地震持续时间长达 60s，有两次地震能量释放，震中区加速度峰值约为 0.18g，传到墨西哥城时峰值加大了，达到 0.2g，这与墨西哥城附近的场地性质有关。

　　1957 年地震统计了建筑物震害发生率，见表 4-2，11 ~ 16 层建筑物破坏率最高，较低的和较高的建筑物破坏率都相对较低。1985 年地震对建筑物破坏的规律几乎相同，倒塌率最高的是 7 ~ 15 层建筑，见图 4-3。两次地震，23 层和 44 层的高层建筑均未损坏。图 4-4 是 44 层高的拉丁美洲大厦(Latinamerican Tower)，1956 年 4 月建成，1957 年就遭遇了大地震，地震时表现良好，没有损坏，1985 年大地震时仅有 10 块玻璃破碎。在众多中高层建筑物遭到破坏的同时，这幢超高层建筑物得以避免，究其原因，主要是墨西哥城的场地条件和该建筑物的特性和设计质量的影响[39][40]。

表4-2 1957年墨西哥城建筑物层数和震害关系

建筑物层数	9	10	11	12	13	14	15	16	23	44
无损坏	3	2	1	1	0	0	0	0	1	1
震害	2	2	3	3	5	2	1	2	0	0
共计	5	4	4	4	5	2	1	2	1	1

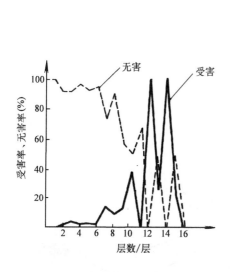

图 4-3 1985 年墨西哥城地震建筑物破坏率   图 4-4 拉丁美洲大厦

墨西哥城建造在古代的 Texcoco 湖的沉积土上，湖底有约 70m 厚的软土层，主要成分是火山灰，城市边缘靠近湖边，湖深减小，有一些较硬的火山凝灰岩，图 4-5a 是墨西哥城所在地的湖底土层剖面示意，有人曾说：墨西哥城就像建造在 "一盆肉冻" 上。在靠近湖中部的墨西哥城边缘部位，场地卓越周期约为 4s，城市中心大部分场地的卓越周期为 1.5 ~ 2s，靠近湖边部位的场地卓越周期是 1s，图 4-5b 表示了卓越周期的分布线和被破坏建筑物的位置，城市中心破坏的建筑物最多，10 ~ 20 层建筑物的自振周期正好与场地卓越周期吻合，发生类共振，地震反应强烈。图 4-6 是 1985 年地震时墨西哥城记录到的地震波加速度反应谱与 El Centro 地震波加速度反应谱的比较，在 2.0～3s 周期之间墨西哥地震的地震系数（加速度谱）大得多。44 层的拉丁美洲大厦是钢结构，结构柔，它的自振周期按顺序排列为 3.5s、1.5s、0.9s、0.7s，基本自振周期大于场地土的卓越周期，因此地震反应较小，除此以外，拉丁美洲大厦结构设计时对地震影响考

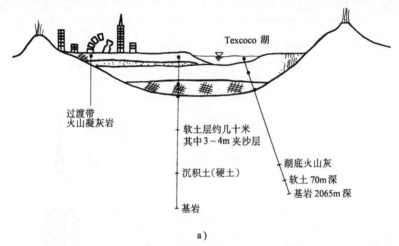

a）

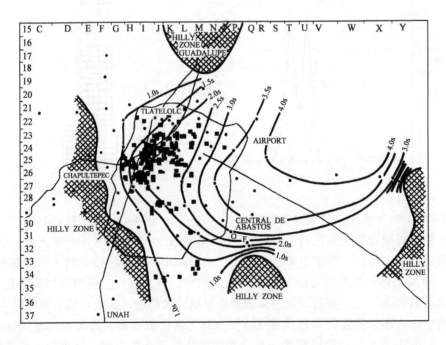

b）

图 4-5　墨西哥城的场地简况及卓越周期分布

a）场地剖面示意图　b）场地卓越周期分布

虑仔细，曾经用弹性时程分析方法进行计算，并在估计地震反应以后采取了相应措施，上述多种因素使它在地震中表现较好。

1985 年地震在墨西哥城遭受震害较多的建筑物还有：板柱结构、柱子较细的框架结构、底层为车库上层加填充墙的具有软弱层的结构，还有大量高层建筑出现了建筑物的碰撞等。这次地震以后，墨西哥修改了规范，加大了设计地震作用。

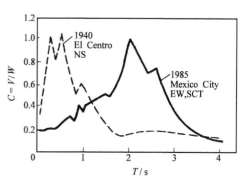

图 4-6　1985 地震墨西哥城地震波与 El Centro 地震波的地震系数比较

4）砂土液化以及不利地基、地形造成建筑物破坏也有很多实例。最为著名的是 1964 年日本新潟地震，大面积的砂土液化使整体性好且十分结实的钢筋混凝土房屋整体倾倒，见图 4-7。在我国，无论是 1966 年的邢台地震，1975 年的海城地震，还是 1976 年的唐山地震，都看到了在较大面积范围内出现砂土液化造成的建筑物沉陷与开裂的现象。

图 4-7　1964 年日本新潟地震钢筋混凝土房屋倾倒

4.3　结构刚度和震害的关系

历次地震中，普遍可见框架结构的破坏率较高，而剪力墙结构破坏较少。下面两个震害实例的对比可以说明：剪力墙结构刚度较大，地震时它的变形比框架结构小，地震损坏也较小；此外，不对称布置引起的扭转，使结构破坏更为严重。

（1）1972年尼加拉瓜马那瓜地震时，城市中大部分建筑物倒塌，图4-8是位于市中心的两幢钢筋混凝土高层建筑，相距很近，一幢是15层的中央银行，虽未倒塌，但结构破坏严重，震后拆除另一幢是18层的美洲银行，局部破坏，震后局部修复，继续使用。建筑物震害差别如此之大，主要是结构体系、布置以及设计概念不同造成的[41]。

图4-8　尼加拉瓜马那瓜地震时，中央银行和美洲银行

15层的中央银行结构体系及结构布置都不利于抗震，为单跨框架结构，有1层地下室，3层以上柱距是1.4m，3层以下柱距扩大为9.8m，用深梁转换，3层以下大柱子的断面为1m×1.55m，3层以上的标准层平面布置见图4-9a。由平面图可见，电梯井及楼梯间都布置在平面一端，又由于建筑要求，在该侧的山墙窗洞全部用砌体填充封闭，造成结构一端刚度大、另一端刚度小，而且单跨框架较柔，由房屋内部家具和设备的混乱情况可见，地震时建筑物经历了剧烈晃动，再加上很大扭转，致使各层楼板都沿电梯井边断裂，最大裂缝宽度约有12mm，4~15层的柱子都出现裂缝，5层柱上端裂缝大而且柱子有错动，个别柱子钢筋屈服等，见图4-10，端部框架的填充墙以及其他窗上、窗下填充墙都遭到破坏。

18层的美洲银行，有两层地下室，结构平面见图4-9b，采用了对称布置的4个L形剪力墙井筒，井筒之间用连梁连接，形成一个正方形剪力墙筒体抗测力体系（外柱之间没有横梁，所以不是框架，外柱仅承受竖向荷载而不抵抗水平荷载）。由于设备管道要求，多数连梁上开孔，地震时几乎所有的连梁，开洞的和不开洞的连梁都被剪坏，见图4-11，设计时已经考虑了连梁破坏后4个

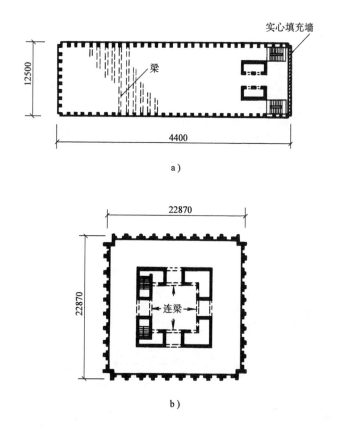

图4-9 中央银行及美洲银行结构平面

a) 中央银行 b) 美洲银行

L形剪力墙井筒独立抵抗地震作用的情况，井筒设计了足够的承载力，因此，剪力墙除了局部饰面脱落以外，未发现任何裂缝。地震后重新更换连梁，继续正常使用。

尼加拉瓜马那瓜地震时，地面加速度为 $0.35g$，比设计地震加速度 $0.06g$ 几乎超过 5 倍，而美洲银行之所以能在如此的大地震中得以留存，除了它是剪力墙结构，刚度及承载力都较大以外，更重要的是它平面、立面规则，并按照多道设防的思想设计结构。结构的第一道防线是带有连梁的剪力墙大筒，在连梁破坏以后，形成了独立的四个剪力墙井筒，刚度减小了很多，虽然侧向位移加大，但是地震力也减小了，设计时考虑了 4 个小井筒独立抵抗地震作用，避免了剪力墙墙肢的破坏。表4-3 比较了连梁破坏前后结构的周期和受力。

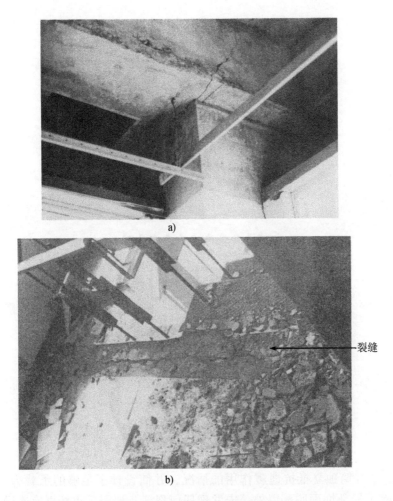

图 4-10 中央银行结构破坏

a) 8 层柱、梁裂缝 b) 电梯井边的楼板裂缝

表 4-3 美洲银行结构中连梁破坏前后的比较

	大剪力墙筒体结构	四个小井筒结构
周期/s	1.3	3.3
基底剪力/kN	27000	13000
倾覆力矩/(kN·m)	930000	370000
顶点侧移/cm	12	24

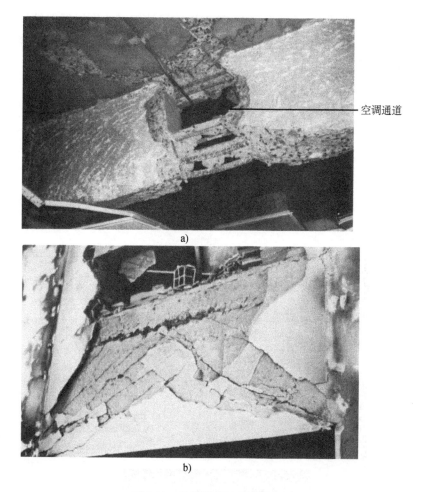

图 4-11　美洲银行连梁的破坏

a）开洞连梁破坏　b）不开洞连梁破坏

　　地震后对该建筑进行了深入的弹塑性地震反应分析，进一步了解剪力墙结构抵抗地震作用的机理和连梁的作用，其弹塑性地震反应分析和连梁影响详见第 7 章 7.2.4 节。

　　（2）1976 年我国唐山地震时，天津的烈度是 8 度左右，天津友谊宾馆的震害也很典型。友谊宾馆主体结构由抗震缝分为两段，平面及剖面见图 4-12a，东段为 8 层框架结构，西段为具有少量剪力墙的 11 层框剪结构，按 7 度抗震设防。地震时东段框架的填充墙几乎全部破坏（裂缝很大或者塌落），而且下部楼层更为严重，可见其变形是剪切型的，Δ/H 约为 1/164 ~ 1/374；西段框架的填充墙只有少量裂缝，上部较为严重，可见其变形是弯剪型的，且变形较小，Δ/H 约为 1/960 ~ 1/430。特别值得提出的是，在 7 月 28 日地震以后，天津友谊宾馆立即进行了修复，但是在同年 11 月 15 日发生宁河地震时，由于框架结构的变形大，填充墙遭到同样的破坏。框架结构本身的破坏并不严重，只在一个角柱发现了斜裂缝，见图 4-12b。

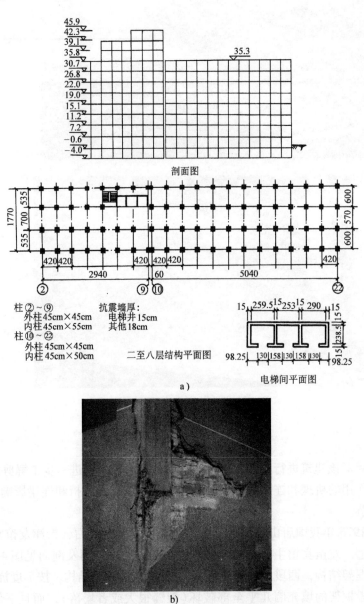

图 4-12　友谊宾馆结构平面、剖面和角柱裂缝

a）结构平面、剖面　b）角柱裂缝

　　框架变形大除了使结构本身容易破坏外，一个严重的问题是造成大量非结构性的填充墙和饰面层的破坏，其修复费用可达原造价的 60% 以上，有时还会危及人员的安全，特别是在现代建筑中，结构变形大造成的设备及财产损失不可低估。因此，近代建筑的抗震设计一般很少采用纯框架结构，一般都需要设置剪力墙。

4.4　结构双向刚度不均匀造成的破坏

　　（1）1979 年 10 月 15 日在美国帝国峡谷的一次地震中（震级 6.5），Imperial County Services Building（简称 ICSB，距震中 18 英里）遭受严重破坏[42]。这是一幢 6 层的钢筋混凝土框架—剪力墙结构，按美国规范 UBC 1967 设计，但是在结构布置和配筋构造上，有很多不合理的地方。图 4-13 是该结构的平面和剖面图，由图可见，它只沿横向布置了剪力墙，而且上层和底层的剪力墙不在同一轴线上；纵向没有剪力墙，是很柔的框架结构；房屋的底层是敞开式的。考虑上、下剪力墙的剪力传递，1 层楼板加厚到 130mm。地震造成的破坏在东面三个轴线最为严重，底层柱子脆性断裂，F轴线的柱折断，塌落最大，E、D轴线的柱子破坏依次减轻，几乎所有柱子都在底截面和顶截面有裂缝；柱子塌落造成一层楼板断裂，东端塌落 23cm，其他各层楼板也都有裂缝。底层的墙和梁都有弯曲裂缝和混凝土剥落现象。

　　震后进行现场检查，对混凝土取样进行实测，并用程序进行分析，ETABS 程序对原结构计算的前 3 阶弹性自振频率（1.46Hz,2.27Hz,2.56Hz）和地震前进行的脉动实测频率（1.54Hz,2.25Hz,2.56Hz）接近，说明所建模型是可信的。图 4-14a 是计算得到的振型，其中第一振型为纵向振动，第二振型为扭转振动，第三振型为横向与扭转耦联的振动。明显可见结构东面的振动变形较大。分析说明，剪力墙单向布置且底层不对称造成东端变形过大，该结构的纵向及扭转刚度太弱。

　　此外，由分析可知，实际地震作用大于设计地震作用，图 4-14b 中实线是柱子承载力的 $M—N$ 关系曲线，按实际地震作用计算的底层 F1 和 F2 柱的内力（用圆点表示）均在承载力曲线之外，远远超过其设计承载力。底层柱除了承载力不足以外，柱子的箍筋加密区也布置不当，见图 4-15，柱端箍筋加密区布置在地面以下的基础顶面上，柱与一层楼板相接，且截面收小，楼板形成柱的支点，在此支点以上柱子没有加密箍筋，柱的抗剪箍筋不足，造成底层柱在地面以上发生脆性破坏。

　　（2）1999 年台湾集集地震中民居楼（俗称透天厝）的破坏也是双向刚度相差过大的典型。"透天厝"由连户住宅组成，每户开间宽约4~5m，纵深约 10m 以

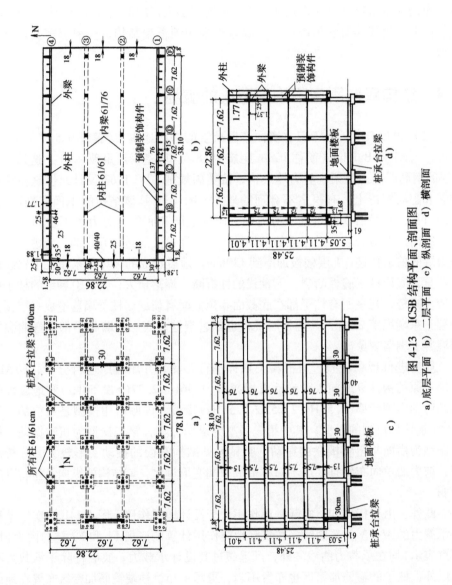

图 4-13 ICSB 结构平面、剖面图

a）底层平面 b）二层平面 c）纵剖面 d）横剖面

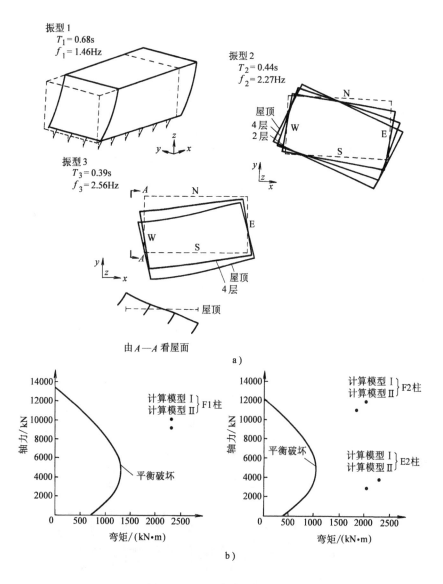

图 4-14 ICSB 结构分析结果

a）结构振型

b）底层柱的承载力与地震作用下内力的比较

上，楼高约 3 ~ 4 层，一般由钢筋混凝土框架和砖砌体做成，其平面有两类，如图 4-16a、b 所示，通常一楼为商店店面或自家的客厅、餐厅，楼上为居住部分。

由于楼梯间的布置不同，结构的纵、横向具有不同的刚度，地震破坏也不相同。图 4-16 中 a 类平面的结构横墙是砖砌体实墙，内含不凸出于墙面外的钢筋混凝土柱,柱子断面一般为 25cm × 50cm,有的柱子还埋设了管道,箍筋没有设 135°弯钩。钢筋混凝土柱子很弱;纵向没有砖墙,刚度极差,集集地震时横墙如骨牌般倒塌,破坏很多。b 类平面中,横墙与 a 类平面相同,由于楼梯间为纵向布置,在纵向砌砖墙,使两个方向都有一定的刚度和抵抗水平地震能力,情况好得多,只有部分破坏。

此外,台湾集集地震时的学校建筑破坏很多,主要也是因为学校建筑结构的纵向刚度太弱引起的,图 4-17 是一般学校建筑结构的平面布置情况,横向设置剪力墙分割教室,纵向是框架结构(设置走廊并开大窗洞),窗洞下部有填充墙,使框架柱成为短柱,纵向薄弱导致在纵向倒塌。

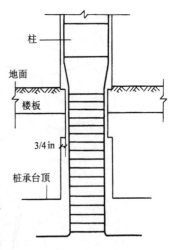

图 4-15 柱端配筋构造

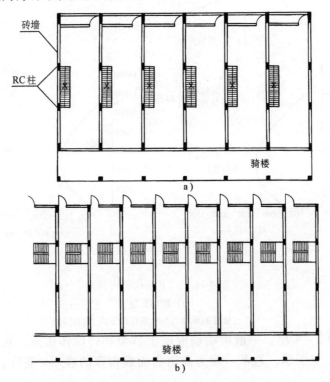

图 4-16 台湾民居"透天厝"结构平面
(由台北市结构技师公会提供)

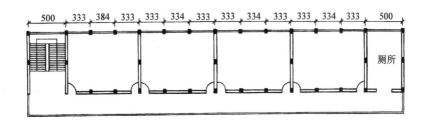

图 4-17　台湾学校建筑(由台湾结构技师公会提供)

4.5　结构平面刚度不均匀造成扭转破坏

地震造成的建筑物扭转破坏实例很多，4.3 节介绍的马那瓜中央银行的破坏，以及 4.4 节介绍的美国 Imperial County Services Building 的破坏，都有较大的扭转现象。地震本身是多方向的，存在扭转分量，而目前尚未见实测资料，也无法计算。如果结构本身刚度不均匀，将加剧扭转作用。扭转是导致结构破坏的重要原因，由于无法预见和计算，减小结构的质量不均匀和刚度不均匀、加强结构的抗扭刚度和抗扭能力成为减少震害的重要措施，也是结构设计中十分重要的设计概念。

1）1978 年日本宫成冲地震，有两幢 3 层钢筋混凝土结构的破坏是扭转破坏的典型情况。这两幢建筑十分相象，图 4-18 是其中一幢楼的平面，楼梯间布置在建筑物一端，用实心的剪力墙围成筒，刚度很大，另一端只有柱子，刚度很小，显然其平面的刚度不均匀，地震作用下房屋破坏如图 4-19 所示，没有剪力墙的一端柱子塌落，楼板塌下。

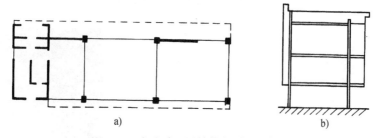

图 4-18　宫成冲 3 层结构的平面和剖面

a) 平面　b) 剖面

2）唐山地震中，天津 754 厂厂房也遭到严重破坏。厂房平面如图 4-20a，厂房中间由温度缝将厂房分成两个独立结构单元，每个单元的一端由砖砌体做成的多层生活间，生活间与中间的单层厂房刚性连接，造成每个独立结构单元两端质量和刚度相差悬殊。地震作用下厂房产生了很大扭转，厂房内钢筋混凝土柱出现典型的交叉裂缝，地震后厂房全部拆除。

图 4-19　宫成冲 3 层房屋破坏

a）房屋一端塌落　b）破坏的角柱

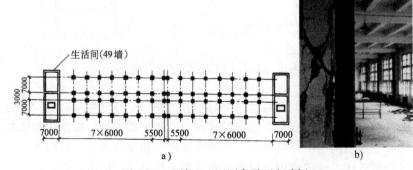

图 4-20　天津 754 厂厂房平面和破坏

a）厂房平面图　b）厂房钢筋混凝土柱的交叉裂缝

3）Olive-View 医院的精神病诊疗所，在 1972 年美国圣非南多地震中与 Olive-View 医院主楼同时遭到严重破坏（在下一节将介绍Olive-View 医院主楼的震害），由图 4-22 中可见到这个精神病诊疗所的位置和平面图，这幢建筑只有二层，但是结构布置复杂，第 1 层和第 2 层的平面布置不同，使结构的框架方向改变，有些柱子上、下错位，有些柱子上、下的形状和长边方向改变，还有布置深梁后形成的短柱。1972 年地震时底层柱全部折断，上层整体塌落在 1 层的废墟地面上（图 4-21）。地震后观测，第二层房屋向南移动了 5ft，并反时针转动了 2°。这个现象一方面说明结构本身的弱点，同时由第 2 层楼的整体扭转可见地震扭转的力量是十分巨大的。

图 4-21　震后的 Olive-View 医院精神病诊疗所

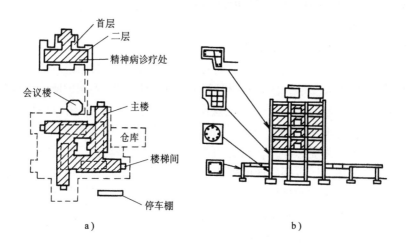

a）　　　　　　　　　　　　　b）

图 4-22　Olive-View 医院平面图及主楼剖面图
a）三幢严重破坏的建筑平面图　b）主楼剖面图

4.6 结构竖向刚度不均匀或承载力不均匀造成的薄弱层破坏

从历次地震看，底部空旷的建筑物遭受破坏是普遍现象，主要是底部空旷形成了结构的软弱层，软弱层的位移变形大，钢筋混凝土柱承受不了大变形而破坏。有些柱子则因承载力不足而造成薄弱层破坏。

1) 1971 年美国圣非南多地震中，Olive-View 医院主楼的破坏很典型[43][44]。

Olive-View 医院共有 8 个建筑，其中严重破坏的有 3 幢，主楼、精神病诊疗所和停车棚，见图 4-22a。主楼是一座 6 层的钢筋混凝土结构，在 1 层楼有裙房。1、2 层全部是钢筋混凝土柱，3 层以上为钢筋混凝土墙，因而它是典型的框支剪力墙结构，上部刚度比下部大 10 倍。图 4-22b 为主楼剖面，每层柱子的断面形状和配筋形式都不相同。地震时附近没有发生地面裂缝或其他地面变形，建筑物主要是经受地面摇晃振动，底层柱子严重破坏，裙房柱子全部是普通配箍柱，混凝土全部碎裂，竖向钢筋压屈，主楼底部为螺旋配箍柱，保护层脱落。房屋未倒塌，但产生很大侧移变形，震后的水平残余变形达 60cm。图 4-23 为震害照片。

地震后，对震害进行了详细调查和分析，对主楼结构作了弹塑性动力分析。由距医院 5 公里处的 Pacoima 坝上得到的强震记录(最大加速度为 1.25g)推算得到了基岩运动，并由此推演得到 Olive-View 医院的地面运动，其加速度峰值为 0.6g，地震波中有出现较早、延续时间较长的加速度脉冲，地震使 Olive-View 医院遭受剧烈振动。

以 Olive-View 医院的地面运动作为输入地震加速度波，图 4-24a 是弹塑性动力分析得到的位移反应时程曲线，地震开始不久就有较大的加速度脉冲，它引起底层和二层结构很大变形，柱子较早就进入屈服阶段；图 4-24b 是计算得到的位移包络图和层剪力包络图，1、2 层的层间变形比上层大 4 ~ 5 倍，底层及二层的层剪力达到自重的 30% ~ 44%，比按规范计算的设计剪力(8%、8.6%)大了 4 ~ 5 倍。估计第一个加速度脉冲时，裙房的普通钢箍柱就破坏了，当裙房底层的 150 根普通钢箍柱破坏后，主楼底部的螺旋配箍柱承受的剪力大大增加，随即遭到破坏，但由于螺旋配箍柱的延性很大，虽然变形很大而未倒塌，普通钢箍柱和螺旋配箍柱的破坏状态见图 4-23b 和 c。结构底层在西、北两面与挡土墙相邻，东面有仓库相邻，虽然有 25cm 的抗震缝，但结构变形太大，从现场可见挡土墙被撞击的现象。

a)

b)

c)

图 4-23　Olive-View 医院主楼震害

a）主楼底部侧向变形　b）裙房普通箍筋柱的破坏

（左为普通配箍柱,右为螺旋箍筋柱）　c）主楼底层螺旋箍筋柱破坏

从主楼平面图还可看见它风车形平面有四个翼，每个翼的端部各有一个楼梯间，是与主体结构没有连接的独立筒结构，在地震时 3 个倒塌，1 个倾斜，如果

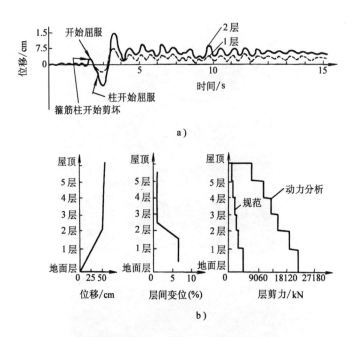

图 4-24 按 Pacoima 坝基岩运动计算的弹塑性地震反应

a) 结构位移反应时程   b) 位移和层剪力包络图

它们与主体连接，可能不至于倒塌。

2）1977 年罗马尼亚地震中，普鲁耶士蒂有一幢 4 层框架建筑严重破坏，它底层为咖啡馆，无隔墙，上层为住宅，用砖砌体做隔墙，砖砌体隔墙使上下层刚度差异加大，形成上部刚、下部柔的结构，底层是软弱层。地震时底层柱子折断，上部几层整体塌落至一层柱根，见图 4-25。布加勒斯特 Podgoria 大楼为 9 层钢筋混凝土框架结构，上部为住宅，底层为商店，地震中虽未倒塌，但底层柱子严重破坏，见图 4-26。该次地震时，在布加勒斯特倒塌了 33 幢 9～11 层钢筋混凝土框架结构，其中有 31 幢都是旧建筑，倒塌原因主要是体型复杂，刚度较小，角柱断面较小，旧建筑设计未考虑抗震要求，还有许多建筑倒塌是因为建筑底层空旷造成的。

3）1995 年日本阪神地震中，20 世纪 80 年代以前建造的很多多层和高层居住楼房遭受严重破坏或倒塌，原因就是当地习惯将多层或高层住宅的底层作为商店、车库等用途，底层没有或只有很少隔墙，或者没有纵墙，形成空旷底层。图 4-27 是其中部分遭受震害的楼房。

a)

b)

图 4-25　普鲁耶士蒂 4 层框架严重破坏

　　4）1995 年日本阪神地震中，为数不少的多层和高层结构在中间少数楼层破坏，造成局部楼层塌落的现象，见图 4-28。多数是破坏在两种不同材料构件变化的楼层处，例如由钢筋混凝土柱变化为钢骨混凝土柱，或钢骨混凝土柱变化为钢柱的楼层。对于这种现象的分析尚不很完全，其中有一种解释是认为局部楼层的承载力不足，因为地震层剪力沿高度分布应该是曲线型，而在按过去规程设计的老建筑中，按直线分布设计，这样，导致中间楼层承载力不足，屈服早，钢箍配置不足使纵筋屈服后柱子的抗剪能力急剧退化，造成柱破坏。

图 4-26　Podgoria 大楼为 9 层钢筋混凝土框架底层柱子严重破坏

图 4-27　日本阪神地震空旷底层建筑遭受严重破坏

a)

b)

图 4-28　日本阪神地震多层建筑中间层坍塌

a）12 层建筑的第 5 层破坏　b）10 层建筑的第 3 层破坏

4.7　结构顶部刚度减小造成的鞭梢效应

结构竖向刚度不均匀的另一种形式是上部刚度突然减小（由下至上均匀减小是合理的），加剧了高振型影响，使结构上部变形放大，即所谓的鞭梢效应，严重时顶部结构破坏。

1) 1976年我国唐山地震中，天津南开大学主楼的破坏明显是由于严重的鞭梢效应所致。该楼主体为7层框架结构，高27m，上面还有一个塔楼，塔顶高度达到50m。与主体相比，塔楼体型尺寸很小，柱子断面只有24cm×24cm，因此刚度及承载力都很小，造成塔楼刚度突变。唐山地震时，下面主体结构没有损伤，但塔楼向南倾斜约20cm，严重破坏，见图4-29a，在3个月后发生的宁河地震中塔楼完全破坏，见图4-29b。

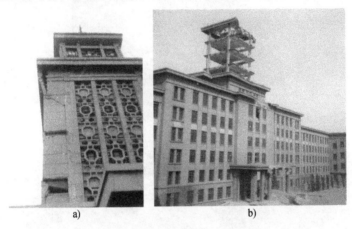

a)   b)

图4-29　唐山地震后天津南开大学主楼
a) 顶部塔楼倾斜　b) 最上层塔楼倒塌后的残留塔楼

2) 1976年我国唐山地震中位于塘沽的天津碱厂13层蒸吸塔严重破坏，见图4-30。天津碱厂蒸吸塔的破坏有很多原因，而沿高度刚度突变是其中的一个原因。蒸吸塔为现浇钢筋混凝土框架结构，横向2跨，纵向4跨，其中一跨为13层，高54m，顶部还有砖砌的瞭望室，有两跨为12层，高49m，还有一跨为8层，32m，在8层以下还附加了一个刚度很大的楼梯间，平面及剖面见图4-31，中间两跨2~12层没有钢筋混凝土楼板，放了部分木楼板，除底层和顶部瞭望室为24cm厚的实心砖填充墙外，其余均为空心砖砌的填充外墙。该塔为筏式基础，地基软弱，地震前曾经发生不均匀沉降，使结构倾斜，后经处理纠正。厂房内主要设备是蒸吸塔，高47m，与厂房落在同一个基础上，穿过各层楼板。厂房设计时未考虑抗震设防。

地震时顶部7层完全塌落，东北角塌至2层，残留部分基本维持框架原状。破坏的梁、柱等构件没有甩出楼房以外，而是堆积在楼房范围以内。

地震后对该厂房作了详细调查和弹塑性地震反应分析。由调查可见，上部有较完整的梁，但没有完整的柱，构件端部破坏多，上部构件断裂的地方棱角较圆滑，说明构件经过反复变形摩擦作用。梁、柱构件的箍筋很少，间距大约为250

图 4-30 天津碱厂蒸吸塔严重破坏

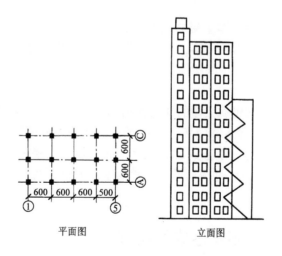

平面图   立面图

图 4-31 天津碱厂蒸吸塔结构平面及剖面

~350mm，有的甚至是 500mm，节点区完全没有箍筋，由下部没有破坏的构件可以发现混凝土浇筑质量尚好，但钢筋裸露现象严重，表面有腐蚀现象。

据分析，建筑物破坏有多种原因。首先是由于厂房的框架结构很柔，地基软弱，地震时振动变形大，结构沿高度刚度的变化使鞭梢效应加大。厂房第一自振周期 1.2s，第二自振周期 0.4s，与地基卓越周期 0.45s 接近，可能加剧了第二振型的作用，使顶部 1/3 高度产生过大变形，1/3 高度恰好是第二振型的反弯点，其下部有楼梯间，其上部刚度减小，也正好是上部塌落楼层的范围。其次是由于结构未按抗震设计，构件的承载力不足，钢箍太少，钢筋受到腐蚀，构件基本没有延性，特别是柱子和节点区，楼层的倒塌是由柱子折断开始的。厂房没有楼板，质量集中在两端和外墙，扭转使角柱破坏较严重。

4.8　结构碰撞造成破坏

国内外大地震中相邻结构碰撞造成的震害十分普遍，主要是在设置温度缝或抗震缝时，缝宽度过小，地震摇摆使结构碰撞，导致结构损伤。1985 年墨西哥地震时，墨西哥城 330 幢倒塌和严重破坏的建筑物中有 40% 是由于撞击，其中有 15% 倒塌。1989 年美国洛马·普里埃塔地震时，在 500 多幢遭受破坏的房屋中有 200 多幢出现撞击事故。国内外地震中碰撞导致结构损伤的例子很多，下面列举了两个国内建筑物碰撞实例。在近代设计概念中，一般情况下尽可能不设缝，将各部分结构连成整体，只有在连成整体的结构十分不合理的情况下才设缝，此时必须将缝的宽度加至足够大，避免结构摇摆变形时发生碰撞。

（1）天津友谊宾馆东西主楼的抗震缝 15cm（按当年规范设计），唐山地震时东西两楼发生碰撞，砖封墙掉落，卡在抗震缝内，将两侧大梁挤断，防震缝两侧的楼板、屋面、女儿墙、内外檐墙都遭到破坏。

（2）唐山地震中，北京烈度不高，但在一些高层建筑上，发生多起因碰撞而结构损伤的震害。如民航大楼的 9 层楼房与 13 层楼房之间用防震缝分开，缝宽度为 10cm，地震时女儿墙撞坏，北京饭店西楼伸缩缝处外贴装饰砖柱破坏。碰撞都是由于缝的宽度太小造成的。相反，北京饭店东楼是 18 层的高层建筑，由于防震缝宽度达 60cm，地震时除了盖缝板和栏杆扶手撞坏外，结构以及其他部分没有任何破坏。

4.9　结构赘余度不足造成的震害

1989 年洛马·普里埃塔地震时，旧金山湾区奥克兰大桥桥面坍塌和奥克兰附近的 880 号州际公路高架道路倒塌成为这次地震中的瞩目事件[45][46]。图 4-32 是奥克兰附近的 880 号州际公路高架道路的震害，主要是上层柱塌落引起上层公路路面塌落,塌落范围大约有1英里长。在地震时记录到该地区的地震动卓越周期为 1.3 ~ 1.5s,最大加速度为 0.25g,是软土地基上较强烈的地震。

a)

b)

图 4-32 880 号州际公路高架道路倒塌破坏

该路段是 1957 年设计建造的,采用了预应力技术。结构做法见图 4-33a,基本上是两个铰接门式刚架叠起来;也有部分路段上层结构处理成 3 个铰的构造方式,如图 4-33b 所示。原来桥梁已经存在不均匀沉陷,可以见到很多因不均匀沉陷造成的龟裂。铰接的刚架对抵抗温度应力和不均匀沉降有利，但对于抵抗地震，则由于超静定次数太少而剩余刚度和抵抗力不足。结构形式和构造缺陷是造成坍塌的主要原因。柱子内的钢筋在铰接节点处切断，只有 4 根 φ35 钢筋作为插筋连接梁和柱，过去已发现这种连接不可靠，部分已经加固。此外，柱子纵向钢筋 φ57，而钢箍直径只有 φ12，间距 300mm，箍筋严重不足；梁上部构造钢筋在节点内配置不当而导致混凝土剥落。图 4-34 分析了该高架道路由于上层柱脚的铰破坏，继而使柱子塌落的过程。

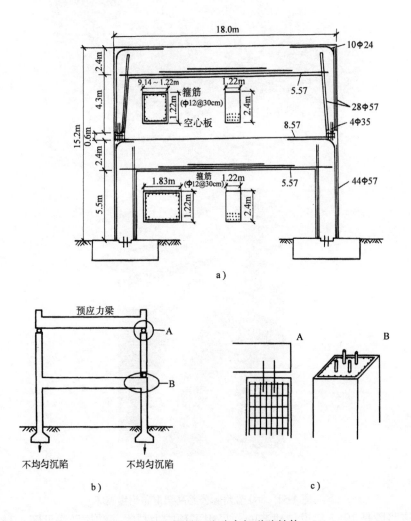

图 4-33　880 号州际公路高架道路结构

a) 上下两个门式刚架叠合　b) 上层为三个铰　c) 铰的做法

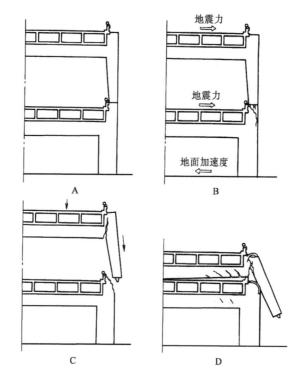

图 4-34　上层柱塌落过程

4.10　短柱、角柱、节点区箍筋不足以及弱柱强梁造成的柱破坏

（1）短柱的破坏是在 1968 年日本十绳冲地震以后才开始得到重视的。日本在 20 世纪 50 年代后已经按照"建筑标准法"进行抗震设计，但 1968 年十绳冲地震中，很多短柱遭受严重剪坏，图 4-35 是日本十绳冲八户专科学校教学楼短柱的破坏实景，十绳冲建造了很多由于开窗洞使窗间墙形成短柱的房屋[38]，多数出现了类似的剪切破坏。图 4-36 是 1972 年尼加拉瓜地震时的短柱破坏情况。

1978 年日本宫成冲两次地震中，以及其他地震中类似的短柱也有很多破坏。在 1975 年日本大分地震中八重湖宾馆也是由于长、短柱共同受力，短柱破坏后长柱也破坏了。

由 1968 年开始，日本开展了对短柱的试验研究，模型试验发现钢筋混凝土短柱在反复荷载作用下抗剪承载力降低，多数出现剪切破坏，如有长、短不同的柱子协同工作时，一般短柱先坏，使长柱受力负担加大，然后长柱破坏。

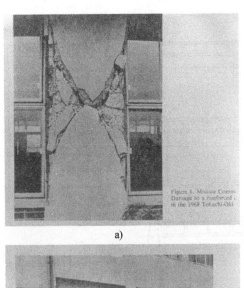

a)

b)

图4-35　日本十绳冲地震八户专科学校教学楼
窗间墙短柱破坏

（2）角柱和节点区的破坏也是常见的。1999年台湾集集地震时台中县一幢
14层钢筋混凝土居民住宅楼倒塌，经过调查和分析，发现倒塌是由一根角柱断
裂引起的。该住宅平面如图4-37a、b所示，地下1、2层及地上1、2层为商场，
3层以上全部为住宅，4层以上变成U形平面。该住宅为钢筋混凝土框架结构，
由于1、2层间有夹层，1层层高为5.8m，1层角柱C1（见图4-37a）周围没有填
充墙。设计时未考虑该结构为不规则结构，没有采取相应措施，震后经过分析和
计算，发现框架柱的承载力和箍筋均不足，箍筋没有弯钩，主筋搭接等构造都未
考虑抗震要求，更未考虑C1角柱的不利位置，C1角柱明显配筋不足，4-37c图
指出，破坏由C1柱开始，C1柱折断后相邻柱子折断，上部楼层塌落，引发4楼
缺口以北的楼层向前坍塌，损失惨重。

1967年委内瑞拉地震时有两幢相距不远的14层Cypress Cardens公寓和Con-
vent Gardens公寓的钢筋混凝土框架的角柱破坏多而引起人们注意，图4-38是这
两幢建筑物的平面图，图中标出的角柱都破坏了，也是由于节点区配筋不足，破

a)

b)

图 4-36 1972 年尼加拉瓜地震时的短柱破坏

坏部位接近节点区,图 4-39 是 Convent Gardens 角柱 A 破坏的情况,底层破坏严重,向上逐渐减轻。

　　唐山地震中也发现多处角柱破坏的现象,唐山地震中塘沽天津化工厂氯醛车间多层厂房发现了角柱损坏的现象,见图 4-40。天津友谊宾馆一根角柱的首层与半地下室交接部位发现斜裂缝,后来在宁河地震中这条裂缝加宽,并在节点区出现多道斜裂缝,外角部分混凝土压酥,角部纵筋压弯(图 4-12b),设计时节点区未设箍筋。

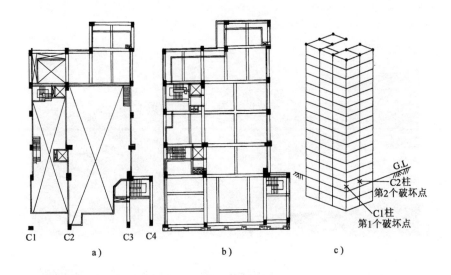

图 4-37 三民奇居住宅平面及角柱破坏(由台湾结构技师公会提供)
a) 1 楼平面 b) 2 楼平面 c) 建筑物首先破坏位置

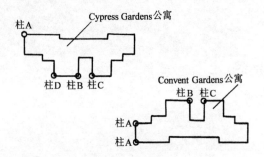

图 4-38 委内瑞拉加拉加斯市两幢
公寓建筑物的平面

（3）框架结构由于设计不当造成弱柱强梁，往往造成柱的破坏。在 1976 年
唐山地震后。石油规划设计院曾经对 48 幢发生破坏的框架结构作了调查统计，
结果发现，凡是具有现浇楼板的框架，由于现浇楼板和梁共同作用，大大加强了
梁的承载力，其地震破坏均产生在柱子中，结构多有倒塌；凡是没有楼板的空旷
框架(化工设备建筑)，裂缝都出在梁中，框架结构没有倒塌。

图 4-39　Convent Gardens 角柱 A 的破坏

图 4-40　塘沽天津化工厂氯醛
车间厂房角柱断

4.11　剪力墙结构的地震破坏

剪力墙结构整体破坏的实例较少，一方面因为早期的高层建筑很少采用钢筋混凝土剪力墙结构，另一方面，因为剪力墙结构刚度较大，地震作用下变形小，使剪力墙的震害较少。但是，设计不合理、施工不当等都可能使剪力墙遭受破坏，而剪力墙破坏容易引起整体倒塌，将会导致严重灾害。

1）1964 年美国阿拉斯加地震中，在安克雷奇市有一些经过抗震设计的剪力墙结构遭到破坏[7]，其中 Mt. Mckinley 公寓和"1200L 街"公寓剪力墙的破坏具有典型性，剪力墙出现裂缝而未倒塌。两幢公寓结构类似，相距 1 英里左右。公寓 15 层，外墙是钢筋混凝土剪力墙，内部有一些钢筋混凝土柱。地震时主要是外墙的连梁从上到下都出现了 X 形剪切裂缝，而以 1/3 高度处的裂缝特别严重，见图 4-41，在 Mt. Mckinley 公寓东立面山墙的第三层和"1200L 街"公寓山墙的第二层墙肢上出现了水平裂缝。由照片可见，这些连梁的跨高比小，是出现剪切裂缝的原因。连梁的破坏并不会导致结构的倒塌，而剪力墙墙肢破坏则潜藏着结构倒塌的可能性。

a)

图 4-41 剪力

a）Mt. Mckinley 公寓

b)

墙和连梁的破坏

b）"1200 L" 街公寓

c)

图 4-41　剪力墙和连梁的破坏(续)

c) 连梁剪切破坏

2) 1964 年美国阿拉斯加地震中，另一幢 6 层的四季公寓大楼完全倒塌了，它的倒塌是由钢筋混凝土剪力墙井筒倒塌引起的，见图 4-42a。这是一幢由升板结构和两个钢筋混凝土井筒组成的板柱—筒体结构，升板部分采用无粘结预应力楼板，柱子是型钢柱，其平面见图 4-42b[7]。地震时井筒首先倒塌，分析倒塌原因是井筒底层的加固钢板失效，井筒整体倾覆，而升板部分几乎没有抵抗水平力的能力，故随之倒塌。

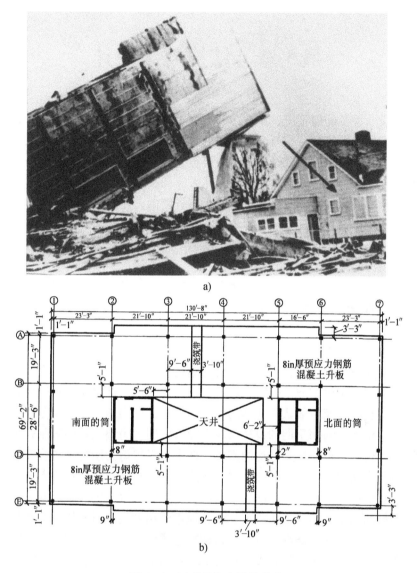

图 4-42　四季公寓大楼的震害

a) 井筒倒塌　b) 平面图

3）1977 年罗马尼亚地震中，布加勒斯特有一幢 12 层的公寓倒塌。该公寓是用大模板施工的钢筋混凝土剪力墙结构，在同一个小区内，同样的公寓有很多，唯独这一幢倒塌了。据调查发现，主要是施工问题，这幢公寓施工时一层剪力墙混凝土浇筑质量不好，因施工尚未结束，还没有补强就遭遇了强烈地震。

第5章 结构概念设计

概念设计涉及的面很广，从方案、结构布置到计算简图的选取，从截面配筋到构件的配筋构造等都存在概念设计的内容。设计概念可以通过力学规律、震害教训、试验研究、工程实践经验等多种渠道建立，本章主要是在震害经验教训的基础上，汇总了部分较为宏观的、与总体方案和布置以及与结构控制有关的概念设计方面重要内容，以供读者参考。为了节省篇幅，在建立各个概念时不再重复各种震害现象，而且，许多震害现象是综合的，一个震害实例可能包含了多类设计概念，每个设计概念又能从多个震害实例中印证，请读者自己联系第4章中的震害实例加以理解。

5.1 结构刚与柔的选择

结构设计时应将结构设计成刚一些，还是柔一些，在建立抗震设计概念的初期，是个备受争论的问题，因为刚度大的结构地震作用大，显然要求较大的构件尺寸和较多钢材用量，似乎是不经济的；而较柔的结构地震作用小，但是变形较大，可节省材料，而一般认为框架的变形性能好，剪力墙变形性能差，主张选用较柔的框架结构，因而早期的设计对高层建筑应用剪力墙结构的限制较多。实际上，历次大地震都说明框架结构的震害比较大，设置剪力墙的结构震害较小，主要是因为剪力墙刚度大，侧移变形小。较早时期的建筑震害说明结构的变形较小，震害就比较少。当然，以前建筑高度都不大，从过去的震害经验不能得出刚度愈大愈好的结论，因为确实刚度愈大，地震作用愈大，材料用量会增加。按照延性框架要求设计的钢筋混凝土框架结构在地震作用下也有表现很好的实例，例如美国旧金山的太平洋广场公寓，见第10章10.13节，不过它并不省钢。

近年来，高层建筑建造高度不断增高，出现了一批300m以上的建筑，甚至达到600m。高度愈大，结构愈柔，周期愈长。按照我国"抗震规范"给出的反应谱计算，长周期结构地震作用很小，计算得到的剪重比小于规范规定的数值，规范要求调整结构刚度，加大地震作用，以满足最小剪重比的要求。大多数300m以上的结构都要进行这样的调整，实际上就是加大结构的刚度，从而缩短周期，所设计的结构将多用材料，增加造价。因此，近年来对于如何设计长周期的超高层建筑结构进行了很多讨论[82]，集中在是否需要加大结构刚度，实际上仍然是刚与柔的问题。

由于目前世界各国对长周期地震波的研究尚未成熟，预计地面运动中的速度和位移对结构破坏的作用会更大，但是对速度谱和位移谱的研究还不够，我国尚未应用。而反应谱理论得到的地震作用下，长周期建筑物的地震加速度反应都很小(我国规范给出的地震影响系数曲线止于 6s，无论采用什么方法得到更长周期的地震影响系数都不会很大，也就是地震作用力较小)，如何保证结构的安全？目前世界各国大都是用加大地震力的办法，也就是提高结构承载力的方法，提高结构安全储备，同时，在设计地震和罕遇地震作用下限制结构的变形，我国也是如此。但是，在满足侧移变形限制、而剪重比不满足的情况下，我国仍然要求用调整结构刚度的方法提高地震作用(这会导致构件截面加大)，是否必要？是否安全？是否经济？是否可以直接提高结构承载力而不加大结构刚度？这是一个值得讨论和研究的课题。

此外，结构振动特性和变形的大小不仅与结构刚度有关，还与场地土有关，当结构自振周期与场地土的卓越周期接近时，建筑物的地震反应会加大，无论振动变形还是地震力都会加大。

对于高层建筑抗震设计，不能做出"刚一些好"，还是"柔一些好"这样的简单结论，应该结合结构的具体高度、体系和场地条件进行综合判断，无论如何，重要的是设计时要进行变形限制，要使结构有足够的刚度，足够的承载力，设置部分剪力墙或筒体的结构有利于减小结构变形和提高结构承载力；同时，应根据场地条件来设计结构，硬土地基上的结构可柔一些，软土地基上的结构可刚一些。可通过改变高层建筑结构的刚度调整结构的自振周期，使其偏离场地的卓越周期，较理想的结构是自振周期比场地卓越周期更长，如果不可能，则应使其比场地卓越周期短得较多，因为在结构出现少量裂缝后，周期会加长，要考虑结构进入开裂和弹塑性状态时，结构自振周期加长后与场地卓越周期的关系，见图 5-1。如果有可能发生类共振，则应采取有效的措施。因此，在进行较高的高层建筑设计前，应取得场地土动力特性的勘测资料。

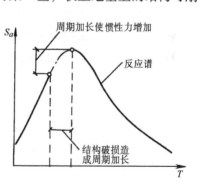

图 5-1　结构自振周期加长后与场地土的卓越周期关系

超高层建筑在近代建造较多，而在大城市中强烈地震较少，超高层建筑震害很少见，究竟如何掌控刚度和承载力，还缺少充分的依据。但是，在已经可以运用基于性能抗震设计方法的时代，经过概念设计，采取合理的结构方案和布置方案，并采取提高关键构件的承载力、控制塑性铰出现部位等措施后，运用弹塑性计算手段预估结构在预期地震波作用下的表现和可能的侧移是可行的，应该说，目前的抗震设计方法较前进步，针对每个建筑物的具体情况作出经济合理的设计也是完全有可能的。

5.2　结构平面布置宜刚度均匀，减少扭转

抗震结构平面布置宜简单、规则，尽量减少凸出、凹进等复杂平面，但是，更重要的是结构平面布置时要尽可能使平面刚度均匀，所谓平面刚度均匀就是"刚心"与质心靠近，以减少地震作用下的扭转。

扭转对结构的危害很大，要减少结构扭转引起的破坏，一般从两个方面入手，一是减少地震引起的扭转，二是增加结构抵抗扭转的能力。

平面刚度是否均匀是地震是否引起扭转或造成扭转破坏的重要原因，而影响刚度是否均匀的主要因素是剪力墙的布置，剪力墙集中布置在结构平面的一端是不好的，大刚度抗侧力单元偏置的结构在地震作用下扭转大，对称布置剪力墙或井筒有利于减少扭转。周边布置剪力墙，或周边布置刚度很大的框筒，都是增加结构抗扭刚度的重要措施，有利于抵抗扭转。

为了减少地震作用下的扭转，还要注意平面上的质量分布，质量偏心会引起扭转，质量集中在周边也会加大扭转。风车形的结构不利于抗震，因为它的转动惯量大而抗扭刚度小。

对于有些平面上有凸出部分的建筑，例如 L 形、T 形、H 形的平面，即使总体平面对称，还会表现出局部扭转。图 5-2a 表示了 L 形平面具有的一种高振型，它会使凸出的部分出现侧向振动的地震反应，图 5-2b 可见平面中凸出部分的侧向位移（两端位移不等）即形成局部扭转。因此，一般不宜设计凸出部分过长的 L 形、T 形、H 形平面，凸出部分长度较大时可在其端部设置刚度较大的剪力墙或井筒，以减少凸出部分端部的侧向位移，可减少局部扭转，见图5-2c。

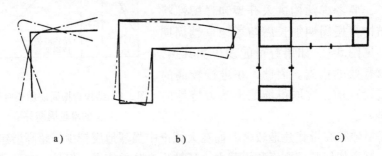

a)　　　　　　　b)　　　　　　　c)

图 5-2　L 形平面结构的局部扭转

a）高振型　b）扭转变形　c）端部加强措施

较高的高层建筑不宜做成长宽比很大的长条形平面，因为它不符合楼板在平

面内无限刚性的假定。楼板具有的高阶振型在柔而细长的平面中影响大(见图5-3),由于基础的嵌固作用,高度较矮的建筑可减小这种影响,而高度较大的高层建筑,采用楼板在自身平面内无限刚性假定进行计算的结果不符合地震反应的结果。一般可以将长条形平面的结构做成折板形或圆弧形,见图5-4。

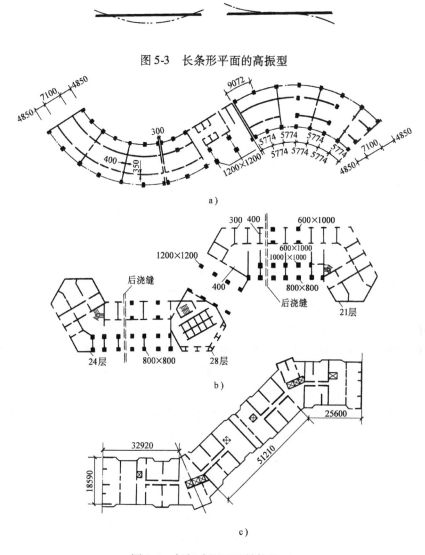

图5-3 长条形平面的高振型

a)

b)

c)

图5-4 折板或圆弧形结构平面
a)上海华亭宾馆(29层,总高90m) b)北京昆仑饭店首层平面(总高99.9m)
c)加拿大多伦多海港广场公寓大楼

5.3 结构沿竖向刚度宜均匀，避免软弱层，减少鞭梢效应

结构宜做成上下等宽或由下向上逐渐减小的体型，更重要的是结构的抗侧刚度应当沿高度均匀，或沿高度逐渐减小。竖向刚度是否均匀，也主要涉及剪力墙的布置。框支剪力墙是典型的沿高度刚度突变的结构，它的主要危险在于框支层的变形大，未采取措施的框支层总是表现为薄弱层，见图5-5a，全部由框支剪力墙组成的结构几乎不可避免地会遭受严重震害。

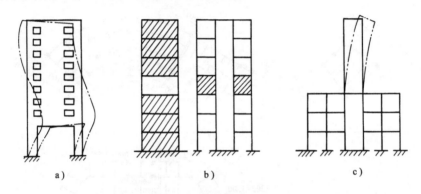

图 5-5 沿高度刚度不均匀

a) 框支剪力墙的变形 b) 中间楼层软弱或大刚度 c) 鞭梢效应

通常引起竖向刚度不均匀的情况还有：在某个中间楼层抽去剪力墙，或在某个楼层设置刚度很大的实腹梁或转换构件(结构加强层或转换层)，见图5-5b，楼层的刚度突然减小或突然加大都会使该层及其附近楼层的地震反应(位移和内力)发生突变而产生危害。关于加强层和转换层的设计概念详见第9章。

由于建筑物立面有较大的收进或顶部有小面积的突出小房间造成建筑立面体型沿高度突变，或者为了加大建筑空间而顶部减少剪力墙等，都可能使结构顶部少数层刚度突然变小，这可能加剧地震作用下的鞭梢效应，顶部的侧向甩动变形过大也会使结构遭受破坏，见图5-5c。

通常在较柔软的塔楼下面设置大底盘(独立塔楼或多个塔楼)也可能由于鞭梢效应而加大上部塔楼的地震反应。在方案阶段要采取措施，当大底盘高度占总高度的比例较大(楼层多)时，容易加大鞭梢效应，宜尽量减少下部大底盘和上部塔楼的刚度差；在计算时多取振型数可使计算结果反映出鞭梢效应的影响；一方面采取措施减小鞭梢效应，另一方面构件设计也要有相应措施，例如在鞭梢效应大的部分楼层加大设计内力，加大它们的承载力等。

巨型框架结构和脊骨结构是在不规则的建筑中使结构上下刚度一致的较好的结构体系，它在建筑体型和建筑平面布置变化较多的情况下，结构不受影响，设

计规则结构。但是,这种体系,也必须在建筑师的积极配合下才能实现。

5.4 预先估计结构的破坏形态,调整承载力以加强或削弱某些部位

结构各层的承载力宜自下而上均匀地减小,减小的幅度应符合地震作用的内力包络图,避免出现承载力薄弱层。应当注意的是,由于地震作用下构件内力是通过振型组合得到的,振型组合使构件内力丧失平衡关系,不能只盲目地按照内力组合结果配置钢筋,而应当从概念设计角度均衡上下各层构件的承载力,使其自下而上均匀地减小,避免出现中间某一层承载力突然减小的情况。

要尽可能预见所设计结构的可能破坏部位,在复杂结构中更是要通过概念分析和结构计算估计受力不利部位和薄弱部位。结构工程师应该预期结构的合理破坏模式,应该通过必要的内力调整控制结构的破坏模式。有些部位可有意识地使它提早屈服,有些部位则应有意识地提高其承载力,推迟它的屈服或破坏,例如强柱弱梁就是设计时一种有意识的控制,是尽可能使框架按有利于抗震的梁铰机制设计构件屈服次序的措施;有些部位可提高承载力,甚至使它在大地震下也不屈服,例如某些框支构件和不允许出现破坏的关键部位。这也就是现在抗震性能设计的基本思路和目标,在抗震性能设计时要找到"关键构件"就必须运用概念设计的方法。

图 5-6 是美国旧金山一座 48 层的圆形办公楼——101 California Building 的立面和平面图,这是一幢在强烈地震区而又特别不规则的建筑[47]。该建筑采用沿周边布置的钢框筒结构,但是 1~7 层有半边没有楼板,形成 7 层高的阳光空间,出现了 7 层高的、刚度很小的细长柱,见图 5-6e,7 层以下已无法构成框筒结构,设计时采取的措施之一,就是在 12 层以下设置核心钢框筒(柱距较小,并设置斜撑),8~12 层楼板为现浇混凝土楼板,内设水平钢支撑加强,见图 5-6d,加强楼板刚性有利于将外框筒的剪力传递到内筒,不仅要求剪力完全由内筒承担,还要求 12 层以下的内框筒柱和外柱在大震下都保持弹性,只允许有 10%~15% 的梁屈服,虽然这是钢结构,但这种根据具体情况控制结构和构件承载力的概念设计可供读者参考。

还有些部位则宜减弱其承载力,使它早出现塑性铰,以便保护其相邻的重要构件,例如将长度较大的剪力墙用开洞和弱连梁的方法将它断开成长度较短的剪力墙,由于弱连梁容易出铰,长度很大的剪力墙被分割成截面高度较小的、长细比较大的剪力墙,延性较易得到保证。又如,与剪力墙相交、又不在剪力墙平面内的大梁的端弯矩可能使剪力墙平面外受弯,如果将大梁端部配筋减弱,使它提早出现塑性铰,可以减小剪力墙平面外弯矩和变形,从而保护剪力墙。

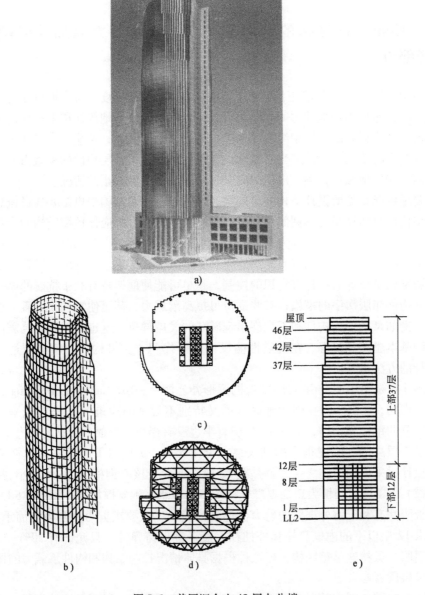

图 5-6　美国旧金山 48 层办公楼

a) 实景照片　b) 外围框架　c) 7 层以下平面图　d) 8~12 层刚性楼盖　e) 剖面示意

　　钢筋混凝土结构中，"结构控制"的设计概念应用十分广泛，也可以说，它是抗震性能设计方法的基础，有一些在规范和规程中是明确规定的，而更多的设计概念则要依靠结构工程师坚实的力学基础和对结构破坏机制的充分了解，加以灵活运用才能实现。

5.5 设计延性结构和延性构件

在中等地震作用下，允许部分结构构件屈服进入弹塑性，大震作用下，结构不能倒塌，因此，抗震结构的构件需要延性，抗震结构应该设计成延性结构。

5.5.1 延性结构和延性构件的概念

延性是指构件和结构屈服后，具有承载能力不降低或基本不降低、且有足够塑性变形能力的一种性能，一般用延性比表示延性——即塑性变形能力的大小。塑性变形可以耗散地震能量，大部分抗震结构在中震作用下都有部分构件进入塑性状态而耗能，耗能性能也是延性好坏的一个指标。

1. 构件延性比

图 5-7a 表示了一个钢筋混凝土受弯构件受力和变形直到破坏的过程，当受拉钢筋屈服以后，构件即进入塑性状态，构件刚度降低，随着变形迅速增加，构件承载力仅略有增大，当承载力开始下降时，构件达到受力和变形的极限状态。延性比是指极限变形(曲率 φ_u、转角 θ_u 或挠度 f_u)与屈服变形(φ_y、θ_y 或 f_y)的比值。屈服变形定义是钢筋屈服时的变形，极限变形一般定义为承载力降低 10%～20% 时的变形。

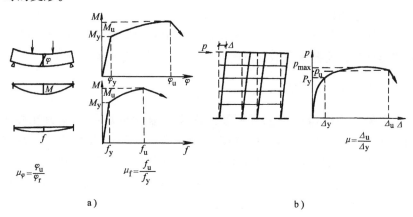

图 5-7　钢筋混凝土构件与结构延性比
a) 构件延性比　b) 结构延性比

2. 结构延性比

对于一个钢筋混凝土结构，当某个构件出现塑性铰时，结构开始出现塑性变形，但一个构件屈服只会使结构刚度略有降低；当出现塑性铰的构件数量增多以后，结构的塑性变形逐渐加大，结构刚度继续降低；当塑性铰达到一定数量以后，结构也会出现"屈服"现象，即结构进入变形迅速增大而承载力略微增大的塑性阶段，称为"屈服"后的弹塑性变形阶段，结构"屈服"时的位移定为屈服位移 Δ_y；当整个结构不能维持其承载能力，即承载能力下降到最大承载力的 80%～90% 时，达到极限位移 Δ_u。结构延性比通常是指极限顶点位移 Δ_u 与"屈服"顶点位移 Δ_y 的比值，见图 5-7b。显然，结构"屈服"的特征常常不明显，结构"屈服"有个过程，确定 Δ_y 的数值有困难，虽有一些简化方法，但是很难具有明确的物理意义，也很难统一，因此，结构延性比数值常常是不确定的，很难定量，但是作为概念，结构的延性具有重要意义。

在"小震不坏、中震可修、大震不倒"或者是基于性能的抗震设计原则下，钢筋混凝土结构都应该设计成延性结构，即在设防烈度地震作用下，允许部分构件出现塑性铰，这种状态是"中震可修"状态；当合理控制塑性铰部位、构件又具备足够的延性时，可做到在大震作用下结构不倒塌。高层建筑各种抗侧力体系都是由框架和剪力墙组成的，作为抗震结构都应该设计成延性框架和延性剪力墙。

延性结构的塑性变形可以耗散地震能量，结构变形虽然会加大，但作用于结构的惯性力不会很快上升，内力也不会再加大，因此可降低对延性结构的承载力要求，也可以说，延性结构是用它的变形能力（而不是承载力）抵抗强烈的地震作用；反之，如果结构的延性不好，则必须用足够大的承载力抵抗地震。后者会多用材料，由于地震发生概率极少，对于大多数抗震结构，延性结构是一种经济的、合理而安全的设计对策。

要保证钢筋混凝土结构有一定的延性，除了必须保证梁、柱、墙等构件均具有足够的延性外，还要采取措施使框架及剪力墙都具有较大的延性。

5.5.2 抗震框架的屈服机制

钢筋混凝土构件可以由配置钢筋的多少控制它的屈服承载力和极限承载力，由于这一性能，在结构中可以按照"需要"调整钢筋数量，调整结构中各个构件屈服的先后次序，实现最优状态的屈服机制。钢筋混凝土梁的支座截面弯矩调幅就是这种原理的具体应用，降低支座配筋、增大跨中弯矩和配筋可以使支座截面先出铰，梁的挠度虽然加大，但只要跨中截面不屈服，梁仍是安全的。

对于框架，可能的屈服机制有梁铰机制、柱铰机制和混合机制几种类型，由地震震害、试验研究和理论分析可以得到梁铰机制（整体机制）优于柱铰机制（局部机制）的结论。

图 5-8a 是梁铰机制，它是指塑性铰出现在梁端，除了柱脚可能在最后形成铰以外，其他柱端无塑性铰；图 5-8b 是柱铰机制，它是指在同一层所有柱的上、

下端形成塑性铰。梁铰机制之所以优于柱铰机制是因为：①梁铰分散在各层，即塑性变形分散在各层，梁出现塑性铰不至于形成"机构"而倒塌，而柱铰机制中柱铰集中在某一层，塑性变形集中在该层，该层成为软弱层或薄弱层，则易形成倒塌"机构"；②梁铰机制中铰的数量远多于柱铰机制中铰的数量，因而梁铰机制耗散的能量更多，在同样大小的塑性变形和耗能要求下，对梁铰机制中铰塑性转动能力要求可以低一些，容易实现；③梁是受弯构件，容易实现大的延性和耗能能力，柱是压弯构件，尤其是轴压比大的柱，要求大的延性和耗能能力是很困难的。实践证明，设计成梁铰机制的结构延性好。实际工程设计中，很难实现完全梁铰机制，往往是既有梁铰、又有柱铰的混合铰机制（图 5-8c），但是也必须避免在同一层柱中全部出铰的混合铰机制。

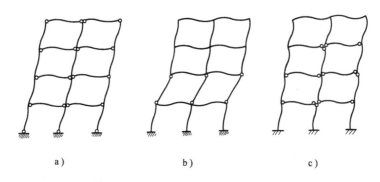

a)   b)   c)

图 5-8 框架屈服机制

a）梁铰机制 b）柱铰机制 c）混合铰机制

5.5.3 强柱弱梁框架

设计必须满足：延性能力≥延性要求，延性能力是指结构本身具有的性质，应当是合理设计的结果，而延性要求是指地震对结构的要求，与地震大小、振动特性有关，也与结构的性能有关。第 3 章图3-3只是从一个质点系的地震反应概念性说明结构延性与承载力的关系。为了进一步了解地震作用对框架梁、柱构件的延性要求和影响因素，美国 R. W. Clough 教授早在 1966 年就做了关于强柱弱梁框架的研究[20]，通过对一个 20 层框架结构的弹塑性地震反应分析，对比了不同强度的梁和不同强度的柱在地震作用下的延性比要求。

图 5-9a 是 20 层框架结构的几何尺寸和每个楼层重量，图 5-9b 列出了所有构件的刚度比，各构件刚度由下向上逐渐减小，标准框架的基本自振周期是 2.2s，框架按美国规范设计，框架梁的屈服强度和计算内力之比为 2，柱的屈服强度和计算内力之比（以下称为强度比）为 6。采用 1940 年 El Centro 地震记录的南北方向分量作为地面运动的输入波，计算最初 8s 的反应。

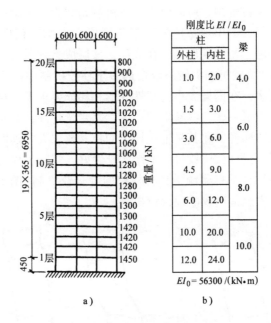

图 5-9　20 层框架结构的几何尺寸

a) 结构剖面　b) 构件刚度比

为了比较具有不同强度梁的影响，改变梁的强度比，设定了三种强度比：1.5、2、4，柱维持强度比为 6。图 5-10 是三种梁强度比计算所得结果的比较：图 a 比较结构侧移，除接近顶部的几层以外，梁的强度对侧移影响不大；图 b 是对梁延性要求的比较，梁的强度和延性要求几乎成反比，梁强度最高的框架中，大多数梁尚未屈服或刚刚屈服，梁的强度愈小，梁的延性比要求愈大（屈服愈早的梁，塑性变形必然愈大）；图 c 是对柱轴力的影响，明显可见，梁强度愈大，柱的轴力也愈大；图 d 是对柱延性比要求的比较，三种情况中，16 层以下的柱延性系数均小于 1（尚未屈服），而在上部，则梁的强度愈大，柱子的延性比要求愈高。

图 5-11 是柱强度比设定为 2、6、10 三种情况的比较，梁的强度比维持在 2。图 5-11a 说明柱强度对侧移影响不大；图 5-11b 说明柱强度愈大，对梁的延性比要求愈高；由图 5-11c 可见，在柱强度最大的情况下，全部柱不发生屈服（延性比小于 1）；而柱强度最弱的情况下，则柱几乎全部进入屈服（从 b 图可见这种情况中只有 9 层以下的梁进入屈服）。也就是说，柱强度愈大，对柱的延性比要求愈低，而对梁的延性比要求却增大了。

上述比较具体说明了强柱弱梁设计所达到的效果：降低梁的强度可以降低对柱延性比的要求，可以减小柱的轴力，虽然对梁的延性比要求增大了，但是梁是延性很好的构件，容易实现。

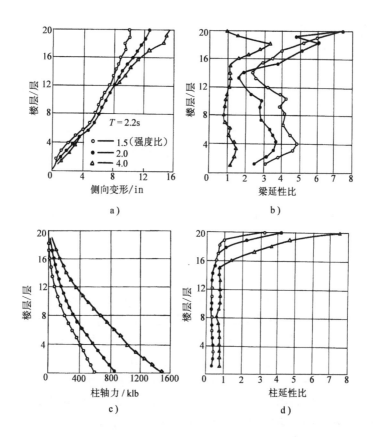

图 5-10　梁屈服强度比为 1.5、2、4 三种情况的比较
a）最大侧向位移值　b）梁延性要求　c）柱轴力　d）柱延性要求

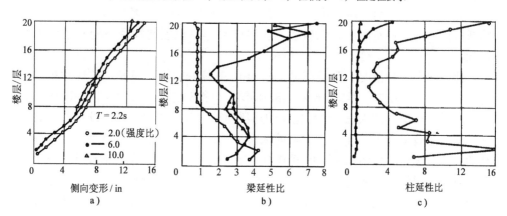

图 5-11　柱屈服强度比为 2、6、10 三种情况的比较
a）最大侧向位移　b）梁延性要求　c）柱延性要求

5.5.4 强墙弱梁的剪力墙

剪力墙的类型不同，墙肢和连梁相对配筋的数量不同，会出现不同的破坏机制，见图 5-12。

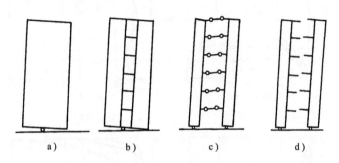

图 5-12　剪力墙的破坏形式
a) 悬臂墙　b) 整体小开口墙　c) 强墙弱梁联肢墙　d) 连梁剪坏联肢墙

a 类剪力墙是静定的悬臂墙，通常铰出现在底截面，出现一个塑性铰就成为"机构"，不能继续抵抗侧向力；b 类剪力墙开了洞口，形成联肢剪力墙，理应是超静定结构，但是如果连梁较强而不屈服（高跨比大或者抗弯配筋很多），则由于剪力墙整体作用较强，塑性铰仍然出现在墙肢底部，其破坏形态也和悬臂墙相似，不能再继续抵抗侧向力；c 类剪力墙也是联肢墙，按照强墙弱梁设计配置钢筋，其结果是在连梁上先出现铰，连梁的铰可以耗散地震能量，此时剪力墙的刚度有所降低，但是能够继续抵抗侧向力，最后在墙肢底部钢筋屈服以后达到极限状态，是比较理想的破坏机制；d 类剪力墙也是联肢墙，由于连梁抗剪能力不足而剪坏，此时联肢剪力墙退化为独立墙肢，即退化为静定的悬臂墙，虽然能够继续抵抗侧向力，但是刚度降低较多，在墙肢底部出现塑性铰后不能再继续抵抗荷载。

比较以上各种情况，明显可见，c、d 两类剪力墙符合超静定结构和多道设防原理，有利于抗震，而 a、b 两类破坏形态不利于抗震，其中关键的问题是连梁的设计，连梁不能太强，跨高比大的连梁使剪力墙形成"整体小开口剪力墙"，其性能与悬臂墙接近，连梁抗弯配筋太多，墙肢相对较弱（连梁不屈服）也是不利的。应该设计"强墙弱梁"的联肢剪力墙。对于连梁，如果可能设计成强剪弱弯，则在连梁端部出铰的联肢墙耗能性能好，仍然有赘余自由度。但是由于连梁对剪切变形敏感，容易剪坏，也可能在出现塑性铰后不久就剪坏，从而会形成 d 类情况，只要按照多道设防原则设计墙肢，这种情况仍然是可以继续抵抗地震的。

关于剪力墙和连梁的性能和延性设计，在第 7 章中还有详细的阐述。

5.5.5　设计延性构件

钢筋混凝土梁、柱、连梁、墙肢等构件的剪切破坏是脆性破坏，延性小，耗能能力差，而弯曲破坏为延性破坏，耗能能力大。因此，梁、柱、连梁、墙肢构件都应按"强剪弱弯"设计。

梁—柱节点核心区的破坏为剪切破坏，可能导致框架失效。在地震往复作用下，伸入核心区的纵向钢筋与混凝土之间的粘结破坏，会导致梁端转角增大，从而增大层间位移。因此，不允许核心区破坏，也不允许纵向钢筋在核心区内的锚固破坏，要设计"强核心区、强锚固"的节点区。

柱和墙肢都是压、弯、剪构件，轴力过大会减小构件延性，应当限制柱和墙肢的轴压比。

短柱的延性不好，容易出现剪切破坏，尽可能避免设计短柱，更重要的是避免长柱和短柱在同一层中共同受力。短柱与剪力墙在同一层中协同受力时，危险性相对减小。

此外，还应提高角柱、框支柱等受力不利部位构件的承载力，并采取一些配筋构造措施，推迟或避免其过早破坏，以改善延性。

由于"延性能力"和"延性要求"都无法定量，在抗震设计时采用了区分抗震等级的方法，按照地震设防烈度、结构抗震类别(甲、乙、丙类)、场地土类别、结构体系类别、结构高度等划定结构抗震等级，抗震等级高的结构构件，抗震措施和构造措施要求更加严格。抗震等级的差别就是对延性要求的差别。保证结构和构件延性的设计措施在第 6、7 章中还有详细介绍。

5.6　设计多道设防结构——超静定结构和双重抗侧力体系的概念

静定结构，也就是只有一个自由度的结构，在地震中只要有一个节点破坏或一个塑性铰出现，结构就会倒塌。抗震结构必须做成超静定结构，因为超静定结构允许有多个屈服点或破坏点。将这个概念引伸，不仅是要设计超静定结构，抗震结构还应该做成具有多道设防的结构，第一道设防结构中的某一部分屈服或破坏只会使结构减少一些超静定次数。例如带有连梁的剪力墙或实腹筒(联肢剪力墙)，在第一道设防结构——连梁破坏以后，还会存在一个能够独立抵抗地震作用的结构；又如框架—剪力墙(筒体)、框架—核心筒、筒中筒结构，无论在剪力墙屈服以后(剪力墙刚度退化)，或者在框架部分构件屈服以后(框架刚度退化)，另一部分抗侧力结构仍然能够发挥较大作用，虽然会发生内力重分布，它们仍然能够共同抵抗地震,多道设防的结构不容易倒塌。这种多道设防的抗震概念已有成功运用的实例(见第 4 章 4.3 节介绍的美洲银行),多道设防概念提出以后,受到愈来愈多的重视。

要注意分析并且控制结构的屈服或破坏部位,控制出铰次序及破坏过程。有些部位允许屈服甚至允许破坏,而有些部位则只允许屈服,不允许破坏,有些部位则不允许屈服。例如带有连梁的剪力墙中,连梁应当作为第一道设防,连梁先屈服或破坏都不会影响墙肢独立抵抗地震力;框架—剪力墙和框架—核心筒结构中,因为剪力墙、核心筒的刚度大,吸收的地震剪力大,允许的变形又较小,通常是剪力墙中的连梁或墙肢先屈服,连梁可以破坏,而墙肢是只能屈服不能破坏的,剪力墙的刚度降低,但不应完全退出工作,只是框架将承担更多地震力,如果框架先屈服,也只允许框架梁先屈服,柱子不允许屈服,那么在第二道设防中仍然是框架和剪力墙共同作用。

这里要提出双重抗侧力体系的概念。双重抗侧力体系的特点是:由两种受力和变形性能不同的抗侧力结构组成,每个抗侧力结构都具有足够的刚度和承载力,可以承受一定比例的水平荷载,并通过楼板连接协同工作,共同抵抗外力,特别是在地震作用下,当其中一部分有所损伤时,另一部分应有足够的刚度和承载力能够担当共同抵抗后期地震的任务。在抗震结构中设计双重抗侧力体系便于实现多道设防,是安全而可靠的结构体系。除了联肢剪力墙以外,上面提到框架—剪力墙(筒体)、框架—核心筒、筒中筒等结构都可能成为双重抗侧力体系,也应该设计成双重抗侧力体系,以便实现抗震设计的多道设防。

如果框架刚度很小,在弹性工作阶段,协同工作不足以改变剪力墙的弯曲变形曲线形式:另一方面,中等地震作用下,结构进入弹塑性,剪力墙刚度减小后,塑性内力重分配将使框架内力增加,因此,抗震结构中,必须使框架承受足够的内力,才能实现双重抗侧力体系,从而保证结构安全。

我国早期的《混凝土高规》中,已经有这方面的规定,规定抗震钢筋混凝土框架—剪力墙(筒体)结构中,框架沿整个高度都至少承担基底剪力的 20%、或最大框架层剪力的 1.5 倍(取二者的较小值);对混合结构的框架—剪力墙(筒体)结构,规程要求框架沿整个高度层剪力都至少为 25% 基底剪力、或框架最大层剪力的 1.8 倍(取二者的较小值)。这些规定对于高度不大的高层建筑是可行的,我国按这个规定已经设计、建成了许多高层建筑。

但是,在高层建筑的高度不断加大的现阶段,对于超高层结构,上述规定是否合理,值得商榷。在超高层建筑中,采用框架—核心筒体系十分普遍,一般情况下,外框架的刚度都较小,特别是在外钢框架—混凝土核心筒结构中,钢框架的刚度很小,计算分担的层剪力很小,图 5-13 给出了一个 50 层结构的剪力分配示意图,按原有规定设计,若沿整个高度将剪力调整到基底剪力的 25%,将大大增加钢框架构件截面，增大用钢量，十分不合理；若按照规程规定，大多数工程中通常是按 1.8 倍框架最大层剪力调整剪力，从图中可以看到，按 1.8 倍调整框架层剪力时，其下部各层剪力的调整幅度很小，在许多工程中大都还小于基底剪力的 10%。

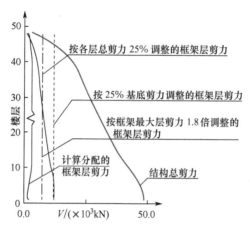

图 5-13　某 50 层结构的层剪力分配示意

美国规范要求在抗震框架—剪力墙（核心筒）结构中，框架部分的设计层剪力不小于各层总层剪力的 25%（见图 5-13），才可以作为双重抗侧力结构进行设计，双重抗侧力结构的地震作用可以减小（美国规范中用不同的延性系数评价各种体系，结构体系的延性系数高，则地震作用折减大，双重抗侧力体系的延性系数是较高的）。当框架分担的剪力比例达不到要求数值时，就加大地震作用，要求框架按计算的比例承担层剪力，而剪力墙或核心筒则要抵抗 100% 地震作用，以确保结构安全。

清华大学曾针对钢框架—混凝土核心筒结构剪力分担率进行研究[85]，对 20 个刚度、承载力不同的钢框架—核心筒结构进行了弹塑性计算，对它们的破坏模式、破坏程度等进行分析。分析结果表明，框架下部若干层最容易破坏，上部各层剪力放大很多没有必要，也不合理；钢框架应具有足够刚度，使它的层剪力达到一定比例；各层剪力可以按结构总层剪力的一定比例进行调整，且不能小于计算分配的剪力。上述研究结果已在我国《高层建筑钢—混凝土混合结构规程》（CECS　230:2008）[14] 中应用，读者可以参考（规定的调整比例小于美国规定）。

现行《混凝土高规》中，也已修改了早先规程中相应的规定。

近年来，在超高层建筑中采用混合框架—核心筒结构愈来愈多，外框架的剪力分配比例问题也愈益受到重视，很多研究表明，没有必要将所有楼层按统一的层剪力设计（统一为其基底剪力的某个百分比），外框架分配的层剪力应沿高度变化（按各层总层剪力的百分比调整较为合理）；除此以外，外框架承受的倾覆力矩也必须达到一定量，才能可靠地实现抗震双重抗侧力结构。在超高层建筑中采用框架—核心筒—伸臂结构，或用环向构件加强，一般能够达到规程要求的外框架层剪力。关于框架–核心筒与框架—核心筒—伸臂结构中如何充分发挥、并提高外框架的作用，将在第8章8.2节中进一步介绍。伸臂结构与环向构件的应用将在第9章中进一步介绍。

5.7　重视构件承受竖向荷载的安全

结构倒塌往往是由竖向构件破坏造成的，既抵抗竖向荷载、又抗侧力的竖向构件属于重要构件，竖向构件的设计不仅应当考虑抵抗水平力时的安全，更要考虑在水平力作用下出现裂缝或塑性铰以后，它是否仍然能够安全地承受竖向荷载。短肢剪力墙和异形柱在弹塑性阶段是否能持续、安全地承受竖向荷载的问题值得引起注意。在高层建筑中一般不采用异形柱，而短肢剪力墙却是常用的构件。短肢剪力墙是指截面高度较小（$h_w/b_w = 5 \sim 8$）的单肢剪力墙，通过楼板大梁或弱连梁与其他剪力墙协同工作。当结构中只有个别短肢剪力墙或小墙肢时，它分担的内力很少，即使破坏，也不影响结构的抗侧力能力。但是，当楼层大片面积上连续采用短肢剪力墙时，潜在危险有两方面：一方面是在剪力墙井筒出现问题以后，很弱的短肢剪力墙没有足够的延性和承载力，可能随之而破坏；另一方面是短肢剪力墙本身在弹塑性阶段抵抗竖向荷载的能力薄弱，短肢剪力墙较多的剪力墙结构中，如果短肢剪力墙失效，虽然结构仍然可以依靠其他剪力墙或井筒抵抗地震作用，但是由短肢剪力墙支承的楼板将受到严重威胁，有时会发生"连续倒塌"（一个构件破坏后引起相邻构件破坏）。

图5-14所示的结构属于短肢剪力墙较多的剪力墙结构，其短肢剪力墙承担竖向荷载的面积达到80%以上，短肢剪力墙与跨度较大的楼板或梁（弱连梁）形成的结构类似很弱的框架或板柱框架。

因此，重要的是要注意短肢剪力墙的布置，较大面积地连续布置短肢剪力墙（例如，承受竖向荷载面积超过30%~50%）将对弹塑性阶段抵抗地震作用和抵抗竖向荷载造成危险。在具有较多短肢剪力墙的剪力墙结构中，要采取措施防止局部倒塌和连续倒塌，不但要加强筒体（或较长墙肢的剪力墙）的承载力和延性，还要加强短肢剪力墙的承载力和延性（严格限制轴压比，并提高其竖向荷载承载力以及抗剪能力等），要避免一字形短肢剪力墙平面外与跨度较大的梁连接，要注意强墙弱梁、强剪弱弯的构件设计要求，要推迟或减少短肢墙墙肢的屈服和破坏等。

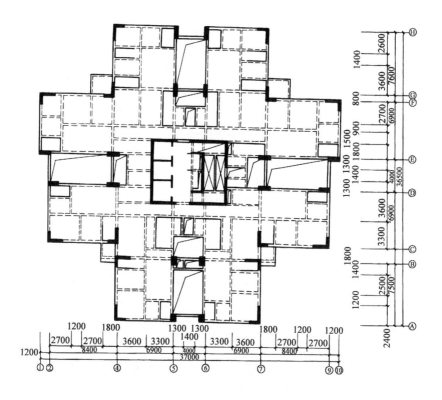

图 5-14　短肢剪力墙较多的剪力墙结构

5.8　加强结构整体性——缝的设置

在房屋建筑的总体布置中，为了消除结构不规则、收缩和温度应力以及不均匀沉降对结构的有害影响，可以用防震缝、伸缩缝和沉降缝将房屋分成若干个独立的结构单元。但是在建筑中设缝也会带来一些问题：设缝会影响建筑立面、多用材料，使构造复杂、防水处理困难等，设缝的结构在强烈地震下相邻结构可能发生碰撞而导致局部损坏，有时还会因为将房屋分成小块而降低每个结构单元的稳定、刚度和承载力，反而削弱了结构，因此，常常通过采取措施，避免设缝。

我国规范规定的伸缩缝间距较小，有充分依据或可靠措施时，可以适当加大伸缩缝间距，避免设置或少设伸缩缝。例如，高层建筑一般不要设计很长的平面，在较长的平面中设置后浇带可以解决早期收缩出现裂缝的问题，顶层采取隔热措施、外墙设置外保温层等可以有效减小温度变化的影响，在顶层、底层、山墙等温度变化较大的部位提高配筋率，以抵抗温度应力等。

高层建筑常常设置裙房，主体和裙房之间的沉降差可能较大，可以采取各种措施减小沉降差，尽量不设沉降缝。例如：把主体结构和裙房放在一个刚度很大的整体基础上；土质不好时，裙房和主体结构都采用桩基将重量传到压缩性小的土层中；可以在施工阶段在主体与裙房间设置后浇带；裙房面积不大时，可以从主体结构的箱形基础上悬挑基础梁来承受裙房的重量，等等。

不规则结构的薄弱部位容易造成震害，过去一般采用防震缝将其划分为若干独立的抗震单元，使各个结构单元成为规则的独立结构，目前工程设计更倾向于不设防震缝，而采取加强结构整体性的措施，加强薄弱部位以防止其破坏。

如果在高层建筑中无法避免设置伸缩缝、或沉降缝、或防震缝，则都必须按照防震缝的要求设置其宽度，避免地震时相邻部分会互相碰撞而破坏。

5.9 关于填充墙布置和材料选用

要注意框架中填充墙材料的选用和布置。从减轻结构自重的角度，填充墙应选择轻质材料，选用大块的、能与主体结构形成柔性连接的填充墙。

当使用具有较大刚度的材料做填充墙时，填充墙的布置不但会影响框架结构沿高度的刚度分布，也会影响结构在平面上的刚度分布。不能由于填充墙的布置不当形成上刚下柔的结构，或形成房屋一端刚、一端柔的平面。在框架柱之间填充了部分墙（开窗洞形成），则会使柱中部出现支承点而形成短柱，或由于砖墙对柱的附加推力使柱破坏。图 5-15 是一些不利于抗震的填充墙布置情况。

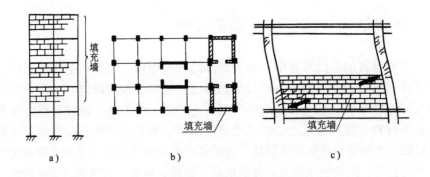

图 5-15 不利的填充墙布置

a）竖向刚度不均匀 b）平面刚度不均匀 c）填充部分砖墙

框架—剪力墙（筒体）结构体系中，较大的剪力墙（筒体）刚度可以减小填充墙的影响，但是仍然应当注意实心填充墙在平面中的位置，注意它们对结构平面刚度及竖向刚度均匀性的影响。

由于填充墙不进入结构分析，要从概念设计上充分估计其不利作用而加以避免。结构工程师必须关心和考虑非结构的填充墙的材料和布置。在这方面,震害中的教训很多,常常因为不重视填充墙的布置而造成严重后果。

5.10 规范对结构平面及竖向布置的要求

《抗震规范》和《混凝土高规》对高层建筑的结构布置所做的一些规定,就是从概念设计出发,与概念设计是一致的,但是规范和规程终究有局限性,只能针对一些普遍的、典型的情况提出要求,对于千变万化的各种结构,需要结构工程师运用概念做出设计,并进行具体分析和采取具体措施。

在结构的规则性要求方面,为便于执行,规范和规程中给出了一些量化指标,在多数情况下是可行的,有些情况下,可以运用概念设计的规律略作调整,或采取其他有效措施。

《抗震规范》明确提出三种平面不规则类型和三种竖向不规则类型和定量指标,见表 5-1 和表 5-2,并要求对不规则结构的设计和构造采取措施。

表 5-1　平面不规则类型

不规则类型	定　　义
扭转不规则	在规定的水平力作用下,楼层最大弹性水平位移(或层间位移)大于该楼层两端弹性水平位移(或层间位移)平均值的 1.2 倍
凹凸不规则	结构平面凹进的尺寸,大于相应投影方向总尺寸的 30%
楼板局部不连续	楼板的尺寸和平面刚度急剧变化,例如,楼板有效宽度小于该层楼板典型宽度的 50%,或开洞面积大于该层楼面面积的 30%,或较大的楼层错层等

表 5-2　竖向不规则类型

不规则类型	定　　义
侧向刚度不规则	该层的侧向刚度小于相邻上一层的 70%,或小于其相邻上部三个楼层侧向刚度平均值的 80%,除顶层或出屋面小建筑外,局部收进的水平向尺寸大于相邻下一层的 25%
竖向抗侧力构件不连续	竖向抗侧力构件(柱、剪力墙、支撑)的内力由水平转换构件(梁、桁架等)向下传递
楼层承载力突变	抗侧力结构的层间受剪承载力小于相邻上一楼层的 80%

《抗震规范》和《混凝土高规》对结构扭转规则性的要求还有一些具体规定。例如对于扭转不规则,除了表 5-1 中的要求外,进一步提出:①在考虑偶然偏心影响的水平地震作用下,楼层最大弹性水平位移和层间位移不应超过的限定值:

A 级高度的高层建筑不应大于该楼层两端弹性水平位移或层间位移平均值的 1.5 倍，B 级高度的高层建筑不应大于平均值的 1.4 倍；②结构扭转为主的第一自振周期 T_t 与平动为主的第一自振周期 T_1 之比，A 级高度的高层建筑不应大于 0.9，B 级高度的高层建筑不应大于 0.85。

在上述两项要求不能满足时，规范要求调整结构布置，使平面布置均匀化，或加大抗扭刚度。关于这个规定，有一些问题需要讨论和注意[83]。

1. 位移比与结构规则性的关系

结构是否规则、对称，平面中刚度是否均匀是结构本身的性能，可以用结构的"刚心"与质心的相对位置表示，二者相距较远，则地震作用下的结构扭转角可能较大。

规范要求计算的位移比是在楼板无限刚性的假定下，由结构一条最长的边缘的最大和最小位移值计算得到的，用以概念性地表达扭转角的大小，见图 5-16a。由于扭转地震作用无法直接计算，规范采取了附加 5% 偏心距的方法估计扭转地震作用，也就是要求在附加 5% 偏心距的地震作用下，校核和限制结构位移比值。这个规定只是宏观的控制，便于操作，是一种简便的控制结构在地震作用下扭转的方法。

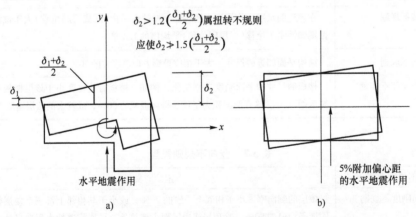

图 5-16 扭转角与位移比

a) 不附加偏心距，结构不对称，有扭转　b) 附加偏心距，结构对称，有扭转

但是，结构是否规则？是否对称？却不能用附加偏心距的计算结果判断。

表 5-3 给出了一个规则结构在不同的结构布置时，计算的周期比和位移比[84]。五种情况下，剪力墙布置都是对称的，因此第 1 周期中的扭转分量都为 0，除方案 1 周期比不符合要求外，其他情况周期比都符合要求。对于位移比，进行了两种计算：不考虑附加偏心距和考虑附加偏心距的计算，层间位移角都符合规程要求。

从表中数据可见，不考虑附加偏心距计算时，所有的位移比均为 1，都满足要求；如果按照附加偏心距的地震作用计算，则方案 1 和 3 位移比不满足要求。方案 4 和 5，并没有增加剪力墙，只是建筑长度缩短了，一切都符合要求。

表 5-3　规则结构的位移比和周期比

方案	结构布置	周期比	最大层间位移角	最大水平位移	平均水平位移	位移比	备注
1	 72m	1.33 1.41 =0.94	1/2776 (1/2202) [1/6476]	1.3 (1.63) [0.77]	1.3 (1.29) [0.53]	1.0 (1.33) [1.45]	扭转在第 二振型
2	 72m	1.02 1.42 =0.72	1/3022 (1/2542) [1/9351]	1.19 (1.43) [0.53]	1.19 (1.19) [0.44]	1.0 (1.20) [1.23]	扭转在第 三振型
3	 72m	1.09 1.42 =0.77	1/2960 (1/2455) [1/92761]	1.22 (1.47) [0.54]	1.22 (1.1.22) [0.44]	1.0 (1.21) [1.24]	扭转在第 三振型
4	 56m	1.06 1.31 =0.80	1/3030 (1/2560) [1/8398]	1.19 (1.41) [0.60]	1.19 (1.19) [0.46]	1.0 (1.18) [1.29]	扭转在第 三振型
5	 40m	0.79 1.21 =0.66	1/3337 (1/3033) [1/9999]	1.08 (1.19) [0.45]	1.08 (1.08) [0.39]	1.0 (1.10) [1.16]	扭转在第 三振型

注：无括弧数据——无附加偏心距计算结果；

　　（ ）数据——有附加偏心距 5%，中间某层数据；

　　[ ]数据——有附加偏心距 5%，底层数据。

从这个典型结构的计算比较可以看出，规则且平面刚度布置对称的结构在附加偏心距的地震作用下，有可能不满足位移比要求，这个"不满足"主要是附加偏心距引起的，原本对称的结构，附加了偏心距，结构必然会产生扭转（见图 5-16b）。

规范要求用附加偏心距的地震作用计算，是因为实际地震作用都会有扭转分量，但是迄今为止，对地震中的扭转分量无法给出定量的计算方法，附加偏心距是对地震扭转作用的模拟，这是一种公认的、用以提高结构的抗扭能力的近似方法，虽然这种模拟，十分粗糙，它对提高结构抗扭能力却是很有效的。但是它不能用于判断结构平面刚度是否均匀。地震作用附加偏心距以后，其计算结果不能反映结构自身的特性，不能由此得出结构平面刚度不均匀的结论，更不能以此作为依据去调整结构布置。

正确的做法是，若不能直观判断结构是否刚度均匀（在实际工程平面布置比较复杂的结构中，常常无法判断），那么先不要附加偏心距，直接计算地震作用下的位移比（即地震作用于质心处），由此判断平面刚度的均匀性，若结构布置确实不均匀，再行调整结构布置。

地震作用附加偏心距以后，计算的位移比超过规范允许值，只是说明按照我国的抗震设计要求，结构的抗扭能力需要加强。由表5-3的计算比较还可以看到，以结构的边长的5%计算偏心距，那末结构愈长，偏心距就愈大，愈容易出现位移比超限的情况。

另一种情况是，当建筑物高度不大、剪力墙较多的住宅建筑，或在高层建筑的底部裙房位置，常常出现位移比超限的情况（表5-3中所有结构方案底层的位移比都超限），这是因为底部结构的侧移很小，平均位移和最大位移都很小，但是作为相对值的位移比可能比较大，这种情况下没有必要按照规范的要求再做加强。

2. 如何满足周期比要求

结构自振周期中的扭转周期与结构的抗扭刚度有关。结构抗扭刚度小，则扭转周期长，反之，扭转周期短。《混凝土高规》限制结构扭转周期与平动周期之比，目的是要求设计扭转刚度较大的结构，可以减小地震作用下的扭转反应，此外，结构的扭转自振周期对位移比也有影响，周期比符合要求的结构容易满足位移比要求。但是要注意，这只是一个经验的、概念性的定量要求，对于大多数结构而言，周期比的要求都比较容易满足。但是对于某些不利布置的结构，例如风车形布置的结构或长条形结构，它们的扭转周期会较长。有时调整结构布置会有困难。如果结构抗侧刚度很大，层间位移比较小，那么降低结构抗侧刚度、加长平移周期，是一个有效的改善周期比的方法（结构的抗侧刚度太大，并非有利于抗震）。

3. 当经过努力调整结构后，仍不满足位移比要求

可以考虑以下状况分别处理：

如果结构刚度很大，最大位移在允许位移的1/2～1/3左右（或更小），位移比的限制可以放宽一些（多层、剪力墙结构、高层建筑的偏置矮裙房等，位移都较小），例如层间位移1/2000时位移比可放松10%，但位移比放松一般不超过20%。

当位移比超过1.5（B级超过1.4）时，成为特别不规则结构，我国规程不允许，可参考美国IBC规范做法加以处理。

美国IBC规范要求将外荷载产生扭矩及附加偏心距产生的扭矩之和乘以放大系数放大，见式(5-1)：

$$A_x(M_t + M_{ta}) \tag{5-1}$$

式中　M_t——外荷载扭转；

　　　M_{ta}——附加偏心距的扭矩；

　　　A_x——放大系数；

放大系数由式(5-2)计算，但不大于3。

$$A_x = \left(\frac{\delta_{max}}{1.2\delta_{avg}} \right)^2 \leqslant 3 \tag{5-2}$$

式中　δ_{max}——楼层最大位移；

　　　δ_{avg}——楼层平均位移；

结合我国规程要求，当位移比超过不太多时(10%~20%)，可以参考美国IBC规范的方法，将附加偏心距加大后计算内力，这样处理可以提高构件的承载力，提高结构的抗扭能力。

第6章 钢筋混凝土框架构件设计

本章介绍钢筋混凝土框架构件的设计概念，包括梁、柱和节点核心区三类构件。第5章结构概念设计中已经介绍了延性框架的设计概念——必须设计强柱弱梁、强剪弱弯、强节点的框架和延性的梁、柱构件；同时，由于延性比的要求不能定量确定，延性要求是通过抗震等级体现，通过构造措施实现构件的延性性能。本章内容主要目的是介绍构件设计时实现延性框架的强柱弱梁、强剪弱弯和强节点核心区的设计概念和构造措施，介绍试验研究成果，以便读者深入理解规范的有关规定。为了说明构造措施和延性关系，列出了规范中部分设计和构造要求，并不完整，具体设计及各种系数的数值均应遵照现行规范和规程要求。构件截面验算基本公式本书不再重复。

6.1 延性梁

梁是钢筋混凝土框架的主要延性耗能构件。梁的破坏形态影响梁的延性和耗能性能，而截面配筋数量及构造又是与破坏形态密切相关的，其中梁截面的混凝土相对压区高度，梁塑性铰区的截面剪压比和混凝土约束程度等是主要影响因素。

6.1.1 框架梁的破坏形态与延性

梁的破坏可能是弯曲破坏，也可能是剪切破坏。

梁的弯曲破坏有三种形态：少筋破坏、超筋破坏和适筋破坏。少筋梁的纵向钢筋屈服后，很快被拉断而发生断裂破坏，称为少筋破坏；超筋梁在受拉纵筋屈服前，受压区混凝土被压碎而发生破坏，称为超筋破坏；这两种破坏形态都是脆性破坏，延性小，耗能差。适筋梁的纵筋屈服后，形成塑性铰，钢筋的塑性变形增大，受弯裂缝伸长且宽度加大，截面混凝土受压区高度逐渐减小，截面产生塑性转动，直到受压区混凝土压碎，这种适筋破坏属于延性破坏。图6-1为梁出现三种弯曲破坏形态时，截面弯矩—曲

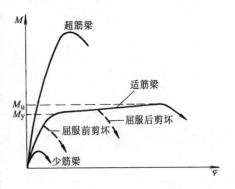

图6-1 梁的弯曲破坏形态与剪切破坏

率关系曲线的比较。

无论是抗震还是不抗震，框架梁的跨中及支座截面都要求符合适筋梁要求，即：

$$\xi \leq \xi_b \tag{6-1}$$

式中　ξ——梁截面相对受压区高度；

　　　ξ_b——梁截面平衡配筋时的相对受压区高度。

梁剪切破坏是由于剪切承载力不足，出现剪切斜裂缝，在弯曲屈服之前梁构件沿斜裂缝剪断而破坏，屈服前的剪切破坏是脆性破坏，没有延性，其承载力—位移关系曲线见图6-1。为了防止这种剪切承载力不足产生的脆性破坏，要求按强剪弱弯设计梁构件，即要求截面抗剪承载力大于抗弯承载力。荷载组合得到的最不利剪力和组合弯矩并不相互匹配和平衡，因此需要由力的平衡关系得到相应于梁端弯矩的剪力，才能实现强剪弱弯，见图6-2。规范给出的框架梁的剪力设计值计算公式是从强剪弱弯的设计概念得到的：

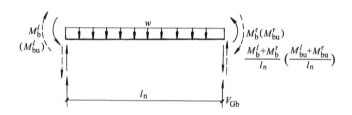

图6-2　由受力平衡求框架梁的剪力

由图6-2中所示的力平衡关系，可以从弯矩值计算设计剪力。

抗震等级为一、二、三级框架的梁端箍筋加密区剪力设计值 V_b 按下式计算：

$$V_b = \eta_{vb}(M_b^l + M_b^r)/l_n + V_{Gb} \tag{6-2a}$$

式中　l_n——梁的净跨；

　　　V_{Gb}——梁在重力荷载代表值作用下，按简支梁分析的梁端截面剪力设计值（设防烈度为9度时高层建筑还应包括竖向地震作用标准值）；

M_b^l，M_b^r——分别为梁左、右端截面反时针或顺时针方向组合的弯矩设计值，$M_b^l + M_b^r$ 需取反时针方向之和以及顺时针方向之和的较大者。若两端均为负弯矩时，绝对值较小的弯矩应取零；

　　　η_{vb}——梁端剪力增大系数。对不同的抗震等级，采用不同的剪力增大系数，使强剪弱弯的程度有所区别。

注意，由于框架梁只在梁端出现塑性铰（梁跨中不允许出现塑性铰），在设计中只要求梁端截面抗剪承载力高于抗弯承载力。一、二、三级框架梁端箍筋加密区以外的区段，以及四级和非抗震框架梁，梁的剪力设计值直接取最不利组合得到的剪力。

式(6-2a)利用构件力平衡关系，由组合弯矩计算剪力，该剪力再乘以放大系数，作为截面的剪力设计值计算梁端部加密区的箍筋用量，这是一种简化，以提高梁端部抗震承载力要真正实现"强剪弱弯"，设计剪力应该大于实际受弯承载力（梁截面内实际配置的纵向配筋面积和材料强度标准值计算的受弯承载力），才能使梁的受剪承载力大于实际受弯承载力。因此，对于一级抗震的纯框架结构（不设置剪力墙的框架结构）和9度抗震设防结构的框架梁，除符合简化要求外，尚应符合式(6-2b)的要求，因此，剪力设计值取式(6-2a)和(6-2b)二者的较大值；

$$V_b = \frac{1.1}{\gamma_{RE}}(M_{bu}^l + M_{bu}^r)/l_n + V_{Gb} \tag{6-2b}$$

式中　M_{bu}^l、M_{bu}^r——梁左、右端截面反时针或顺时针方向正截面受弯承载力，应根据实配钢筋面积（计入受压钢筋）和材料强度标准值计算；$M_{bu}^l + M_{bu}^r$需取反时针方向之和以及顺时针方向之和两者的较大者。

　　　　γ_{RE}——承载力抗震调整系数。

6.1.2　框架梁的受压区高度与延性

在适筋破坏的框架梁中，梁弯曲破坏的延性大小还有不同。图6-3是对受拉钢筋配筋率不同的梁进行试验得到的截面弯矩—转角曲线[48]，由试验可见，梁的受拉钢筋配筋率 ρ 越小，混凝土压区相对高度 $\xi(x/h_0)$ 也小，截面的塑性变形

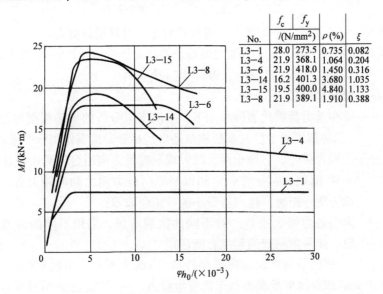

No.	f_c /(N/mm²)	f_y /(N/mm²)	ρ(%)	ξ
L3—1	28.0	273.5	0.735	0.082
L3—4	21.9	368.1	1.064	0.204
L3—6	21.9	418.0	1.450	0.316
L3—14	16.2	401.3	3.680	1.035
L3—15	19.5	400.0	4.840	1.133
L3—8	21.9	389.1	1.910	0.388

图6-3　受拉钢筋配筋率对梁截面弯矩—曲率关系曲线的影响（清华大学）

愈大。实际上，影响梁的延性大小的主要因素是混凝土截面受压区高度 ξ，减少受拉配筋，或配置受压钢筋，或采用 T 形截面及提高混凝土强度等级等，都能减小混凝土压区相对高度，都能增大梁的延性。图 6-4 是由试验结果整理得到的混凝土相对压区高度与延性的关系。

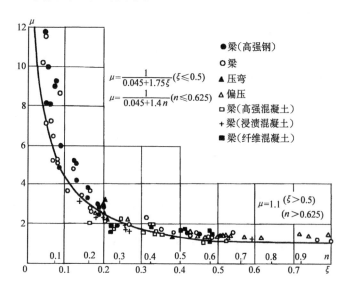

图 6-4　曲率延性比和截面受压区高度的关系(清华大学)

框架结构中，塑性铰应当首先出现在梁端部，抗震等级愈高的框架，要求梁的延性愈大，因此对梁端部截面受压区高度限制愈严，要求配置的受压钢筋数量也愈多，规范的要求是：

一级框架梁 $\qquad\qquad\qquad \dfrac{x}{h_{b0}} \leqslant 0.25 \qquad\qquad\qquad$ (6-3a)

$$A_s' / A_s \geqslant 0.5 \qquad\qquad\qquad \text{(6-3b)}$$

二、三级框架梁 $\qquad\quad \dfrac{x}{h_{b0}} \leqslant 0.35 \qquad\qquad\qquad$ (6-4a)

$$A_s' / A_s \geqslant 0.3 \qquad\qquad\qquad \text{(6-4b)}$$

式中　x——混凝土受压区高度，计算 x 值时，应计入受压钢筋；

$\quad h_{b0}$——梁截面有效高度；

A_s，A_s'——梁端负弯矩时(塑性铰区)顶面受拉钢筋面积和底面受压钢筋面积。

一、二、三级框架梁塑性铰区以外的部位，四级框架梁和非抗震框架梁，只要求不出现超筋破坏，即满足式(6-1)的要求。

从以上分析可见，在延性框架中过多配置梁的受拉钢筋对延性不利(不宜在计算钢筋面积以外再加大配筋），过多的受拉钢筋一方面会减小梁的弯曲塑性铰延性，另一方面会加大屈服时相应的剪力。

6.1.3 框架梁的箍筋与延性

根据震害和试验研究，框架梁端破坏主要集中在梁端塑性铰区范围内。钢筋屈服不是局限在一个截面，而是一个区段，塑性铰区不仅出现竖向裂缝，还常常有斜裂缝；在地震往复作用下，竖向裂缝贯通，斜裂缝交叉，混凝土骨料的咬合作用渐渐丧失，主要依靠箍筋和纵筋的销键作用传递剪力，见图 6-5，这是十分不利的。为了使塑性铰区具有良好的塑性转动能力，同时为了防止受压钢筋过早压屈，在梁的两端设置箍筋加密区。为了构件安全，规范要求的箍筋加密区长度比梁实际的塑性铰区长度大。箍筋加密区配置的箍筋应不少于按强剪弱弯计算的剪力所需要的箍筋量，还不应少于抗震构造措施要求配置的箍筋量。

由于梁端部出现交叉斜裂缝，抗震设防的框架梁，不用弯起钢筋抗剪，因为弯起钢筋只能抵抗单方向的剪力。

箍筋必须为封闭箍，应有 135°度弯钩，弯钩直段的长度不小于箍筋直径的 10 倍和 75 mm 两者的较大者（图 6-6）。

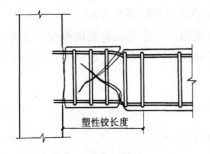

图 6-5 框架梁塑性铰区裂缝

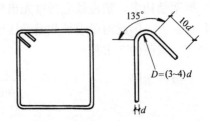

图 6-6 箍筋弯钩要求

6.1.4 框架梁截面尺寸与延性

框架梁的截面尺寸应满足三方面的要求：承载力和刚度要求，还必须满足剪压比限值的要求。承载力和刚度要求不再介绍，剪压比与延性有关，剪压比是指截面平均剪应力与混凝土轴心抗压强度之比（$V/f_c b_b h_{b0}$），限制剪压比，就是限制截面平均剪应力，也就是梁的最小截面尺寸要求。

若梁截面尺寸小，平均剪应力就大，剪压比也大，这种情况下，增加箍筋并不能有效地防止斜裂缝过早出现，即使配置的箍筋数量满足了强剪弱弯要求，梁端部能够先出现弯曲屈服，但是可能在塑性铰没有充分发挥其潜能前，构件就沿斜裂缝出现剪切破坏，图6-1中"屈服后剪坏"即表示了这种情况下的构件承载力—变形曲线，梁的弹塑性变形能力减小。这种情况在跨高比较小的梁中多见，因此对于跨高比较小的梁的剪压比限制更加严格。规范中对剪压比的限制条件表达为剪力验算公式：

无地震作用组合时 $\qquad V_b \leqslant 0.25\beta_c f_c b_b h_{b0}$ (6-5a)

有地震作用组合时

跨高比大于 2.5 的梁 $\qquad V_b \leqslant \dfrac{1}{\gamma_{RE}}(0.2\beta_c f_c b_b h_{b0})$ (6-5b)

跨高比不大于 2.5 的梁 $\qquad V_b \leqslant \dfrac{1}{\gamma_{RE}}(0.15\beta_c f_c b_b h_{b0})$ (6-5c)

式中 V_b——梁的剪力设计值；

β_c——混凝土强度影响系数，取值见规范或规程；

f_c——混凝土轴心抗压强度设计值。

限制梁的剪压比也是确定梁最小截面尺寸的条件之一，不符合要求时可加大截面尺寸或提高混凝土强度等级。

6.2 延性柱

柱是框架结构的竖向构件，地震时柱的破坏比梁破坏更容易引起框架倒塌，必须保证柱的安全。与梁相似，其破坏形态影响柱的延性及耗能性能，由于有轴向压力的作用，柱的延性影响因素比梁更复杂，柱的剪跨比、轴压比、箍筋配置以及剪压比都是影响破坏形态的主要因素。

6.2.1 柱破坏形态与延性

在竖向荷载和往复水平荷载共同作用下，钢筋混凝土框架柱的大量试验研究表明，柱的破坏形态大致可以分为下列几种形式：压弯破坏（大偏心受压破坏、小偏心受压破坏）、剪切受压破坏、剪切受拉破坏、剪切斜拉破坏、粘结开裂破坏，等等。后三种破坏形态属于脆性破坏，应避免；大偏心受压柱的压弯破坏由钢筋屈服开始，直到混凝土受压区被压坏，延性较大、耗能较多，柱的抗震设计应尽可能实现大偏压破坏。小偏心受压柱的相对受压区高度大，由受压区混凝土压碎开始，而钢筋不屈服。小偏压破坏与剪切受压破坏的延性很小，基本上是脆性破坏。图6-7是柱模型试验的各种破坏现象。

a)

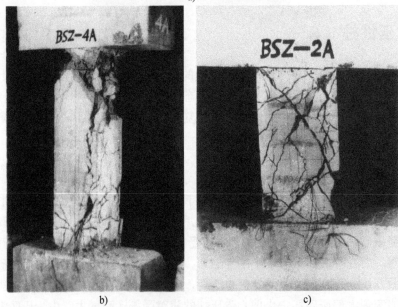

b)   c)

图 6-7 柱的各种破坏形态(西安柱试验小组)

a) 压弯破坏 b) 剪切受压破坏 c) 剪切受拉破坏

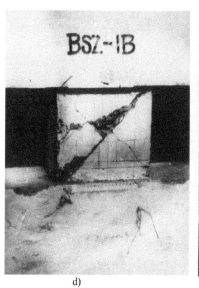

d)   e)

图 6-7　柱的各种破坏形态（西安柱试验小组）（续）

d）剪切斜拉破坏　e）粘结开裂破坏

6.2.2　剪跨比是影响柱破坏形态的主要因素

剪跨比反映了柱截面的作用弯矩和剪力的相对大小，柱的剪跨比 λ 定义为：

$$\lambda = \frac{M^c}{V^c h_{c0}} \tag{6-6}$$

式中　M^c, V^c——柱端截面的弯矩计算值和剪力计算值；

h_{c0}——计算方向柱截面的有效高度。

剪跨比大于 2 的柱称为长柱，其弯矩相对较大，由试验可见，长柱一般容易实现压弯破坏，延性及耗能性能较好；剪跨比不大于 2、但大于 1.5 的柱称为短柱，短柱一般发生剪切破坏，若配置足够的箍筋，也可能实现略有延性的剪切受压破坏；剪跨比不大于 1.5 的柱称为极短柱，一般都会发生剪切斜拉破坏。图 6-8 是试验得到的长柱与短柱的力—变形曲线比较，短柱达到最大承载力以后荷载急剧降低，破坏具有脆性。工程中应尽可能设计长柱，如果设计短柱，则应采取措施改善其性能，更要尽量避免采用极短柱。

6.2.3　轴压比是影响柱延性的重要因素

与梁相同，柱截面的相对受压区高度影响构件的延性，图 6-4 给出的众多试验点中包含了许多柱的试验，图中归纳的 μ_φ—ξ 曲线也适用于柱。大偏压柱截面的受压区高度较小，延性和耗能性能都较好；增大轴压比，也就是增大相对受压

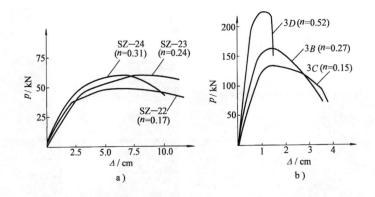

图 6-8　长柱与短柱塑性变形能力的比较(西安柱试验小组)

a) 长柱　b) 短柱

注: 图中 n 为轴压比

区高度, 当相对受压区高度超过界限值(平衡破坏)时就成为小偏压柱, 小偏压柱的延性较差。若为短柱, 增大相对压区高度可能出现更加脆性的剪切受拉破坏。

柱对称配筋时(大多数柱为对称配筋), 柱截面的混凝土相对受压区高度与其轴压比 n 成正比, 柱轴压比是柱的平均轴向压应力与混凝土轴心抗压强度设计值的比值, 即:

$$n = \frac{N}{b_c h_c f_c} \tag{6-7}$$

式中　N——柱的组合轴压力设计值;

b_c, h_c——柱截面的宽度和高度。

图 6-9 为三个不同轴压比的构件在往复水平力作用下试验记录的水平力—位移滞回曲线[49]。轴压比较大的试件屈服后的变形能力小, 达到最大承载力后, 荷载下降较快, 滞回曲线的捏拢现象严重些, 耗能能力(滞回环的面积)不如轴压比小的试件, 轴压比为 0 就是梁构件, 与两个柱试件相比, 它的滞回曲线要丰满得多。

在我国设计规范中, 为了实现大偏心受压破坏, 使柱具有良好的延性和耗能能力, 采取的措施之一就是限制柱的轴压比。

表 6-1 给出了规范规定的剪跨比大于 2、混凝土强度等级不高于 C60 的柱的轴压比限值, 抗震等级高的结构, 延性要求高, 轴压比限制较严。其他一些情况轴压比可以放松, 另一些情况轴压比限制更严, 具体条件详见规范的规定。

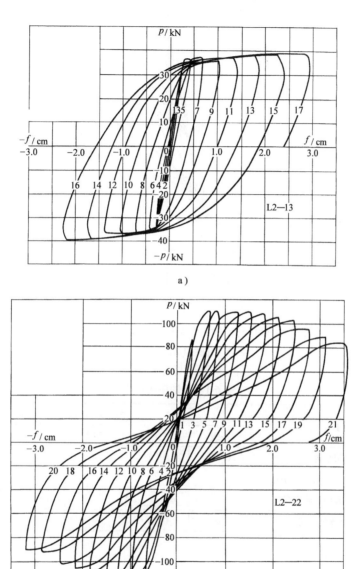

图 6-9 轴压比不同的框架柱试件在往复
水平力作用下的滞回曲线(清华大学)
a)轴压比 $n=0$ b)轴压比 $n=0.267$

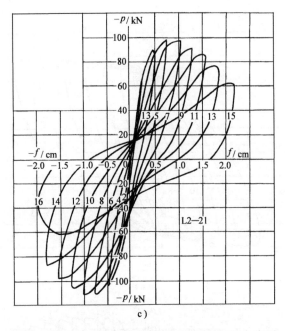

图 6-9　轴压比不同的框架柱试件在往复水平力作用

下的滞回曲线(清华大学)(续)

c)轴压比 $n = 0.459$

表 6-1　柱轴压比限值

结 构 类 型	抗 震 等 级			
	一级	二级	三级	四级
框架结构	0.65	0.75	0.85	—
框架—剪力墙，板柱—剪力墙，框架—核心筒，筒中筒	0.75	0.85	0.90	0.95
部分框支剪力墙	0.60	0.70	—	—

6.2.4　设置箍筋是提高混凝土极限压应变、改善混凝土延性性能的有效措施

框架柱的箍筋有三个作用：抵抗剪力，对混凝土提供约束，防止纵筋压屈。其中箍筋对混凝土的约束是提高混凝土极限压应变，从而改善混凝土延性性能的主要措施。

柱的轴心受压试验表明，轴向压应力接近混凝土峰值应力时，混凝土开始出现细小裂缝，超过峰值应力后，混凝土急剧向外膨胀、横向变形增大，竖向裂缝扩大导致混凝土最终破碎。配置箍筋后，箍筋约束限制了核心混凝土的横向变形，使核心混凝土处于三向受压的状态，混凝土的轴心抗压强度略有提高，而与其对应的峰值应变加大，更重要的是轴心受压应力—应变曲线的下降段趋于平缓，这意味着混凝土的极限压应变增大，推迟了柱的破坏。箍筋对混凝土产生约束程度的大小与箍筋的形式和构造有关，也和配箍数量有关。

箍筋的数量用一个综合指标——配箍特征值 λ_v 表示，它和体积配箍率有关，和箍筋抗拉强度与混凝土强度的比值有关。配箍特征值 λ_v 和体积配箍率 ρ_v 计算公式如下：

$$\lambda_v = \rho_v \frac{f_{yv}}{f_c} \tag{6-8a}$$

$$\rho_v = \frac{\sum a_s l_s}{l_1 l_2 s} \tag{6-8b}$$

式中　f_{yv}——箍筋的抗拉强度设计值；

　　$\sum a_s l_s$——箍筋各段体积(面积×长度)的总和，重叠部分只算一次；

　　l_1，l_2——箍筋包围的混凝土核心的两个边长；

　　　　s——箍筋间距。

图 6-10 比较了具有不同 λ_v 值的混凝土柱应力—应变曲线，λ_v 愈大，试件到达峰值应力后的下降段愈平缓，极限压应变愈大。

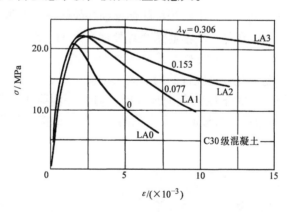

图 6-10　配箍特征值 λ_v 对混凝土应力—应变关系
曲线的影响(清华大学)

图 6-11 所示为目前常用的箍筋形式，其中复合螺旋箍是指螺旋箍与矩形箍同时使用，连续复合螺旋箍是指用一根钢筋连续缠绕而成的螺旋式箍。

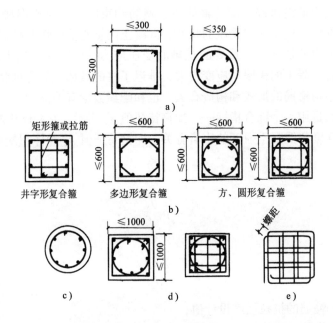

图 6-11　箍筋的形式

a) 普通箍　b) 复合箍　c) 螺旋箍　d) 复合螺旋箍　e) 连续复合螺旋箍

图 6-12 是矩形箍、圆形箍和井字形复合箍的受力示意图，它说明了为什么箍筋形式会对其产生影响。当混凝土向外膨胀时，圆形箍受到均匀挤压而产生拉应力，它对核心混凝土提供均匀的侧压力；矩形箍在四个转角区域对混凝土提供有效的约束，在直段上，混凝土膨胀可能使箍筋外鼓而不能提供约束。井字形复合箍减小了箍筋肢距，在每一个箍筋相交点处都有纵筋，纵筋是箍筋的支点（纵筋间距离称为无支长度），纵筋和箍筋构成网格式骨架，提高了箍筋的约束效果。复合螺旋箍或连续复合螺旋箍的约束效果将会更好。箍筋的间距对约束的效果也有影响，箍筋间距大于柱的截面尺寸时，对核心混凝土几乎没有约束。图6-12d 表示箍筋间距越小，对核心混凝土的约束均匀，约束效果就越显著。

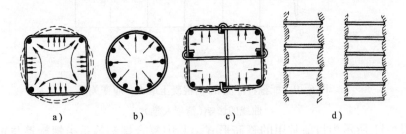

图 6-12　箍筋约束作用比较

a) 普通箍　b) 螺旋箍　c) 井字复合箍　d) 箍筋间距对约束的影响

需要注意的是，配箍数量的效果还与轴压比有关，也就是与柱截面的受压区高度有关。清华大学土木系在 20 世纪 80 年代进行了大量柱构件试验，对轴压比和箍筋影响进行了系统研究。图 6-13 是一组配置普通矩形箍、复合箍和螺旋箍柱构件的试验结果，所有柱的受压区高度相同（$\xi = 0.3$），试验结果表明，随着 λ_v 的增大，构件的延性比都提高了，而各种箍筋的效果不同，复合箍的效果最好，普通矩形箍的效果最差。图 6-14 是在不同受压区相对高度的构件中，根据试验结果回归得到的配箍特征值 $\alpha\lambda_v$（α 是箍筋形式系数）与延性比 μ 关系的一组曲线，由试验可知，柱的压区相对高度 ξ 愈小，提高配箍特征 $\alpha\lambda_v$ 效果愈好；随着 ξ 增大，曲线上升速度趋于平缓，说明箍筋的作用相对减小了。

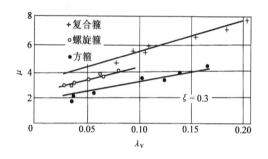

图 6-13　箍筋形式对延性比的影响（清华大学）

图 6-15 给出了由经验公式计算的 μ—$\alpha\lambda_v$—n 关系曲线，综合地表现了上述影响[50]，μ 为延性比，n 为轴压比，$\alpha\lambda_v$ 是综合了箍筋形式影响的配箍特征值。由图可见，当轴压比增大时，延性比减小，但是加大配箍特征值 $\alpha\lambda_v$ 可以提高延性，改善柱的性能，当轴压比增大时，相对效果减小。

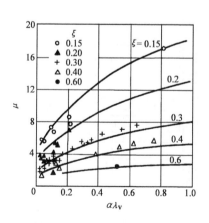

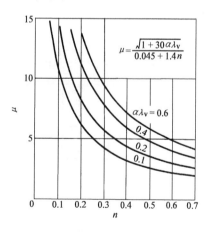

图 6-14　柱截面压区高度不同时，箍筋对延性比的影响（清华大学）

图 6-15　轴压比、配箍特征值与柱延性比的关系：μ—$\alpha\lambda_v$—n 关系曲线（清华大学）

在规范中，要求框架柱端部设置箍筋加密区，箍筋加密区是提高抗剪承载力和改善柱子延性的综合构造措施，对于改善柱的性能十分重要，设计时，根据柱子的部位和重要性，选用恰当的箍筋形式、肢距和箍筋间距。规范上除了对最小配箍特征值作了规定外（与轴压比大小和箍筋形式有关），为了避免配置的箍筋量过少，还对柱的最小体积配箍率作了规定，此外，对最小箍筋直径、最大间距等都作了相应规定。这些规定都与抗震等级有关，等级愈高，要求也愈严。

图 6-16 给出了柱箍筋需要加密的一些情况。对于长柱，规范规定在箍筋加密区范围内（塑性铰区）加密箍筋；还有其他一些需要箍筋加密的部位：①短柱需要在柱全高加密箍筋，因为短柱主要是剪切破坏，箍筋可以减缓混凝土破碎的程度；②错层楼板共用的柱子，由于楼板与柱子单面相交，错层部分剪力大，无论是长柱还是短柱，都需要沿柱高全高加密箍筋；③由于砌筑填充墙使柱受到墙的挤压产生的集中剪力，无法计算得到，在填充墙顶的上下相邻范围内，需要加

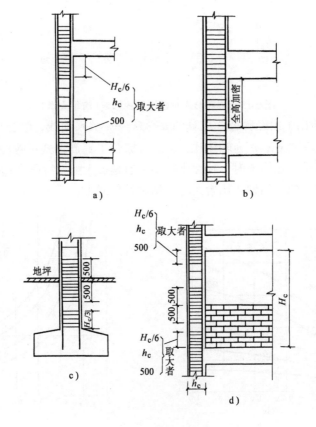

图 6-16　需要加密箍筋的部位
a) 长柱　b) 短柱　c) 设置硬性地坪　d) 填充墙

密箍筋；④当基础或地下室较深，在地面处又做了一层楼板或硬质的（例如素混凝土）地面，虽然它是非结构地面，也会对柱子产生侧向挤压，需要在地面上下相邻范围内加密箍筋。

由以上介绍可见，箍筋对于改善柱变形性能的作用十分突出，甚至可以说"对于柱子，箍筋是宝"，因此在设计中可以灵活运用这一手段，对于那些处于不利部位的柱子，对于一些需要提高其塑性变形性能的柱子，都可以将箍筋适当加密而取得不错的效果。

6.2.5　柱的加强部位

框架柱是承受竖向荷载的构件，而且破坏后不易修复，因此要按强柱弱梁概念设计框架，梁的配筋不宜过强，而柱的配筋却要加强，除此以外，还有一些部位要求加强，它们都有利于保证框架柱的安全。规范中要求柱加强的部位如下：

（1）调整柱端弯矩，实现强柱弱梁　在同一个节点周边的梁端先出塑性铰，还是柱端先出塑性铰，关键在于梁和柱的相对配筋大小，可以用设计强度比（设计承载力/计算内力）来表达。图 6-17a 为梁、柱节点四周的端弯矩示意图，在外荷载作用下，节点周围的梁和柱的弯矩应当是平衡的，即 $\sum(M_t^r + M_t^l) = \sum(M_c^b + M_c^t)$，那么，设计强度比小的构件必然先出现屈服，因此设计时，往往需要加大柱截面的承载力，使梁先于柱出现铰，这就是所谓"强柱弱梁"设计。

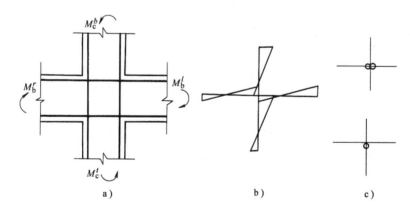

图 6-17　节点四周的梁、柱端弯矩示意图

a）节点四周弯矩平衡　b）梁端先屈服　c）柱端先屈服

应当注意，由内力计算再进行不利组合以后的节点周围弯矩已经不再符合平衡条件，在规范和规程中，采用了增大柱端弯矩设计值的方法提高柱的承载力。柱端弯矩设计值按下式计算：

抗震等级为一、二、三级框架的柱：

$$\sum M_c = \eta_c \sum M_b \tag{6-9a}$$

式中　$\sum M_c$——节点上、下柱端截面顺时针或反时针方向的弯矩设计值之和；

　　　$\sum M_b$——节点左、右梁端截面反时针或顺时针方向的组合弯矩设计值
之和；

　　　η_c——柱端弯矩增大系数。

式(6-9a)采用梁的弯矩设计值计算柱端弯矩设计值，这是一种简化，真正的强柱弱梁应该按照梁的实配钢筋和材料实际强度计算，在规范上对于一级纯框架结构及 9 度抗震结构，除了符合式(6-9a)以外，还要求符合下式：

$$\sum M_c = \frac{1.2}{\gamma_{RE}} \sum M_{bu} \tag{6-9b}$$

式中的 $\sum M_{bu}$ 就是节点左右梁端截面反时针或顺时针方向按实配钢筋和材料标准强度计算的正截面受弯承载力之和。

但是，应当注意的是，在上述公式中只要求柱端弯矩之和大于梁端弯矩之和，这并不能保证上、下柱端都不先出现塑性铰，因为当柱上、下端弯矩相差较大时(图 6-17b)，有可能弯矩大的一端安全余度小，另一端安全余度大，其总和符合要求，而单独一端却可能由于安全余度小而先于梁屈服，另一端则不屈服。图 6-17c 表示了梁端首先出现铰和柱一端首先出现铰的两种可能状态。不过，框架最危险的屈服机制是在一层柱的两端都出现塑性铰后形成的软弱层，保证一端不屈服就可以避免形成软弱层，因此规范方法是有效的。

(2) 框架柱底层固定端弯矩增大，推迟其屈服　在强柱弱梁的屈服机制下，柱固定端截面出现塑性铰就形成"机构"，见图 5-8a。为了充分发挥梁铰机制的延性能力，采取了增大底层柱固定端截面的弯矩设计值的措施，以便推迟框架结构底层柱固定端截面的屈服。规范和规程规定将柱底组合弯矩值乘以增大系数。注意，如果计算简图取地下室底面为固定端，那么框架结构首层柱的下端截面弯矩仍需要按上述方法加大，而地下室柱底截面弯矩可以不加大。

(3) 加大角柱设计内力，提高其承载力　角柱的震害较多，因为实际地震作用来自双向，还伴随有扭转，角柱的内力比单向地震作用下计算的内力大(一般都按单向地震作用计算)，且处于双向受力的不利状态，据分析，双向地震会使角柱内力加大 30% 以上。因此，在设计时，规范要求加大角柱内力设计值(要在按上述方法调整后的弯矩设计值上再乘以不小于 1.10 的增大系数)，以提高其承载能力。除此以外，要求角柱的箍筋沿全高加密，也是增加其延性的重要构造措施。

(4) 局部加强，推迟屈服　其他一些需要提高柱子承载力的部位，性能设计时要求在中震或罕遇地震时不屈服的柱子，都可以根据需要提高其设计内力，从而提高它的承载力和安全余度而推迟其屈服。

6.2.6 柱的强剪弱弯

虽然框架抗震设计采用了强柱弱梁的设计准则，但并不能保证柱不出现塑性铰。因此，抗震框架柱也要求按强剪弱弯设计，其主要方法和梁相似，采用加大柱剪力设计值的方法提高其受剪承载力。按照柱受力平衡条件，由柱弯矩设计值反算相应的剪力设计值。注意，只需要在柱端箍筋加密区按强剪弱弯准则设计箍筋即可，规范给出的方法如下：

一、二、三、四级框架柱两端和框支柱两端用剪力增大系数确定剪力设计值 V_c，即：

$$V_c = \eta_{vc}(M_c^b + M_c^t)/H_n \qquad (6\text{-}10a)$$

式中　H_n——柱的净高；

M_c^b，M_c^t——柱的上、下端截面的顺时针方向和反时针方向弯矩设计值（应取调整增大后的设计值，包括角柱的内力增大），取顺时针方向之和或反时针方向之和，取两者的较大值；

η_{vc}——柱剪力增大系数。

用柱的弯矩设计值计算剪力设计值，也是简化的方法，按照强剪弱弯的要求，应该根据柱的实际受弯承载力反算剪力，在一级纯框架结构或 9 度设防的结构中，除了按式(6-10a)计算外，还应符合下式：

$$V_c = \frac{1.2}{\gamma_{RE}}(M_{cu}^b + M_{cu}^t)/H_n \qquad (6\text{-}10b)$$

式中　M_{cu}^b，M_{cu}^t——柱的上、下端顺时针或反时针方向按实配钢筋面积和材料强度标准值计算的正截面抗震受弯承载力所对应的弯矩值。

抗震框架的长柱和框支层的长柱箍筋加密区以外的部位、无地震作用组合的柱，取不利内力组合得到的剪力作为剪力设计值。

应当说明的是，如果加大了柱抗弯承载力，而使它在大震下也保持在弹性状态时，从理论上说，柱子不会出现塑性铰，因此没有必要按照强剪弱弯要求提高柱的剪切承载力。受弯承载力愈大，剪力设计值也会更大，使箍筋用量增大，不但多用了钢材，也增加了施工困难。因此，一定要根据设计的综合考虑和概念设计要求，慎重处理箍筋的加强与否。

6.2.7 柱截面尺寸及限制柱截面剪压比

框架柱的截面尺寸应满足四个方面的要求：承载力、刚度要求、轴压比和剪压比限值的要求。在高层建筑中大多数情况下柱截面尺寸是由轴压比控制的。可以用轴压比限制值预估柱截面尺寸，通过计算得到内力和位移以后，还要验算是否满足轴压比和剪压比限制的要求。

如果柱截面较小，截面的平均剪应力过大，则增加箍筋并不能防止柱早期出现斜裂缝，即使按照强剪弱弯设计，也有可能较早出现剪切破坏，导致柱延性减小。对于剪跨比较小的柱，因为容易剪坏，限制更加严格。一般情况下，柱截面的剪压比限制比较容易满足。

其他如柱截面最小尺寸要求、受弯纵筋的最小配筋率的要求、纵筋间距要求、封闭箍箍筋必须有135°度弯钩要求等许多构造要求，在此不一一列举。

6.3 强节点、强锚固

梁—柱节点核心区的破坏为剪切破坏，可能导致框架失效。在地震往复作用下，伸入核心区的纵筋与混凝土之间的粘结破坏，会导致梁端转角增大，从而增大层间位移，甚至破坏。因此，框架设计的重要内容之一是应当避免节点核心区在梁、柱构件破坏之前破坏，同时应保证梁、柱纵向钢筋在核心区内有可靠锚固，即要求采取强节点、强锚固的设计措施。

6.3.1 核心区的破坏

节点核心区的破坏主要是沿斜裂缝剪切破坏，或形成多条交叉斜裂缝后，在反复荷载作用下混凝土挤压破碎，许多遭受震害的建筑物柱的纵向钢筋在节点区压屈成灯笼状，主要原因就是核心区没有箍筋，混凝土破碎后纵筋压屈。图6-18a 是节点受力示意，图6-18b 是试验时节点区的破坏状态，图6-18c 是地震时节点区钢筋成灯笼状压屈的状态。保证核心区不过早发生剪切破坏的主要措施是保证节点区混凝土的强度和密实性，且配置足够的箍筋。

6.3.2 节点核心区破坏机理和剪力设计值

可以从节点核心区的受力机理进一步了解斜裂缝的产生原因，了解纵向钢筋的锚固和箍筋的作用。在竖向荷载和地震作用下，梁柱核心区应力状态复杂，为两向应力或三向应力。通过试验可明显观察到斜向的压力流，因而可以用拉杆—压杆模型来描述节点的受力机理，梁内上、下纵筋的反向拉力靠混凝土斜压杆来平衡[5]。图6-19a 图为试验实测的压应变分布，b 图中建立了拉杆—压杆模型，阴影线部分为承受压力的混凝土斜杆，拉杆是上、下纵向钢筋。通过这个机理可以了解：①作为拉杆的梁上、下纵向钢筋必须有足够的抗拉能力，当钢筋不能直通时必须有良好的锚固；②核心区出现斜向裂缝的原因是压应变超过了混凝土的峰值应变，通过箍筋约束可以提高混凝土的应变能力；③当梁钢筋屈服以后，箍筋也可起到拉杆作用以抵抗拉力。

图 6-18　节点核心区

a）受力示意图　b）核心区混凝土破碎　c）钢筋成灯笼状

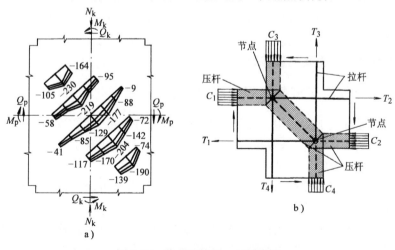

图 6-19　节点的拉杆—压杆模型

a）实测得到的斜向压应变（西安建筑科技大学）　b）拉杆—压杆模型

我国规范采用了保证核心区的抗剪承载力的设计方法，配置节点核心区的箍筋以抵抗斜裂缝的开展，要求在梁端钢筋屈服以前，核心区不发生剪切破坏，体现了强节点的要求。取梁端截面达到受弯承载力时相应的核心区剪力作为核心区的剪力设计值，图6-20为中柱节点受力简图，取上半部分为隔离体，由平衡条件可得到核心区剪力 V_j 如式(6-11)，式中剪力 V_c 为柱剪力，由梁柱平衡求出 V_c 后代入：

$$V_j = (f_{yk} A_s^b + f_{yk} A_s^t) - V_c$$
$$= \frac{M_b^l + M_b^r}{h_{b0} - a_s'} - \frac{M_c^b + M_c^t}{H_c - h_b} = \frac{M_b^l + M_b^r}{h_{b0} - a_s'} \left(1 - \frac{h_{b0} - a_s'}{H_c - h_b} \right) \qquad (6\text{-}11)$$

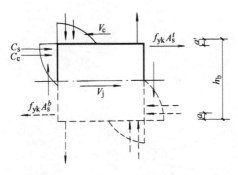

图 6-20　梁柱节点受力平衡，隔离体简图

我国设计规范要求抗震等级一、二、三级时，根据剪力设计值验算框架节点核心区的抗剪承载力（剪力设计值和承载力计算公式详见混凝土规范（GB 50010—2010）），并计算所需要的箍筋数量，四级和非抗震框架的核心区，可不验算节点区抗剪承载力，只要求按构造设置箍筋。规范还给出了不同抗震等级时核心区箍筋的最小配箍特征值、最小箍筋体积配箍率、箍筋最大间距和最小直径等要求。也就是说，核心区必须配置一定数量的箍筋，非抗震设计的框架梁柱节点核心区也要配置箍筋。

6.3.3　节点核心区混凝土强度等级问题

由于高强混凝土的应用，柱子采用的混凝土等级可达到C50、C60、C70或更高，而一般梁、板只需要较低的混凝土等级，这样就出现了究竟核心区采用与柱相同的混凝土等级，还是可以不相同的问题。

我国过去的规范和规程要求核心区混凝土强度与柱混凝土强度相差不宜大于5MPa，因此可能有三种做法①提高楼盖混凝土等级，使框架梁、柱核心区的混凝土等级与柱的混凝土等级相同或略低；②要求施工时在节点核心区先浇筑与柱相同等级的混凝土，在梁内留施工缝如图6-21a，沿施工缝设置钢丝网，在混凝土初凝之前浇筑楼盖混凝土；③在核心区加插筋，并配螺旋箍或加短钢管，或将柱内钢管通过节点等方法增强核心区，见6-21b。

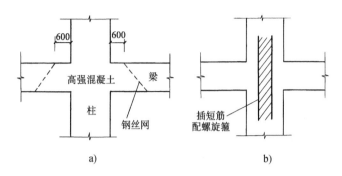

图 6-21　增强节点核心区的措施

a）施工缝做法　b）插钢筋或钢管做法

　　但是，如果要求梁板混凝土与柱混凝土相同或略低，往往增加了造价；如果要求施工中采取措施保证核心区混凝土强度和柱混凝土相同，或加插筋，都会增加施工的困难，质量不易保证。因此，希望寻求一种处理高强混凝土柱的核心区的合理设计方法。美国和加拿大在20世纪60年代以及后来都曾经做过一些试验研究[51][52]，在20世纪90年代的规范中有相应的规定[53]，而我国在这方面的试验研究相对较少。

　　试验表明，当核心区周围有梁相连时，节点核心区混凝土受到约束，混凝土的极限应变和强度都可得到提高，提高程度受到下列因素的影响：①楼板和梁对柱子核心区的约束程度，梁的宽度超过1/2柱宽时，约束效果较好；②两种混凝土强度的相差程度；③柱子的竖向钢筋含量和梁的水平钢筋含量，钢筋多，效果较好；④与柱子的尺寸相比，楼盖厚度薄一些，效果较好，因此无梁楼盖约束效果较好；⑤荷载的偏心也有影响。

　　中柱节点区四周有梁板约束，效果最好，极限应变和强度提高最大，边柱次之，角柱较差。依据一定条件，可将核心区的混凝土计算强度提高，用折合强度计算核心区的受剪承载力。

　　美国 ACI 318—95 规范规定，如果柱子四边均有高度相近的梁，可按下式计算核心区混凝土的折合强度：

$$f_{ce} = 0.75f_{cc} + 0.35f_{cs} \qquad (6\text{-}12a)$$

　　加拿大规范 CSAA23.3—94 规定，如果柱子四边均有高度相近的梁，可按下式计算核心区混凝土的折合强度：

$$f_{ce} = 0.25f_{cc} + 1.05f_{cs} \qquad (6\text{-}12b)$$

式中　f_{ce}——核心区混凝土折合强度；

　　　　f_{cc}——柱子混凝土强度；

　　　　f_{cs}——梁板混凝土强度。

对于边柱，可按下式计算核心区混凝土的折合强度：

$$f_{ce} = 0.05f_{cc} + 1.32f_{cs} \qquad (6\text{-}12c)$$

对于角柱，可按下式计算核心区混凝土的折合强度：

$$f_{ce} = 0.38f_{cc} + 0.66f_{cs} \qquad (6\text{-}12d)$$

边、角柱混凝土强度的提高率较小，而通常边柱和角柱的荷载和剪力都小于中柱，截面与中柱却是相同的，即使混凝土强度提高较少，一般也可满足要求。美国 ACI318—99 规范规定如果柱混凝土强度为楼板混凝土强度的 1.4 倍，应采取图 6-21 中的一种做法。

国内研究者进行了比较[54]，比较表明，加拿大规范的规定相对比较保守，也可以说比较安全。但若柱的混凝土强度与楼盖混凝土强度之比超过 1.4，美国规范可能带来不安全的结果。

文献[55]建议：

(1) 当柱混凝土强度与梁板混凝土强度不同时，可以采用以上方法计算节点核心区混凝土的折合强度，无论抗震等级是多少，都必须按折合强度进行抗剪承载力验算(不能仅对一、二级抗震等级的核心区进行抗剪承载力验算)，如满足抗剪承载力要求，则核心区可以采用与楼盖混凝土相同等级的混凝土，并与楼盖同时浇筑混凝土。

(2) 对于中柱，可在式(6-12a、b)计算结果中选较小值验算核心区的抗剪承载力。

(3) 对于承载力不足的核心区，或梁宽度较窄时，可以采用图 6-22 的方法

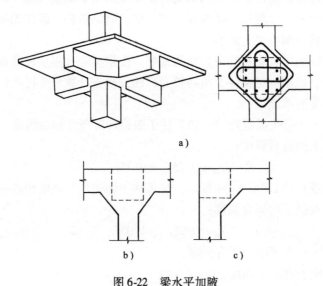

a)

b)   c)

图 6-22 梁水平加腋

a) 中柱   b) 边柱   c) 角柱

在梁两侧水平加腋，以加大核心区面积，并提高核心区的约束程度，加腋高度与梁高相同，并配置适量箍筋。

（4）如果是无梁楼盖，也可采用上述方法计算核心区混凝土的折合强度，如果在外柱以外有悬挑楼板，悬挑长度大于柱截面尺寸的2倍，则可按中柱公式计算。

6.3.4 节点区构造改进及塑性铰转移

为了保证强节点，核心区内必须配置箍筋，为了保证梁内纵向钢筋在节点核心区的良好锚固，钢筋必须伸入核心区，并要求有弯折，上述配筋往往使节点区配筋过于拥挤，如处理不当，不仅会影响施工质量，还会影响延性框架的抗震性能。下面介绍一些改进措施。

在边节点的柱侧设置凸出于柱面的混凝土块，如图6-23所示，可保证边柱节点内钢筋的锚固长度，缓解拥挤程度，改进节点性能。但是，这个处理必须与建筑立面协调。

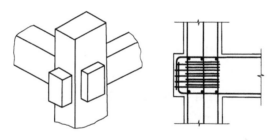

图 6-23 边柱节点外侧的混凝土块

采用图6-22的梁水平加腋做法，扩大节点核心区面积，也可有利于钢筋锚固和缓解钢筋的拥挤程度。

采用附加短筋或锚板加强钢筋的锚固，见图6-24。

在传统的延性框架设计中，梁、柱构件内的塑性铰都出现在端部，使钢筋的锚固长度完全置于核心区内。如果将塑性铰转移到距柱表面一定距离处，则可以改善钢筋的锚固条件。可以在离开柱表面大约h_b处，设置一个抗弯配筋较弱的截面，使该截面屈服早于端截面，见图6-25。注意转移后的塑性铰区段必须有加密的箍筋，以保证强剪弱弯和延性。

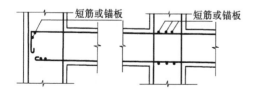

图 6-24 附加短筋或锚板

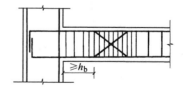

图 6-25 塑性铰转移

第 7 章　钢筋混凝土剪力墙设计

剪力墙是钢筋混凝土高层建筑中不可缺少的基本构件，由于它是截面高度大而厚度相对很小的"片"状构件，虽然它有承载力大和平面内刚度大等优点，但也具有剪切变形相对较大、平面外较薄弱的不利性能；此外，开洞后的剪力墙形式变化多，受力状况比较复杂，因而了解剪力墙的特性，发挥其所长，克服其所短，是正确设计剪力墙的关键。本章主要介绍剪力墙的一些性能，便于读者深入理解规范的一些规定。为了说明构造措施和延性关系，本章列出了规范中的部分设计和构造要求，并不完整，具体设计应遵照现行规范和规程要求。剪力墙截面验算基本公式本书不再重复。

7.1　悬臂剪力墙

悬臂剪力墙固定在基础上，本身是静定的，它需要与其他构件协同工作组成超静定结构。它并不是重要的剪力墙结构形式，但是，是剪力墙的一种基本形式，研究它有助于了解剪力墙的性能，实际上很多关于剪力墙墙肢的设计要求和规定是通过悬臂墙的试验得到的。

7.1.1　剪力墙的破坏形态

剪力墙是承受压(拉)、弯、剪的构件。在轴向压力和水平力的作用下，悬臂剪力墙破坏形态可以归纳为弯曲破坏、弯剪破坏、剪切破坏和滑移破坏几种形态，见图 7-1。弯曲破坏又分为大偏压破坏和小偏压破坏，大偏压破坏是具有延性的破坏形态，小偏压破坏的延性很小，而剪切破坏是脆性的。

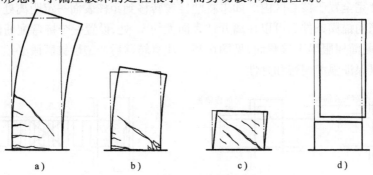

a)　　　　　　b)　　　　　　c)　　　　　　d)

图 7-1　悬臂墙的破坏形态
a) 弯曲破坏　b) 弯剪破坏　c) 剪切破坏　d) 滑移破坏

1. 剪跨比

剪跨比$\dfrac{M}{Vh_w}$表示截面上弯矩与剪力的相对大小，是影响剪力墙破坏形态的重要因素。由试验可知，$\dfrac{M}{Vh_w} \geqslant 2$ 时，以弯矩作用为主，容易实现弯曲破坏，延性较好；$2 > \dfrac{M}{Vh_w} > 1$ 时，很难避免出现剪切斜裂缝，视设计措施是否得当而可能弯坏，也可能剪坏，按照强剪弱弯合理设计，也可能实现延性尚好的弯剪破坏；$\dfrac{M}{Vh_w} \leqslant 1$ 的剪力墙，一般都出现剪切破坏。在悬臂剪力墙中，破坏多数发生在内力最大的底部，剪跨比大的悬臂剪力墙表现为高墙（$H/h_w \geqslant 2 \sim 3$），剪跨比中等的为中高墙（$H/h_w = 1 \sim 2$），剪跨比很小的为矮墙（$H/h_w \leqslant 1$），见图 7-1。

2. 轴压比

轴压比定义为截面轴向平均应力与混凝土轴心受压强度的比值，即$\dfrac{N}{A_c f_c}$，是影响剪力墙破坏形态的另一个重要因素，轴压比大可能形成小偏压破坏，它的延性较小。设计时除了需要限制轴压比数值外，还要在剪力墙压应力较大的边缘配置箍筋，形成约束混凝土以提高混凝土边缘的极限压应变，改善其延性。

在实际工程中，滑移破坏很少见，可能出现的位置是施工缝截面。

7.1.2 受弯剪力墙延性的影响因素

为了研究弯曲破坏剪力墙的延性影响因素，图 7-3 给出 5 组钢筋混凝土剪力墙截面的弯矩—曲率（$M-\varphi$）关系曲线，比较了各种情况下受弯截面的延性性能。它们是通过截面的 $M-\varphi$ 关系全过程分析得到的，分析的剪力墙截面示于图 7-2a，设定钢筋和混凝土材料的弹塑性性能如图 7-2b。分析时弯矩由小到大逐步增加，每一步计算都经过迭代达到内外力的平衡，一直计算到混凝土达到极限应变。图 7-3 中的每一组曲线代表一种因素的影响，在改变这种因素时，其他参数固定不变。

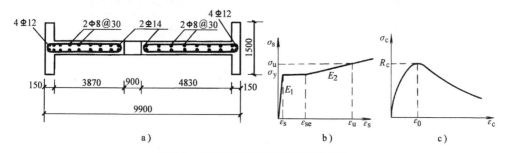

图 7-2 剪力墙截面及材料弹塑性性能

a）剪力墙截面配筋图 b）钢筋应力—应变关系 c）混凝土应力—应变关系

图 7-3a 比较了翼缘的影响，矩形剪力墙（没有翼缘）截面钢筋屈服后的塑性变形段最短，延性最小；翼缘愈大，延性愈大。端部有柱的截面（2）延性最好。

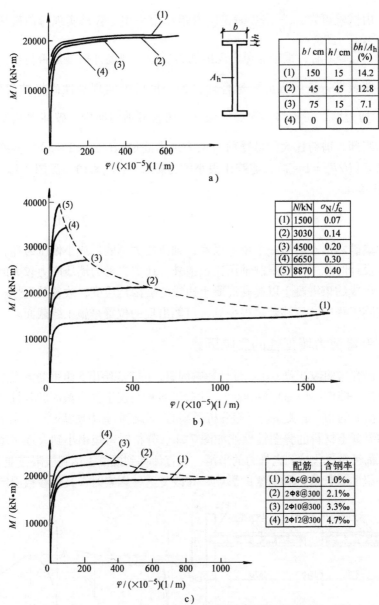

图 7-3　剪力墙截面延性影响因素（清华大学）

a) 翼缘的影响　b) 轴向力的影响　c) 分布筋的影响

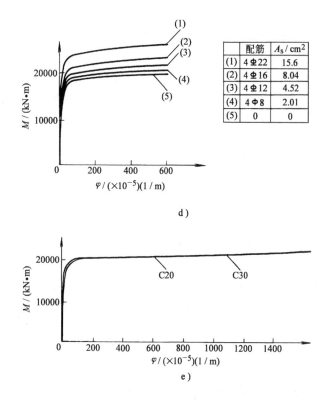

	配筋	A_s / cm²
(1)	4 Φ22	15.6
(2)	4 Φ16	8.04
(3)	4 Φ12	4.52
(4)	4 Φ8	2.01
(5)	0	0

d)

e)

图 7-3　剪力墙截面延性影响因素(清华大学)(续)

d) 端部钢筋影响　e) 混凝土强度影响

图 7-3b 比较了轴向力的影响，当轴向力加大时，承载力明显提高，而延性却明显降低。

图 7-3c 比较了分布钢筋的影响，分布钢筋配筋率高可提高承载力，但延性降低。

图 7-3d 比较了端部配筋(对称配筋)的影响，端部钢筋增多可提高承载力，对延性的影响不大。

图 7-3e 比较了混凝土强度的影响，混凝土强度对承载力没有影响，而对延性影响很大。

进一步分析可以看出，与梁、柱构件类似，在压弯共同作用下，实际影响延性最根本的原因是受压区相对高度，当受压区相对高度增加时，延性减小。上述各种对延性影响较大的因素都是因为它们对受压区高度有较大影响，因此可以得到：

1) 轴向压力大时，受压区相对高度大，延性降低。

2) 大偏心受压的剪力墙受压区高度小，与小偏压剪力墙相比，其延性较好。

3）有翼缘或明柱的 I 字形剪力墙可减小受压区高度，延性较好。

4）分布钢筋配筋率高，受压区加大，对弯曲延性不利，但它可以提高抗剪能力，防止脆性破坏。

5）提高混凝土强度可以减小受压区高度，也可提高延性。

大多数剪力墙截面都是对称配筋，受压区大小与轴力大小有关，端部配筋数量对延性影响不大，但是如果剪力墙截面的端部配筋过小，相当于少筋截面，因为剪力墙截面高度大，沿剪力墙截面的水平裂缝会很长，使受拉边缘处的裂缝宽度过大，甚至造成受拉钢筋拉断的脆性破坏，因此剪力墙截面过长或端部配筋过少都是不利的。

7.1.3　剪力墙的塑性铰区和加强部位

悬臂剪力墙在底部弯矩最大，底截面可能出现塑性铰，底截面钢筋屈服以后由于钢筋和混凝土的粘结力破坏，钢筋屈服范围扩大而形成塑性铰区。塑性铰区也是剪力最大的部位，斜裂缝常常在这个部位出现，且分布在一定范围，反复荷载作用就形成交叉裂缝，可能出现剪切破坏。在塑性铰区要采取加强措施，称为剪力墙的加强部位。

通过静力试验实测理想的塑性铰区的长度一般小于或等于剪力墙截面高度 h_w，但是由动力试验和分析得到的塑性铰区范围更大一些，出于安全考虑，我国规范规定的底部加强区范围一般都大于可能出现的塑性铰区长度（具体加强区高度要求见规范和规程规定）。

由于地震波的不确定性和结构高振型影响，地震波作用下进行动力分析所得的弯矩和剪力分布规律与静力计算的结果有所不同。图 7-4 是对一个 20 层悬臂剪力墙结构进行弹塑性地震反应分析得到的弯矩和剪力包络图[56]。该剪力墙截面的抗弯钢筋，沿高度不变，由于各截面轴向力大小不同，沿高度各截面的抗弯承载力并不相等。分析时输入 El Centro 地震波，计算得到加速度反应后，可以得到各截面弯矩和剪力。各个截面地震反应的最大值并不发生在同一时刻，把各个截面弯矩（剪力）的最大值取出来，连成一条线，称为包络图，也称为"包线"。如果所配的钢筋很多，使整个地震波作用过程中钢筋不屈服，则计算得到图 7-4a、b 中最外面的包线，是弹性包线；当截面的受弯钢筋减少而屈服弯矩逐渐减小时，剪力和弯矩包线都逐渐减小，图 7-4 中各个包线都分别注明了底截面的屈服弯矩 M_y。由图 a 可见，剪力包线向外弯曲；由图 b 可见，弯矩包线接近直线，它们沿高度的分布都与静力分析结果不同，各个截面的最大内力值都已超过弹性静力分析结果。图 c 是几种情况下沿高度各截面延性比"包线"，说明截面屈服的部位，由图可见，截面配筋愈少，屈服范围愈大，最高的达到 6 层（延性比大于 1 表示已经屈服）。

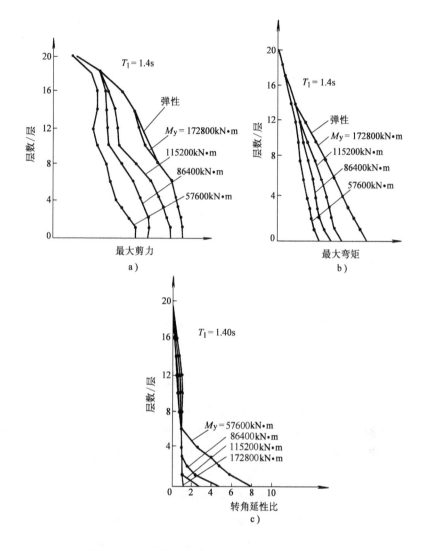

图 7- 4　悬臂剪力墙弹塑性地震反应分析包络图

a) 剪力包络图　b) 弯矩包络图　c) 延性比包络图

该研究说明，在工程设计中，应当考虑以下几个方面：

1）预期悬臂墙底截面出塑性铰时，用于截面配筋的设计弯矩图至少在可能出现的塑性铰区取直线，理想最小承载力包络图应如图 7-5a 所示，我国规范和规程要求抗震等级为一级的剪力墙按图 7-5b 确定各截面的弯矩设计值。

2）如果切断钢筋，则还需要将钢筋延伸到不需要该钢筋的截面以外所需的锚固长度处。

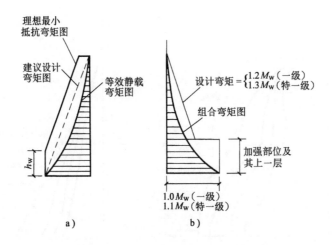

图 7-5　悬臂墙弯矩设计包络图

a）理想最小承载力设计包络图　b）我国规范和规程的规定

3）塑性铰实际长度与地震作用下截面屈服的早晚有关，在地震作用下截面实际塑性铰区长度一般都会超出静力作用的理想塑性铰区长度 h_w。这也是规范中要求剪力墙设计的加强部位都超过理想的塑性铰范围的原因。

7.1.4　剪力墙在高轴压比下的破坏和轴压比限制

随着建筑高度的增加，剪力墙墙肢的轴向压力也随之增加，表 7-1 是几座高层建筑剪力墙轴压比的统计数值，当建筑物高度达到 50 层时，剪力墙的轴压比设计值就可能达到 0.7。轴压比是影响墙肢抗震性能的主要因素之一，为此，国内外对于高轴压比下的剪力墙都做了很多研究。

表 7-1　剪力墙轴压比

建 筑 名 称	层数	高度/m	结构类型	轴压比范围	平均轴压比
北京某高层住宅	19	53	剪力墙	0.18 ~ 0.44(0.11 ~ 0.26)	0.33(0.20)
北京京润大厦	22	84	框架—筒体	0.45 ~ 0.67(0.26 ~ 0.39)	0.49(0.28)
北京炎黄大厦	17	65.4	框架—筒体	0.39 ~ 0.49(0.23 ~ 0.29)	0.43(0.25)
深圳鹏运大厦	48	172.6	框架—筒体	0.57 ~ 0.7(0.34 ~ 0.42)	0.61(0.36)
上海不夜城广场	50	178.4	框架—筒体	0.40 ~ 0.60(0.24 ~ 0.36)	0.50(0.31)

注：表中数值是用荷载设计值和强度设计值计算的，（　）内的值是换算为模型试验时对应的轴压比，后者采用实测轴力及实测材料强度计算。

图 7-6 是两片带翼缘剪力墙在不同轴压比下的试验破坏现象和滞回曲线的比

较，两片墙的其他方面都是相同的。SHW—1 的轴压比为 0.4，它的受压区先出现竖向裂缝，受压钢筋先达到屈服应力，由受压区混凝土破碎而丧失承载内力，破坏是突然的，由实测的滞回曲线可见，该剪力墙只有很小的塑性变形，位移延性比为 2.17；SHW—3 的轴压比为 0.2，是典型的大偏压破坏，受拉钢筋先屈服，最后混凝土受压区出现竖向裂缝而压碎，它的实测滞回曲线较丰满，塑性变形较大，延性比为 5.59。

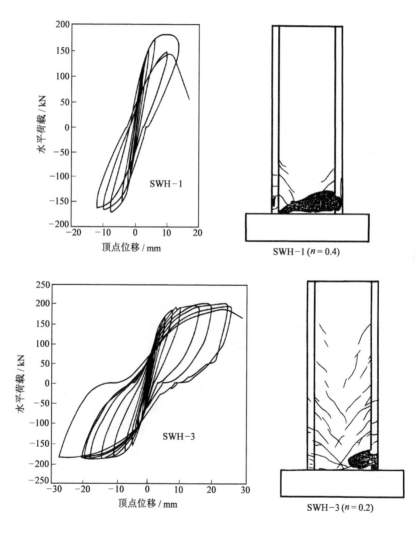

图 7-6　不同轴压比的剪力墙破坏现象
与滞回曲线的比较(清华大学)

在 7.1.2 节中，已经通过分析了解影响延性比的根本因素是相对受压区高度，通过试验也可以看到随着受压区高度加大而延性比降低这一规律，图 7-7a

是用清华大学做的部分剪力墙试验数据归纳的相对受压区高度—位移延性比(ξ—μ_Δ)关系曲线[57]。图7-7b是用上述同样的试验数据，但是取轴压比作为参数整理的轴压比—位移延性比(n—μ_Δ)关系，因为受压区相对高度与轴压比有关，也可看到随轴压比增加而延性降低的规律。但是，应当注意，轴压比参数掩盖了截面形式的影响，在同样的轴压比下，由于截面形状不同，受压区高度会差别很大，延性也相差较大，例如在上述试验数据中有两个试验模型，具有相同的轴压比0.15，其中一片是矩形平面，相对受压区高度为0.157，试验实测延性比为3.22，另一片为I形截面，相对受压区高度为0.061，实测的延性比为5.60。也就是说，在同样的轴压比下，矩形截面剪力墙的受压区高度大、延性小。

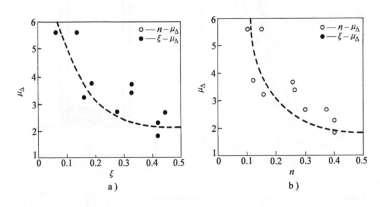

图7-7 剪力墙的位移延性比规律(清华大学)

a) 相对受压区高度—位移延性比(ξ-μ_Δ) b) 轴压比—位移延性比(n-μ_Δ)

  为了保证剪力墙的延性，避免截面上的受压区高度过大而出现小偏压情况，应当控制剪力墙加强区截面的相对受压区高度，剪力墙截面受压区高度与截面形状有关，实际工程中剪力墙截面复杂，设计时计算受压区高度会增加困难，为此，我国规范和规程采用了简化方法，要求限制截面的平均轴压比。抗震等级高的剪力墙限制严格，抗震等级低的可以放松一些。我国规范规定一、二级抗震等级剪力墙在重力荷载代表值作用下的墙肢的轴压比限值见表7-2，设防烈度为9度时要求最严格。

表7-2 墙肢轴压比限值

轴压比	一级(9度)	一级(6、7、8度)	二、三级
$n = \dfrac{N}{f_c A}$	0.4	0.5	0.6

计算墙肢的轴压比时，轴向压力设计值 N 取重力荷载代表值作用下产生的轴压力设计值（自重分项系数取 1.2，活荷载分项系数取 1.4），这也是一种简化措施。

虽然规范规定的轴压比限制不区分截面形式，但是由以上分析可见，在实际应用中，还是应当考虑到截面形式影响，对一字形截面的剪力墙而言，应当严格限制轴压比，否则是十分不利的。

需要限制轴压比的截面，主要是在剪力墙的加强部位，通常取底截面（最大轴力的截面）进行验算，若墙肢厚度或混凝土强度等级有变化时，则还应验算截面变化处的轴压比。

此外，在剪力墙底部加强部位设置边缘构件是提高剪力墙延性等抗震性能的重要措施，边缘构件要求与轴压比有关，将在 7.3.4 节详细介绍。

7.1.5　剪力墙的剪切破坏类型和平面外错断

剪力墙平面内的剪切破坏有三种类型[58]：

1）剪拉破坏，当抗剪的分布钢筋不足时，斜裂缝一旦出现，很快就形成一条主斜裂缝，混凝土沿斜裂缝劈裂而丧失承载能力，见图 7-8a。

2）剪压破坏，当配置足够的抗剪钢筋时，由腹板内分布钢筋抵抗裂缝开展，随着裂缝加大，受压区减小，最后在压力及剪力作用下混凝土破碎而丧失承载能力，见图 7-8b。

3）剪切滑移破坏，当截面上的剪应力过高时，即使配置了许多分布钢筋，但是在它们未充分发挥作用前，混凝土就被挤压破碎了，特别是在水平剪力反复作用下，交叉斜裂缝容易使腹板混凝土破碎，见图 7-8c。

要防止剪力墙的脆性破坏，除了平面内的剪切破坏以外，还要防止剪力墙平面外错断。剪力墙平面外的错断往往是突然发生，而且可能在出现塑性铰后发生，由于剪力墙截面较薄，如果没有适当措施，在塑性铰部位的混凝土被裂缝削弱后，在较大的轴向压力下就可能出现平面外的错断，见图 7-8d。

为防止上述脆性破坏，重点加强部位是剪力墙底部塑性铰区。措施是（加强的具体措施见 7.3 节）：

1）要求设计强剪弱弯的剪力墙，防止在钢筋受弯屈服以前出现剪拉和剪压破坏。

2）限制剪力墙截面的平均剪应力（剪压比）。

3）设计有翼缘的剪力墙（I、L、[、口等形状），避免设计一字形截面的剪力墙。

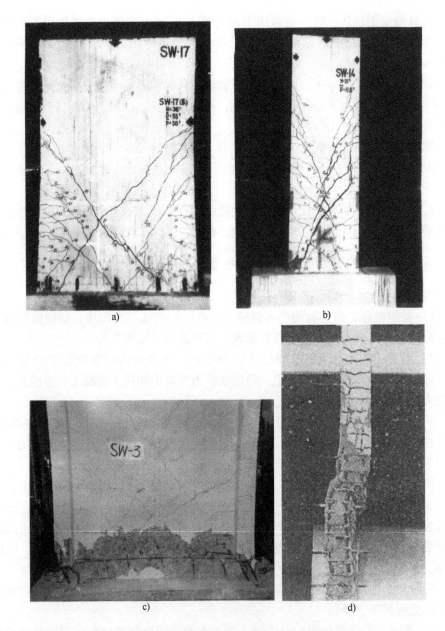

图 7-8　剪力墙的剪切破坏和平面外错断

a) 剪拉破坏　b) 剪压破坏　c) 剪切滑移破坏　d) 平面外错断

7.1.6　矮墙

剪跨比 $\dfrac{M}{Vh_{w}} \leqslant 1$ 的剪力墙属于矮墙，有两种情况可能形成矮墙：①在悬臂墙

中 $H/h_w \leqslant 1$ 的剪力墙；②在底部大空间结构中落地剪力墙的底部，由于框支剪力墙底部的刚度减小，它承受的剪力将通过楼板传给落地剪力墙，使落地剪力墙下部受到较大剪力，造成底部的剪跨比很小。

矮墙几乎都是剪切破坏，新西兰坎特伯雷大学的 T. Paulay 教授作了一组试验[3]，见图7-9，试验的三片墙高宽比均为1。墙1抗剪承载力低，只有抗弯承载力的1/2，加载后斜裂缝开展迅速，水平钢筋首先屈服，并进入强化阶段，后来竖向钢筋也屈服了，但最终破坏是水平钢筋拉断，出现沿斜裂缝的剪切破坏；

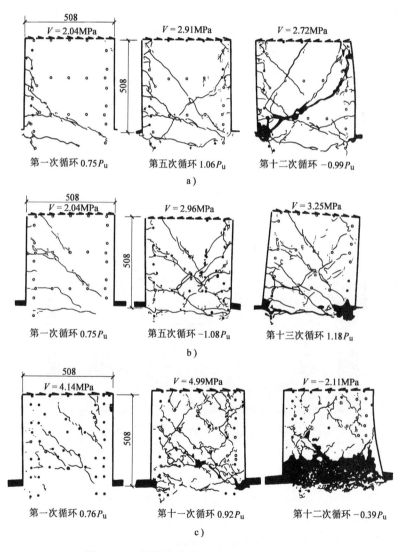

图 7-9　三片矮墙试验(新西兰坎特伯雷大学)
a) 墙 1　b) 墙 2　c) 墙 3

墙 2 加大了水平钢筋，使抗剪承载力超过抗弯承载力，试验结果是，虽然该墙出现了许多斜裂缝，还是抗弯的竖向钢筋首先屈服，由于加载设备的原因，试验没有进行到底，可以看到虽然墙上有很多斜裂缝，但是墙仍具有一定的延性；墙 3 加大了抗弯钢筋，是墙 2 的两倍，水平钢筋也相应增大两倍，因此抗剪承载力仍然超过抗弯承载力，但是墙截面的名义剪应力（平均剪应力）也提高了两倍，试验结果是在 12 次反复荷载后，剪力墙出现了滑移剪切破坏，破坏荷载只有设计承载力的 39%。

这组试验说明，矮墙也可以通过强剪弱弯设计使它具有一定的延性，但是如果截面上的名义剪应力较高，即使配置了很多抗剪钢筋，它们并不能充分发挥作用，会出现混凝土挤压破碎形成的剪切滑移破坏。因此在矮墙中限制名义剪应力、并加大抗剪钢筋是防止其突然出现脆性破坏的主要措施。

在更矮的墙中弯曲应力更小，由主拉应力起控制作用，往往出现 45° 方向的斜裂缝，斜裂缝形成后，主要通过斜向的混凝土柱体传递剪力，见图 7-10，在这种情况下，水平和竖向分布钢筋共同阻止斜裂缝的开展。

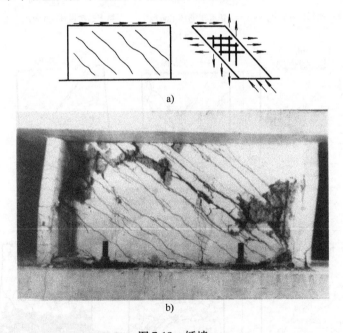

图 7-10　矮墙

a）矮墙受力简图　b）矮墙裂缝（美国波特兰水泥协会）

如果在多层和高层现浇钢筋混凝土结构中，采用宽度与高度接近的墙体，一般应沿墙体长度方向将墙"切断"，一方面避免形成"矮墙"，同时也避免长度很大的剪力墙，长度很大的剪力墙在弯矩作用下形成的水平裂缝很长，裂缝宽度也相对较大。"切断"的方法一般是在剪力墙中开大洞，保留一个"弱连梁"，或仅有楼板作为各墙肢间的联系(弱连梁的概念见7.2.1节)。

7.2 联肢剪力墙(规则开洞的剪力墙)

7.2.1 联肢剪力墙的内力分布规律

为了对联肢剪力墙的性能有深入的理解，首先介绍由连续化方法得到的联肢剪力墙的一些弹性内力计算公式，通过计算分析了解联肢剪力墙的主要规律。

图7-11a 表示一个联肢剪力墙切开截面的内力，由连续化方法得到的墙肢内力可以表达成下列公式[6]：

$$M_i(\xi) = kM_p(\xi)\frac{I_i}{I} + (1-k)M_p(\xi)\frac{I_i}{\sum I_i} \qquad (7\text{-}1a)$$

$$N_i(\xi) = kM_p(\xi)\frac{A_i y_i}{I} \qquad (7\text{-}1b)$$

式中　　$M_p(\xi)$——坐标 ξ 处外荷载作用的倾覆力矩，$\xi = x/H$，为截面的相对坐标；

$M_i(\xi)$、$N_i(\xi)$——坐标 ξ 处第 i 墙肢的弯矩和轴力；

I_i、y_i——第 i 墙肢的截面惯性矩、截面重心到剪力墙总截面重心的距离；

I——剪力墙截面总惯性矩，$I = \sum I_i + \sum A_i y_i^2$；

k——系数。

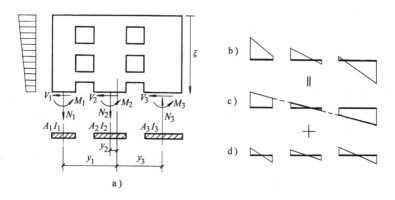

图7-11 联肢墙截面应力的分解

式(7-1)的物理意义可由图7-11说明。图7-11b表示联肢肢剪力墙截面应力分布，它可分解为c、d两部分：c图的应力沿全截面直线分布，称为整体弯曲应力，组成每个墙肢的部分弯矩及轴力，分别对应于式(7-1a)和(7-1b)的第一项；d 图为每个墙肢的另一部分应力，称为局部弯曲应力，组成另一部分弯矩（没有轴力），对应于公式(7-1a)的第二项；两部分弯矩叠加成为墙肢弯矩。

系数 k 表示两部分弯矩的百分比，k 值较大，则整体弯曲应力较大(图7-11c)，局部弯曲应力较小(图7-11d)，此时截面上总应力分布(图7-11b)更接近直线，接近整体悬臂剪力墙截面的应力分布，可能一个墙肢完全为拉应力，另一个墙肢完全为压应力，墙肢的轴向力较大而弯矩较小；k 值较小则反之，截面上应力锯齿形分布更明显，每个墙肢都会有拉、压应力，墙肢的弯矩较大而轴向力较小。

系数 k 值与荷载形式有关，在倒三角分布荷载下，k 值计算公式为[59]：

$$k = \frac{3}{\xi^2(3-\xi)}\left[\frac{2}{\alpha^2}(1-\xi) + \xi^2\left(1-\frac{\xi}{3}\right) - \frac{2}{\alpha^2}\mathrm{ch}\alpha\xi + \left(\frac{2\mathrm{sh}\alpha}{\alpha} + \frac{2}{\alpha^2} - 1\right)\frac{\mathrm{sh}\alpha\xi}{\alpha\mathrm{ch}\alpha}\right] \quad (7\text{-}2)$$

系数 k 是坐标 ξ 和整体系数 α 的函数。整体系数 α 表示连梁与墙肢相对刚度，α 是由连续化方法推导内力计算公式时得到的一个系数，式(7-3a)给出了双肢剪力墙的整体系数 α[6][9]：

$$\alpha = H\sqrt{\frac{6}{Th(I_1+I_2)} \cdot I_l \frac{c^2}{a^3}} \quad (7\text{-}3a)$$

式中　H、h——剪力墙的总高与层高；

I_1、I_2、I_l——两个墙肢和连梁的惯性矩；

a、c——洞口净宽的一半和墙肢重心到重心距离的一半。

T——墙肢轴向变形影响系数；

$$T = \frac{I-(I_1+I_2)}{I} = \frac{A_1 y_1^2 + A_2 y_2^2}{I} \quad (7\text{-}3b)$$

α 系数只与联肢剪力墙的几何尺寸有关，为已知几何参数，α 愈大表示连梁相对刚度愈大，它对联肢墙内力分布和位移的影响很大，因此是一个重要的几何参数。

计算 k 值的式(7-2)可以画成图 7-12 的曲线族，截面所在位置坐标 ξ 不相同，k 值曲线不同，由 k—α—ξ 关系可以分析 α 的影响。该族曲线的共同特点是：当 α 很小时，k 值都很小，截面内以局部弯矩为主；当 α 增大时，k 值增大，α 大于 10 以后，k 值都趋近于 1，也就是截面应力分布接近直线，以整体弯矩为主，随着墙肢的轴力加大而弯矩减小。

如果联肢墙的 α 很小($\alpha \leqslant 1$)，意味着连梁对墙肢的约束弯矩很小，此时可以忽略连梁对墙肢的影响，把连梁近似看成铰接连杆，墙肢成为单肢墙，见图 7-13，计算时可看成多个单片悬臂剪力墙并联，这种情况下的连梁可称为"弱连梁"。

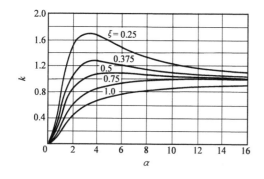
图7-12 倒三角分布荷载下 k—α—ξ 曲线族

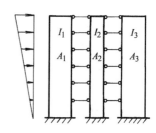
图7-13 连杆连接的独立墙肢

整体系数 α 是联肢剪力墙的一个重要几何参数，整体系数 α 表示连梁与墙肢的相对刚度。α 系数影响墙肢内力分布，α 较小时 k 值小，墙肢内以局部弯曲为主，$\alpha \le 1$ 时可近似看作几个独立墙肢；α 较大时 k 值大，$\alpha > 10$ 时，k 值趋近 1，墙肢内以整体弯曲为主。

整体系数 α 不仅与墙肢内力分布有关，它对连梁内力分布也有很大影响。由连续化方法得到的连梁剪力可以表达为下列公式：

$$V_l = V_0 \frac{hT}{c} k_l \qquad (7\text{-}4)$$

式中，V_0 是剪力墙的基底剪力，k_l 是与荷载分布形式有关的系数，式(7-5)是倒三角分布荷载作用下的 k_l 表达式，式中符号同前。

$$k_l = \frac{\text{sh}\alpha - \dfrac{\alpha}{2} + \dfrac{1}{\alpha}}{\alpha\text{ch}\alpha} \cdot \text{ch}\alpha\xi - \frac{\text{sh}\alpha\xi}{\alpha} + \xi - \frac{\xi^2}{2} - \frac{1}{\alpha^2} \qquad (7\text{-}5)$$

系数 k_l 也是坐标 ξ 和整体系数 α 的函数，式(7-5)可画成图7-14的曲线族，可看到具有不同 α 值剪力墙的 k_l 系数沿高度的分布形式，也就是连梁剪力沿高度的分布形式。由图7-14可见，连梁剪力的最大值不在底层，而是在剪力墙中部偏下的某个高度处，随着 α 的增大，连梁剪力的最大值也随之增大，但其所在位置下降。

整体系数 α 影响可归纳为：

1) α 值增大时，连梁剪力增大；连梁最大剪力在中部偏下某个高度处，α 愈大，其位置愈接近底截面。

2) 墙肢轴力与 α 有关，因为墙肢轴力即该截面以上所有连梁剪力之和，当 α 值加大时，连梁剪力加大，墙肢轴力也加大。

3) 墙肢的弯矩与 α 值有关，与轴力正好相反，α 值愈大，墙肢弯矩愈小。

这也可以从平衡的观点得到解释，任意一个墙截面平衡要求：

$$M_1 + M_2 + N \cdot 2c = M_p \qquad (7\text{-}6)$$

所以，在相同的外弯矩 M_p 作用下，N 愈大，M_1、M_2 就要减小。

4）α 值增大时，连梁对墙肢的约束弯矩增大；连续化计算的内力沿高度是连续分布的，实际上由于连梁不是连续的，连梁剪力和对墙肢的约束弯矩也不是连续的，在连梁与墙肢相交处，墙肢弯矩、轴力会有突变，形成锯齿形分布，见图 7-15，α 值愈大，连梁约束弯矩愈大，弯矩突变（即锯齿）也愈大。

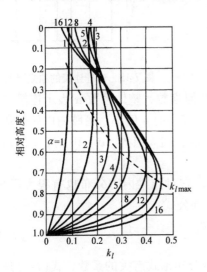

图 7-14 倒三角分布荷载下
ξ—k_l—α 关系曲线

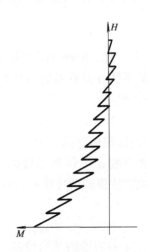

图 7-15 连梁约束弯矩和
墙肢弯矩分布图

整体系数 α 对联肢剪力墙的影响，实际就是连梁刚度对联肢剪力墙的影响，它不但影响弹性内力分布，同样也会影响到联肢剪力墙弹塑性性能，影响联肢剪力墙的裂缝分布和破坏形态，下面将会进行详细分析。

7.2.2 联肢剪力墙的裂缝分布和破坏形态

联肢剪力墙具有连梁和墙肢两类构件，因而其裂缝分布和破坏形态比悬臂剪力墙更复杂，大体可归纳如下：

当连梁跨高比较大时，连梁以受弯为主，梁端可能出现塑性铰，最后弯曲破坏；多数联肢剪力墙的连梁跨高比都不大（$l_l/h_b \leqslant 2$），除了梁端容易出现竖向的弯曲裂缝外，中部容易出现斜裂缝，当抗剪能力不足或截面剪应力过大时，出现剪切破坏，也可能是弯曲屈服以后的剪切破坏。图 7-16 是一片联肢剪力墙经过加载试验后的情况，它有双排洞口，一侧连梁主要在梁端出现弯曲裂缝，另一侧连梁则出现了交叉剪切裂缝，并且已剪坏，1964 年美国阿拉斯加地震中安克雷奇市两幢公寓剪力墙的破坏也是很典型的连梁剪切破坏（见第4章图4-41）。

在水平荷载作用下，联肢剪力墙的墙肢可能出现弯曲破坏或剪切破坏，墙肢的内力分布和破坏形态与连梁刚度和连梁承载力有密切关系。

图7-17比较了三片开洞不同的剪力墙模型试验的结果，模型中连梁和墙肢都是按照强剪弱弯设计的，三片墙都是墙肢弯曲破坏，见图a、图b、图c，d图是三片墙力—顶点位移关系曲线的比较[60]。S—1A剪力墙有2排洞口，有较多连梁钢筋达到屈服，连梁上裂缝较多而墙肢的水平裂缝宽度较小；S—2墙有一排洞口，连梁上有很细的裂缝但钢筋没有屈服，底截面和二层底截面都出现了水平裂缝；S—3模型是没有洞口的悬臂墙，墙的刚度很大，底部出现一条水平裂缝，破坏时裂缝宽度最大为20mm，边缘受拉钢筋被拉断。由实测的荷载—顶点位移曲线比较可见，

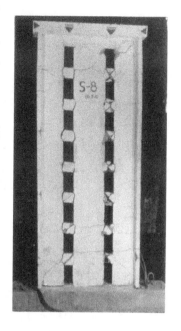

图7-16　连梁破坏的联肢剪力墙（清华大学）

S—1A墙的刚度小而塑性变形大，延性很好；S—2墙洞口小而墙肢大，其刚度和塑性变形基本与整体悬臂墙S—3墙相同。

图7-18是另外三片开了一排洞口的双肢剪力墙模型的试验比较[60]，这三片墙的主要区别是连梁的配筋不同，也都是按照强剪弱弯设计的，它们最终都是墙肢弯曲破坏，但连梁的承载力不同使它们性能有所区别，d图为三片墙荷载—变形曲线的比较。S—5墙的连梁配筋最少（配筋率0.24%），有较多连梁钢筋屈服，而墙肢上的裂缝少而细，剪力墙的刚度较小、承载力较小而塑性变形较大；S—7墙的连梁配筋最多（配筋率0.62%），因而连梁钢筋没有屈服，墙肢的裂缝较多而粗，剪力墙的承载力较高而塑性变形较小（变形曲线的下降较早）；S—6墙介于二者之间。图e中给出了实测的墙肢截面应力分布，S—5两个墙肢的截面应力分布成锯齿形（连梁较弱的特征），而S—7两个墙肢截面应力基本成直线分布（连梁较强的特征）。

由以上两组试验比较说明，连梁刚度较大，或者配筋较多而连梁不屈服时，都有可能使开洞剪力墙的性能趋近于悬臂墙，对于实现超静定结构和提高剪力墙的延性是不利的。

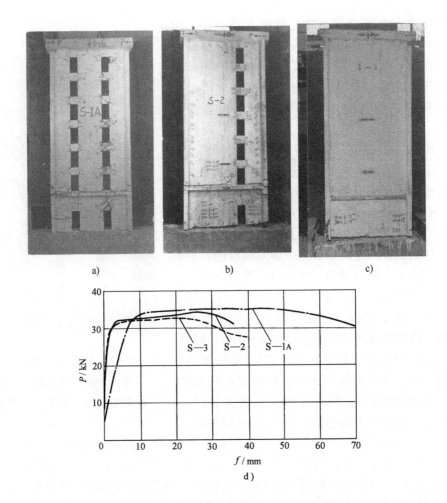

图 7-17　三片开洞不同的剪力墙模型比较试验（清华大学）
a) S—1 模型　b) S—2 模型　c) S—3 模型
d) 实测荷载—顶点位移曲线比较

　　开洞剪力墙的墙肢也可能剪切破坏。墙肢的剪跨比较小时可能剪坏，图7-19a所示的墙，其整体剪跨比在 1.5 以下，其墙面上出现几条贯通斜裂缝，最终剪坏；图7-19b 是底部大空间剪力墙结构中的一片落地剪力墙，一层楼板处加的水平荷载较大使底层截面的剪跨比减小到 1.39（实际结构中底层框支柱，由楼板传来的剪力很大），可以看到它底层墙体的剪切破坏情况。另一种情况是联肢剪力墙中受压墙肢的剪坏，美国伯克利加州大学所作的双肢剪力墙就出现了这种破坏，原因是在塑性变形的过程种受压墙肢的剪力增大（塑性内力重分布使剪力加大），设计时对其估计不足而使墙肢受剪承载力不够，造成墙肢剪压破坏[61]。

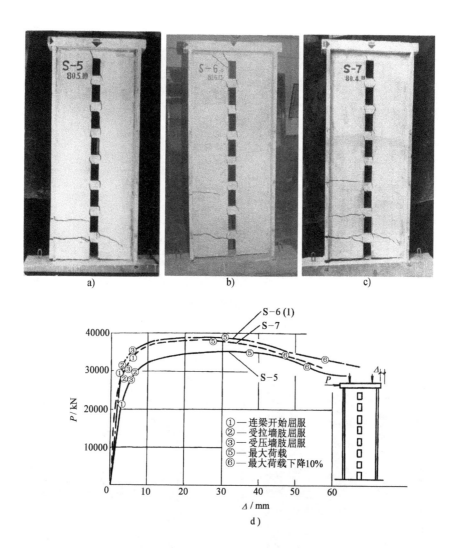

图 7-18 三片连梁配筋不同的双肢剪力墙模型的比较试验(清华大学)

a) S—5 模型 b) S—6 模型 c) S—7 模型

d) 荷载—顶点位移曲线比较

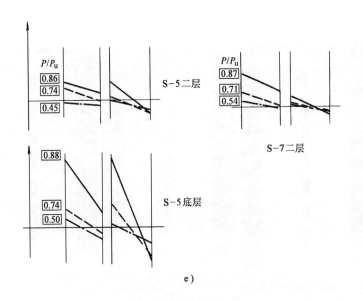

图7-18　三片连梁配筋不同的双肢剪力墙
模型的比较试验（清华大学）（续）
e）实测墙肢截面应力分布

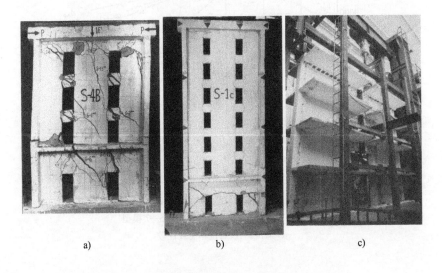

图7-19　联肢剪力墙墙肢剪切破坏（a、b清华大学，
c美国伯克利加州大学）

a）整体剪坏　b）底层剪坏　c）墙肢剪压破坏的双肢剪力墙模型

7.2.3　连梁对联肢剪力墙弹塑性性能影响的分析

上节中提到的美国伯克利加州大学所作的双肢剪力墙试验以及对它所作的系列分析可以进一步说明连梁对开洞剪力墙弹塑性阶段的受力和破坏性能的影响。

美国伯克利加州大学所作的双肢剪力墙试验模型(图 7-19c)，是模拟一个按照美国规范进行设计的 15 层双肢剪力墙，见图 7-20a，取出底部 4 层做成模型进行加载试验，顶部施加的弯矩、轴力及剪力模拟了 15 层结构中传至底部 4 层的荷载，见图 7-20b。试验结果发现实测的刚度和承载力都大大超过设计时预期的刚度和破坏荷载，见图 7-20c，而且出现了受压墙肢的剪压破坏。试验时量测了墙肢轴向力，一个墙肢出现拉力(水平荷载下的弯曲拉力超过竖向荷载下的轴力)，另一个墙肢则轴向压力很大，大大超过了设计值，由于墙肢轴向力增大而使受弯承载力大大增加。问题是为什么墙肢轴向力超过了设计值?

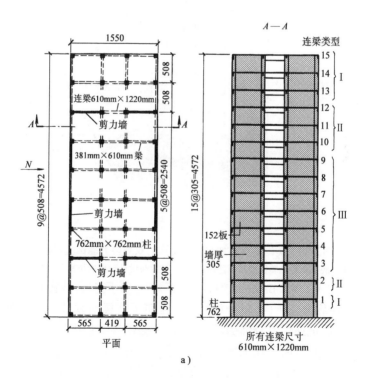

图 7-20　美国伯克利加州大学所作的双肢剪力墙试验

a) 原结构平面及 15 层双肢剪力墙立面

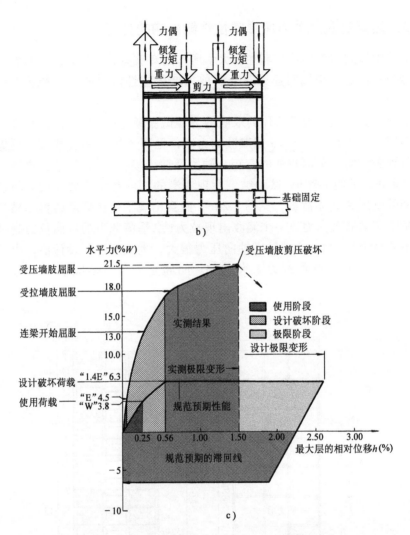

图 7-20 美国伯克利加州大学所作的双肢剪力墙试验(续)

b) 底部 4 层试验模型及顶部荷载   c) 试验与设计预期的位移和承载力

本书作者在 V. V. Bertero 教授指导下对该 15 层剪力墙进行了改变连梁参数的系列弹塑性静力分析(推覆分析)[62]，说明了连梁对联肢剪力墙弹塑性性能的影响(分析时假定连梁符合强剪弱弯条件，不会出现剪切破坏)。

对 15 层双肢剪力墙所作的弹塑性系列分析主要是改变连梁的尺寸和配筋，共分析了七种情况，其墙肢尺寸和配筋与原试验模型完全相同。图 7-21 比较了该计算系列剪力墙的基底剪力—顶点位移曲线。图中 CW—1p 墙的连梁与试验模型相同，相对于其他六片墙，它的连梁尺寸及配筋都是最大的，弹塑性分析得到的承载力、顶点位移与试验结果基本吻合，这片墙的承载能力最大，刚度也最大，而且受拉墙肢出现了水平贯通裂缝；CW—1A、1B、1C、1D 四片墙减小了连梁尺寸及配筋，这四片墙连梁的尺寸并不相同，但通过不同的配筋使四片墙连梁的刚度和屈服弯矩接近。由图 7-21 可见，计算得到的这四片墙的刚度和承载力相差不大，都低于 CW—1P 墙的刚度和承载力，受拉墙肢中仅有很小拉力或没有拉力；CW—1E 墙的连梁尺寸和配筋都减小，所得剪力墙的刚度和承载力也都减小，直到破坏时受拉墙肢还有相当大的压力；最后一片墙 CW—1G 的连梁刚度和抗弯承载力都为 0，即相当于两个独立剪力墙并联抵抗水平荷载，由图 7-21 可见，它的刚度和承载力都是最小的。

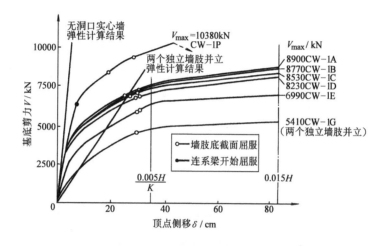

图 7-21 弹塑性分析的基底剪力—顶点位移曲线比较(清华大学)

上述分析表明，当墙肢相同、且连梁不被剪坏的条件下，连梁的弹性刚度对双肢剪力墙的初始刚度影响较大，而连梁的配筋和抗弯承载力对双肢剪力墙的最大承载力影响很大，对墙肢中的轴力影响很大。这是因为：①连梁弯矩就是连梁对墙肢的约束弯矩，约束弯矩大可加大双肢剪力墙的抗倾覆力矩 Nl；②连梁的弯矩大，剪力就大，连梁剪力直接影响墙肢的轴力，当连梁截面及配筋加大时，受拉墙肢拉力增大，甚至超过重力作用下的轴向压力而使墙肢受拉，从而出现贯通水平裂缝，受压墙肢则因为轴向压力加大而提高了墙肢的抗弯承载力 M_{2u}。由平衡关系 $M_{pu} = M_{1u} + M_{2u} + Nl$ 可知，最终使剪力墙的承载力提高。

连梁尺寸过小，不利于增大剪力墙刚度，如果连梁配筋过小，连梁会在使用荷载下出现裂缝，甚至屈服，不利于正常使用；反之，尺寸较大或配筋过大的连梁也是不利的，虽然它提高了剪力墙的承载力，但是使剪力墙延性降低，甚至使受压墙肢出现剪压破坏。

为什么受压墙肢会出现剪压破坏？由墙肢中的剪力重分配可以进一步了解受压墙肢的剪力在弹塑性阶段也是逐步加大的，由上述计算得到两个墙肢的剪力重分配过程示于图 7-22，该图的横坐标是 V_B/V_{max}（表示剪力墙总剪力达到最大抗剪承载力的百分数），纵坐标是 V_C/V_B（表示受压墙肢的剪力达到剪力墙总剪力的百分数）。在弹性阶段，受压墙肢与受拉墙肢的剪力相等（因为两个墙肢截面相等，刚度相等），$V_C/V_B = 0.5$，受拉墙肢屈服以后刚度降低，就出现了内力重分配，受压墙肢的剪力直线增加，直到它自己的竖向钢筋也屈服为止，受压墙肢剪力下降一个过程以后逐步稳定，然后受压墙肢的剪力又重新上升，直到破坏。受拉墙肢开裂使刚度降低，受压墙肢轴力加大会使它刚度增大，二者刚度相差，导致剪力向刚度较大的受压墙肢转移，最后 A、B、C、D 四片剪力墙的受压墙肢剪力达到总剪力的 70% 左右，而 CW—1P 墙的连梁最强，其受压墙肢剪力达到了总剪力的 80% 以上。计算结果印证了伯克利加州大学所作试验的实测结果，试验模型在破坏前实测到的受压墙肢剪力约为总剪力的 90%，与计算结果接近。模型按照弹性计算的剪力设计抗剪配筋（受压墙肢承受的剪力只有 50%），实际剪力大大超过了它的抗剪承载力，所以受压墙肢出现了剪压破坏。

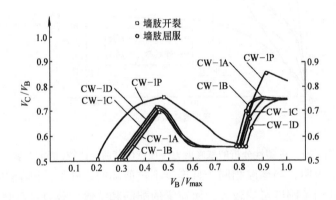

图 7-22　双肢剪力墙墙肢剪力重分配过程（清华大学）

　　由以上分析可知，在抗震设计时，要充分估计联肢剪力墙中受压墙肢所受的剪力（在反复荷载作用下，每一侧的墙肢都可能是受压墙肢），不能只用弹性计算的剪力来设计墙肢受剪承载力，应当调整受压墙肢的剪力，从而防止墙肢在弹塑性状态下的受剪破坏。

7.2.4　美洲银行的弹塑性地震反应分析——延性连梁和脆性连梁的影响

　　在 1972 年马那瓜地震中美洲银行遭遇震害以后（见第 4 章 4.3 节），美国 S. A. Mahin 教授和 V. V. Bertero 教授对该结构作了弹塑性地震反应分析（时程分析）[63]，将美洲银行结构的钢筋混凝土筒简化为双肢剪力墙计算模型（平面图见图 4-9）。实际结构中，由于连梁开洞，抗剪强度只有抗弯强度的 35%，在地震中大部分连梁被剪坏。弹塑性时程分析采用了具有两种不同性能连梁的计算模型做比较：一种是抗剪强度很低的连梁，会很早出现脆性破坏，另一种是延性连梁，达到屈服强度以后不会被剪坏，由于钢筋强化，抵抗弯矩还略有增长。计算结果从另一方面清楚地说明了延性连梁和脆性连梁对双肢剪力墙的影响。

输入地震波采用了 1972 年马那瓜地震时在 Esso 炼油厂获得的强震纪录（东西方向分量），最大加速度为 0.38g。图 7-23 给出了地震反应分析结果，比较了

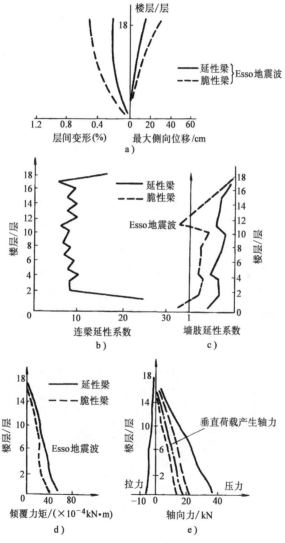

图 7-23　美洲银行弹塑性地震反应分析结果

a）最大侧向位移包线　b）连梁延性系数包线　c）墙肢延性系数包线

d）最大倾覆力矩包线　e）最大轴向力包线

最大侧向位移包线、连梁延性系数包线、最大倾覆力矩包线和最大轴向力包线（最大反应值不在同一时刻出现，将最大值连成曲线称为包线）。从图中比较可见，连梁的性能对反应有很大影响：

1）由图7-23a可见，延性梁模型的侧移比脆性梁模型的侧移小，相差将近一倍。

2）由图7-23b可见，延性梁模型中，对连梁的延性要求很高，大部分连梁延性比为8～10，底部和顶部连梁延性比要求大约达到20左右。

3）由图7-23c可见，延性梁模型对墙肢的延性要求较低，墙肢没有屈服（延性系数小于1），脆性梁模型对墙肢要求高，墙肢底部和中部出现了屈服（延性系数大于1）。在实际结构中，美洲银行的连梁虽然出现了剪切斜裂缝，但还没有完全丧失强度和刚度，因此地震时墙肢并没有屈服。

4）由图7-23d、e可见，延性梁模型的倾覆力矩和墙肢轴向力都较大。

上述结果都是因为延性梁始终具有抗弯强度，它对墙肢产生约束弯矩，使墙肢轴向力较大，弹塑性阶段剪力墙仍具有较大刚度，位移较小；脆性梁在破坏后对墙肢不再有约束，墙肢的轴力较小，结构的抗侧刚度减小，因而位移加大了。

通过地震反应分析还发现，在延性梁模型中，屋顶侧移和墙肢轴力的反复变化频率接近建筑物的基本频率，但是连梁弯矩的反复变化频率却比基本频率高，接近建筑物的第二或第三频率。图7-24是地震作用下屋顶侧移、墙肢轴力和连梁弯矩随时间的变化曲线，由图可见，屋顶侧移往复一次的时间间隔内，连梁弯矩会有几次往复。这主要是Esso地震波的卓越频率与结构第二自振频率接近，使结构明显存在高振型影响（高振型使墙肢曲率变化，会使连梁弯矩改变方向）。

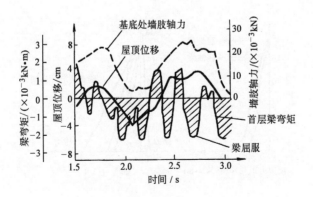

图7-24 美洲银行屋顶侧移、墙肢轴力和
连梁弯矩随时间的变化曲线

在 10s 内，墙肢大致经过 10 次往复运动，而连梁却要经过 25 次弯矩反复，少数连梁要经过 60 次反复，高振型影响对连梁不利，多次的反复使连梁抗剪强度降低，累积的塑性变形增加。

由美洲银行的分析可见，联肢剪力墙中对连梁的延性要求很高，普通配筋设计的连梁很难达到。由此可以得到一个概念，对于联肢剪力墙，应当加强其墙肢的承载力和延性，如果预见到在大震下连梁可能被剪坏，则对墙肢进行二道设防设计是防止剪力墙结构严重破坏的有效措施，只要墙肢不破坏，大震下剪力墙结构就不会倒塌。

7.3 剪力墙墙肢的加强措施

剪力墙结构中，墙肢对结构的安全与否是至关重要的，根据悬臂剪力墙和联肢剪力墙的试验研究，我国规范提出了加强墙肢的一些措施，例如剪力墙要满足最小厚度要求、强剪弱弯要求、轴压比和剪压比限制要求，墙肢要设置约束边缘构件或者构造边缘构件，墙肢内设置的分布钢筋不能小于最小配筋率，保证墙肢平面外的稳定与承载力等等。大部分加强措施都要求在剪力墙的加强部位采取。

7.3.1 剪力墙截面的最小厚度

墙肢截面厚度，除了应满足承载力的要求外，还要满足稳定和避免过早出现剪切裂缝的要求。通常把稳定计算要求的厚度称为最小厚度，同时，规程还规定了作为构造要求的最小厚度。此外，剪力墙的厚度要求还与剪压比和轴压比的限制有关，将在有关节段中讨论。

剪力墙稳定要求的最小厚度方面与轴向作用力有关，轴向力大时，要求的厚度大；另一方面，与剪力墙平面外的支承条件有关。在实际结构中，楼板是剪力墙的侧向支承，可防止剪力墙由于侧向变形而失稳，与剪力墙平面外相交的剪力墙也是剪力墙的侧向支承，也可防止剪力墙平面外失稳。因此，类似双向板中跨度与弯曲变形关系的规律，剪力墙最小厚度由楼层高度和无支长度(与该剪力墙平面外相交的剪力墙之间的距离)两者中的较小值控制，如图 7-25 所示，层高较小时，由层高确定墙厚度，反之，由无支长度确定墙厚度；如果剪力墙只有上下楼板支承，则必须按照楼层高度确定剪力墙最小厚度。我国规程规定剪力墙最小厚度的构造要求不应小于表 7-3 的要求，表中括弧内的数值是仅仅按照支承条件选择剪力墙厚度的数值，可作为初选剪力墙厚度时的参考。

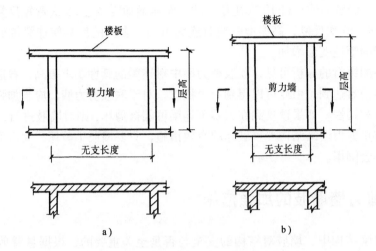

图 7-25　与剪力墙最小厚度有关的支承情况
a) 层高比无支长度小　b) 无支长度比层高小

表 7-3　构造要求的剪力墙墙肢最小厚度

部　位	抗 震 等 级			非抗震
	一、二级		三、四级	
	一般剪力墙	一字形剪力墙		
底部加强部位	200mm	220mm	160mm	160mm
	(H/16)	(h/12)	(H/20)	(H/25)
其他部位	160mm	180mm	160mm	
	(H/20)	(h/15)	(H/25)	

表中，H 可取层高或剪力墙无支承长度二者中的较小值，h 为层高。

在核心筒中分隔电梯井、管道井的墙，其墙肢厚度可适当减小，因为它们的无支长度都很小，但不应小于 160mm。

7.3.2　强剪弱弯

为避免脆性的剪切破坏，应按照强剪弱弯的要求设计剪力墙墙肢，也就是在加强区要采用比受弯承载力更大的剪力设计值计算抗剪钢筋。我国规范采用的方法是将剪力墙加强部位的剪力设计值 V 增大如下，达到强剪弱弯的目的。

$$V = \eta_{vw} V_w \tag{7-7a}$$

式中　V_w——底部加强部位墙肢截面最不利组合的剪力计算值；

η_{vw}——墙肢剪力放大系数。

式(7-7a)是一种简化方法，在设防烈度为 9 度时尚应由墙肢受弯承载力反算剪力设计值，计算公式如下：

$$V = \frac{1.1}{\gamma_{RE}} \frac{M_{wu}}{M_w} V_w \tag{7-7b}$$

式中　M_{wu}——墙肢底部截面的实际受弯承载力对应的弯矩值，根据实配钢筋面积、材料强度标准值、轴力等计算，有翼墙时应计入墙两侧各 1 倍翼墙厚度范围内的纵向钢筋；

　　　M_w——墙肢底部截面最不利组合的弯矩计算值。

用增大的剪力设计值计算抗剪配筋可以使设计的受剪承载力大于受弯承载力，达到受弯钢筋首先屈服的目的。但是剪力墙对剪切变形比较敏感（墙厚度小），多数情况下剪力墙底部都会出现斜裂缝，当钢筋屈服形成的塑性铰区出现以后，还可能出现剪切滑移破坏、弯曲屈服后的剪切破坏，也可能出现剪力墙平面外的错断而破坏，它们都会降低剪力墙弯曲屈服以后的塑性变形能力和延性。因此，剪力墙要做到完全的强剪弱弯，除了适当提高底部加强部位的抗剪承载力外，还需要考虑剪压比限制和本节讨论的其他加强措施。

7.3.3　剪压比限制

墙肢截面的剪压比是截面的平均剪应力与混凝土轴心抗压强度的比值，即 $\frac{V}{f_c b_w h_w}$，试验表明，剪压比超过一定值时，将较早出现斜裂缝，增加横向钢筋并不能有效提高其受剪承载力，很可能在横向钢筋未屈服的情况下，墙肢混凝土发生斜压破坏，或发生受弯钢筋屈服后的剪切破坏。为了避免这些破坏，应按下列公式限制墙肢剪压比，剪跨比较小的墙（矮墙），限制应更加严格。当剪压比超过限制值时，应增加墙的厚度或提高混凝土强度等级，实际上限制剪压比也就是要求剪力墙截面达到一定厚度。

无地震作用组合时　　　$V \leqslant 0.25\beta_c f_c b_w h_{w0} \tag{7-8a}$

有地震作用组合时

剪跨比 $\lambda > 2.5$ 时　　　$V \leqslant \frac{1}{\gamma_{RE}}(0.2\beta_c f_c b_w h_{w0}) \tag{7-8b}$

剪跨比 $\lambda \leqslant 2.5$ 时　　　$V \leqslant \frac{1}{\gamma_{RE}}(0.15\beta_c f_c b_w h_{w0}) \tag{7-8c}$

式中　V——按强剪弱弯要求调整增大的墙肢截面剪力设计值；

　　　β_c——混凝土强度影响系数，按混凝土规范的规定选用；

　　　λ——计算截面处的剪跨比，$\lambda = \dfrac{M}{V h_w}$，$M$ 和 V 取未调整的弯矩和剪力计算值。

7.3.4　约束边缘构件与构造边缘构件

当剪力墙的轴压比虽未超过限制值(见 7.1.4 节),但是轴压比又比较高时,在墙肢边缘应力较大的部位用端部竖向钢筋和箍筋组成暗柱或明柱,称为边缘构件,边缘构件内的混凝土是约束混凝土,它是提高墙肢端部混凝土极限压应变、改善剪力墙延性的重要措施。边缘构件又分为约束边缘构件和构造边缘构件两类,当边缘的压应力较高时采用约束边缘构件,其约束范围大,箍筋较多,对混凝土的约束较强;当边缘的压应力较小时,采用构造边缘构件,其箍筋较少,对混凝土约束程度较差,表 7-4 是我国规范和规程的要求。

表 7-4　设置约束边缘构件和构造边缘构件的轴压比要求

抗 震 等 级	一级(9 度)	一级(6、7、8 度)	二、三级	设 置 位 置
设置约束边缘构件	> 0.1	> 0.2	> 0.3	加强部位及其上一层
设置构造边缘构件	≤0.1	≤0.2	≤0.3	非加强部位,三、四级抗震等级的全高

剪力墙约束边缘构件的几种形式示于图 7-26,约束边缘构件范围 l_c(沿墙肢的长度)、箍筋配箍特征值 λ_v 和竖向钢筋的要求,可查现行规范和规程。工程

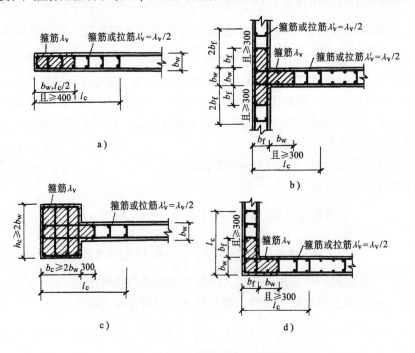

图 7-26　剪力墙的约束边缘构件

设计时，由配箍特征值要求确定体积配箍率 ρ_v，由体积配箍率要求确定箍筋的直径、肢数、间距等，ρ_v 按式(7-9)计算。

$$\rho_v \geq \lambda_v \frac{f_c}{f_{yv}} \tag{7-9}$$

约束边缘构件的范围是剪力墙截面端部轴压应力较大的部位，在国外，要求计算剪力墙截面应力分布，按照应力的大小设置箍筋约束范围，在我国，为了简化设计，规范直接给出了约束范围，并将此范围分为两部分，靠近端部边缘部分的应力最大(图7-26中的阴影部分)，箍筋数量要求多、要求高，靠内的部分应力减小，箍筋要求降低一些，总称为约束边缘构件。对于重要的核心筒(倾覆力矩很大)，约束范围还要加大，规程要求将筒体的周边剪力墙端部1/4面积都按照约束边缘构件配筋。

构造边缘构件形式示于图7-27，我国规范和规程也有构造边缘构件的箍筋和竖向钢筋的有关规定，要求配筋的范围和配筋数量都小于约束边缘构件。

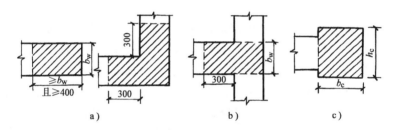

图7-27 剪力墙的构造边缘构件

在开洞剪力墙中洞口边是否要设置约束边缘构件，不能一概而论，要根据应力分布规律确定，图7-28表示开洞剪力墙的截面应力分布，图a的剪力墙洞口小，连梁跨高比小，墙肢应力分布接近直线，端部约束边缘构件的长度可按全截面计算，而洞口边处应力不大，不需要设置约束边缘构件；图b的开洞剪力墙洞口大，连梁跨高比大，墙肢的应力分布锯齿形明显，洞口边应力可能很大，就需要设置约束边缘构件，而约束边缘构件的长度可按一个墙肢计算。严格地说，应该通过计算确定洞口边是否需要约束边缘构件，一般情况下也可从概念判断洞口边的应力属于哪种情况，或者用联肢剪力墙的整体系数 α 的大小来判断(见7.2.1节)，α 较小时，洞口边需要约束边缘构件，否则，洞口边可设置构造边缘构件。

一般剪力墙结构，约束边缘构件设置在底部加强部位及其以上一层；部分框支剪力墙结构中，一、二级抗震等级的结构中，落地墙的约束边缘构件设置在底部加强部位及其以上两层，其余部位应设置构造边缘构件。

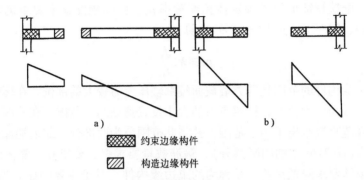

图 7-28　剪力墙截面端部和洞口的边缘构件
a）截面应力分布接近直线的剪力墙
b）墙肢拉、压应力较大的剪力墙

7.3.5　分布钢筋

墙肢应配置竖向和横向分布钢筋，分布钢筋的作用是多方面的：抗剪、抗弯、减少收缩裂缝等。如果竖向分布钢筋过少，墙肢端部的纵向受力钢筋屈服以后，裂缝将迅速开展，裂缝的长度大且宽度也大；如果横向分布钢筋过少，斜裂缝一旦出现，就会迅速发展成一条主要斜裂缝，剪力墙将沿斜裂缝被剪坏；实际上，竖向分布钢筋也可起到限制斜裂缝开展的作用，其作用大小和剪力墙斜裂缝的倾斜角度有关。墙肢的竖向和横向分布钢筋的最小配筋要求是根据限制裂缝开展的要求确定的。

在温度应力较大的部位（例如房屋顶层和端山墙，长矩形平面房屋的楼梯间和电梯间剪力墙，端开间的纵向剪力墙等）和复杂应力部位，分布钢筋要求也较多。

我国规范和规程要求的分布钢筋最小配筋率见规程规定。

为避免墙表面的温度收缩裂缝，墙肢分布钢筋不允许采用单排配筋，一般都采用双排配筋，当截面厚度较大时，为了使混凝土均匀受力，可采用多排配筋，多排分布钢筋之间设置拉筋。

7.3.6　剪力墙平面外受力和平面外错断

图 7-8 给出了剪力墙平面外错断的破坏形式，主要发生在没有侧向支承的剪力墙中，错断通常发生在一字形剪力墙中的塑性铰区，当混凝土在反复荷载作用下挤压破碎形成一个混凝土破碎带时，在竖向重力荷载作用下，钢筋和钢箍几乎没有抵抗平面外错断的能力，容易出现平面外的错断破坏。设置翼缘是改善剪力墙平面外性能的有效措施，在不可能设置翼缘的情况下，配置钢骨是

加强平面外抵抗能力的有效措施。图7-29a是在端部配置了型钢钢骨的矩形截面剪力墙试验模型[64]，从图中可以看到，底部混凝土几乎都已经破碎，钢骨仍然能继续抵抗荷载（竖向和水平荷载），由于平面外没有发生错断，平面内还可以继续受力，大大提高了受弯破坏的延性。图7-29b是另一片端部只配置钢筋的同样的剪力墙，试验时伴随着一声巨响，出现了平面外错断，表现出脆性破坏的性质。

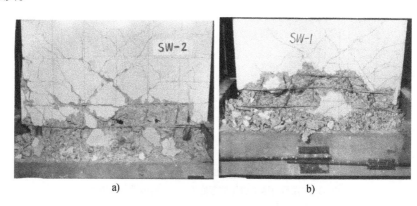

a)   b)

图7-29　配置钢骨防止剪力墙平面外错断（清华大学）

a）端部设置型钢钢骨的剪力墙　b）端部设置普通配筋的剪力墙

　　剪力墙的另一种平面外受力是来自与剪力墙垂直相交的大梁，由于大梁端弯矩使剪力墙平面外受弯，在梁侧的剪力墙上可能出现竖向裂缝，见图7-30，如果弯矩较大，剪力墙平面外刚度和承载力不足，就会出现平面外的破坏。首先，应当避免将大梁放置在没有侧向支承的单薄的剪力墙上，如果不能避免，则可采取两类措施：一是加强剪力墙平面外的抗弯刚度和承载能力，例如设置墙垛，或者在墙内设置型钢钢骨，或者设置钢筋暗柱等；另一类是减少梁端弯矩，例如选用较小的梁，或通过调幅减少梁端弯矩，或做成变截面梁（减小梁端截面），从而减小梁端弯矩等，见图7-31。

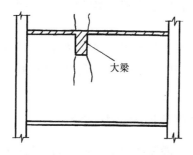

大梁

图7-30　剪力墙上出现竖向裂缝

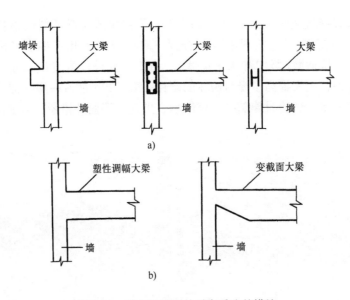

图 7-31　剪力墙平面外受弯采取的措施
a）加强剪力墙平面外抗弯能力　b）减小梁端弯矩

7.4　连梁的延性和设计概念

在 7.2 节中已经分析了连梁在联肢剪力墙中的作用，可以说，连梁对于联肢剪力墙的刚度、承载力、延性等都有十分重要的影响，它又是实现剪力墙二道设防设计的重要构件。连梁两端承受反向弯曲作用，截面厚度较小，是一种对剪切变形十分敏感、且容易出现斜裂缝和容易剪切破坏的构件。设计连梁的特殊要求是：在小震和风荷载作用的正常使用状态下，它起着联系墙肢、且加大剪力墙刚度的作用，它承受弯矩和剪力，不能出裂缝；在中震下它应当首先出现弯曲屈服，耗散地震能量；在大震作用下，可能、也允许它剪切破坏。连梁的设计成为剪力墙设计中的重要环节，应当了解连梁的性能和特点，从概念设计的需要和可能对连梁进行设计。

工程中应用的大多数连梁都采用普通的受弯纵向钢筋和抗剪钢箍（简称普通配筋），它的延性较差；采用斜交叉配筋的连梁延性较好，但是因受到条件的限制而应用较少。

7.4.1　普通配筋连梁跨高比及破坏形态

跨高比大的连梁可按一般梁的要求设计，而跨高比较小的连梁受竖向荷载的影响较小，两端同向弯矩影响较大，两端同向的弯矩使梁反弯作用突出，见图 7-32，它的剪跨比可以写成：

$$\frac{M}{Vh_l} = \frac{V \times l_l/2}{Vh_l} = \frac{l_l}{2h_l} \qquad (7\text{-}10)$$

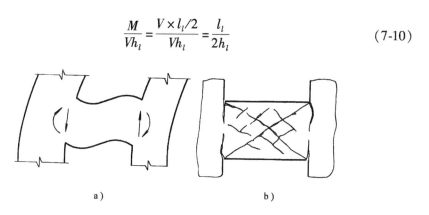

图 7-32　连梁变形及交叉斜裂缝

连梁的剪跨比与跨高比(l_l/h_l)成正比，跨高比小于 2，就是剪跨比小于 1。住宅、旅馆等建筑中，剪力墙连梁的跨高比往往小于 2，甚至不大于 1。试验表明，剪跨比小于 1 的钢筋混凝土构件，几乎都是剪切破坏，因而一般剪力墙结构中的连梁容易在反复荷载下形成交叉裂缝，导致混凝土挤压破碎而破坏[65]。

虽然可以通过强剪弱弯设计使连梁的受弯钢筋先屈服，但是试验表明，在跨高比小于 2 的连梁中，在受弯钢筋屈服以后，几乎都还是出现了剪切破坏，这种剪切破坏可称之为剪切变形破坏，因为它尚未达到设计的受剪承载力，不是由于受剪承载力不足，而是剪切变形超过了混凝土变形极限而出现的剪坏，有一定延性，属于弯曲屈服后的剪坏。

弯曲屈服后的剪坏又受到截面上剪压比（平均剪应力与混凝土抗压强度的比值）的影响，分为三种形态，图 7-33 是试验得到的跨高比为 1.43 的连梁破坏形态[65]，图 a 是剪压比较小时的弯曲滑移破坏，其特点是在反复荷载作用下梁端竖向弯曲裂缝贯穿全截面，沿着竖向裂缝的滑移反复作用而导致混凝土破碎；图 b 为剪压比较大时的剪切滑移破坏，其特点是在反复荷载下连梁出现交叉裂缝和贯通全截面的竖向弯曲裂缝，反复错动挤压造成交叉裂缝区的混凝土破碎；图 c 是剪压比更大时连梁的剪切破坏，其特点是在受弯钢筋屈服后，很快就出现一条或两条交叉的主斜裂缝，沿斜裂缝出现剪切破坏。图 7-33 中同时给出了它们的试验实测滞回曲线，可以看出，弯曲滑移破坏的塑性变形较大，延性较好，弯曲剪切破坏次之，剪切破坏则发生在钢筋屈服后不久，塑性变形很小，延性差。

清华大学土木系进行的连梁模型试验研究，大部分都按照强剪弱弯设计，实现了受弯钢筋屈服在前，剪切破坏在后的破坏模式，通过试验数据的归纳整理，得到屈服后剪切破坏类型与抗剪承载力、剪压比、延性的关系，示于图 7-34a 和 b。

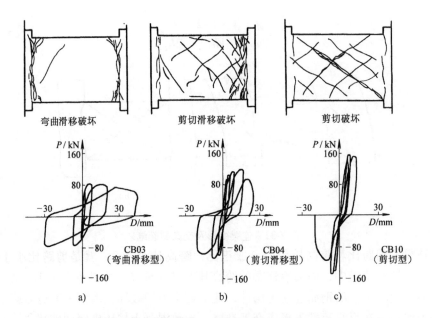

图 7-33　连梁屈服后剪切破坏形态(清华大学)

a) 弯曲滑移型破坏　b) 剪切滑移型破坏　c) 剪切破坏

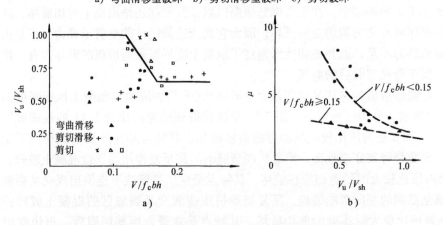

图 7-34　连梁剪切破坏类型与剪压比、配箍率关系(清华大学)

a) 连梁破坏类型与剪压比、配箍率关系　b) 连梁延性与剪压比、配箍率关系

图 7-34a 中竖坐标为 V_u/V_{sh}（称为剪箍比），V_u 表示试验时连梁的破坏荷载（剪力），V_{sh} 表示连梁的计算抗剪承载力（混凝土和箍筋共同的抵抗力），由于所有试件截面相同，混凝土部分计算的抗剪承载力基本相同，因此各试件受剪承载力的差别主要在于箍筋的多少。所有试验连梁的剪箍比 V_u/V_{sh} 都小于或等于 1（表明破坏荷载尚未达到受剪承载力，属于强剪弱弯设计），都是受弯钢筋先屈服，横坐标是剪压比值（$V/f_c bh$），图中每一个点代表一个试件，不同符号表示它

的破坏形态。由图可见，折线以下的点，也就是在剪压比较小或配箍率较高的情况下，大部分是剪切滑移或弯曲滑移破坏；折线以上的点，也就是在剪压比较大的情况下，即使是剪箍比大于 0.75，大部分还是剪切破坏(包括剪拉破坏)，折线附近则既有剪切滑移破坏，也有剪切破坏。

图 7-34b 将试验结果进一步量化，竖坐标是试验实测的延性比，横坐标是剪箍比，图中两条曲线分别代表了剪压比大于或等于 0.15 和剪压比小于 0.15 的两类连梁。由图 7-34 可见，当剪压比小于 0.15 时，随着剪箍比的减小(箍筋增加)，连梁延性迅速提高；剪压比大于 0.15 以后，随着剪箍比的减小(箍筋增加)，连梁延性提高不多。两条曲线的不同说明了：当剪压比较小时，配置箍筋提高延性的作用明显，在剪压比较大的情况下，配置箍筋的作用就减小了。

由以上的试验结果可知，在普通配筋的连梁中，改善屈服后剪切破坏性能、提高连梁延性的主要措施是控制连梁的剪压比，其次是多配一些箍筋。剪压比是主要因素，箍筋的作用是限制裂缝开展，推迟混凝土的破碎，推迟连梁破坏。

在我国的规范和规程中，为防止连梁过早剪坏，要求限制连梁的剪压比，对于跨高比较小的连梁限制更加严格。按我国规范和规程的要求，抗震设计连梁剪压比限制表达为下列要求：

跨高比大于 2.5 时
$$V_b \leqslant \frac{1}{\gamma_{RE}}(0.2\beta_a f_c b_b h_{b0}) \tag{7-11a}$$

跨高比不大于 2.5 时
$$V_b \leqslant \frac{1}{\gamma_{RE}}(0.15\beta_a f_c b_b h_{b0}) \tag{7-11b}$$

连梁截面的抗剪承载力验算中，箍筋要求也比一般梁多一些，跨高比不大于 2.5 的连梁箍筋要求更多一些。抗震设计的连梁箍筋应沿梁全长加密；同时在连梁高度大于 700mm 时要设置腰筋，腰筋的作用也是限制连梁裂缝开展、推迟混凝土的破碎。

7.4.2 连梁最大、最小抗弯配筋率和剪压比的关系

跨高比小的连梁中，由竖向荷载产生的剪力占的比例很小，当连梁按照强剪弱弯设计时，受弯承载力就基本决定了连梁承受的最大剪力；为了控制剪压比，剪力就不能超过一定值，因此连梁的受弯承载力也应受到限制。剪压比的大小与受弯配筋的多少密切相关，也可以说，在连梁中控制剪压比就是控制受弯配筋。

通常连梁是对称配筋，即上、下受弯钢筋相同，忽略连梁在竖向荷载下剪力，近似按下式计算连梁的剪力：

$$V_b = \frac{2M_{bu}}{l_l} = \frac{2A_s f_y(h_{b0}-a')}{l_l} \approx 2A_s f_y \frac{h_b}{l_l} \tag{7-12}$$

为满足剪压比要求，将(7-12)式分别代入(7-11a、b)，可得连梁的受弯钢筋

配筋率应小于下式右边所列的值:

跨高比大于 2.5 时 $\qquad \dfrac{A_s}{b_b h_{b0}} \leqslant \dfrac{0.2}{\gamma_{RE}} \beta_c \dfrac{f_c}{f_y} \dfrac{l_l}{h_b}$ (7-13a)

跨高比不大于 2.5 时 $\qquad \dfrac{A_s}{b_b h_{b0}} \leqslant \dfrac{0.15}{\gamma_{RE}} \beta_c \dfrac{f_c}{f_y} \dfrac{l_l}{h_b}$ (7-13b)

连梁最大受弯配筋率与跨高比和材料强度有关,假设为 C50 混凝土,$\beta_c = 1.0$,$f_c = 12.2 f_t$,$\gamma_{RE} = 0.85$,则

跨高比大于 2.5 时 $\qquad \dfrac{A_s}{b_b h_{b0}} \leqslant 144 \dfrac{l_l}{h_b} \dfrac{f_t}{f_y}\%$ (7-14a)

跨高比不大于 2.5 时 $\qquad \dfrac{A_s}{b_b h_{b0}} \leqslant 108 \dfrac{l_l}{h_b} \dfrac{f_t}{f_y}\%$ (7-14b)

因此,只要连梁的受弯配筋率不超过式(7-14),将满足剪压比要求(如果混凝土强度与 C50 相差较大,可用式(7-13)计算)。

此外,值得注意的是连梁受弯最小配筋率的要求,当跨高比较小时,不能采用一般梁的最小配筋率。原因是:连梁对剪切变形敏感,剪压比的限制严格,如果按我国规范和规程规定的一般框架梁的最小配筋率配筋,那么在跨高比小于 1 的连梁中,有可能不满足剪压比的要求。

为了便于设计操作,通过试算,对连梁的最小、最大受弯配筋率作如下建议:

1)抗震设计连梁受弯顶面及底面单侧纵向钢筋最大配筋率宜符合表 7-5 的要求。

表 7-5 连梁纵向钢筋的最大配筋率(%)

跨 高 比	最大配筋率
$l_l/h_b \leqslant 1.0$	0.6
$1.0 < l_l/h_b \leqslant 2.0$	1.2
$2.0 < l_l/h_b \leqslant 2.5$	1.5

2)跨高比大于 1.5 的连梁受弯最小配筋率可按一般梁的要求选用。

3)跨高比不大于 1.5 的抗震连梁受弯最小配筋率应符合现行规程规定。

7.4.3 连梁的弯矩调幅

图 7-35 是通过弹塑性静力分析得到的 15 层双肢剪力墙(7.2.3 节)的连梁不同受力阶段内力沿高度的分布状况,在弹性阶段各层连梁内力按比例增大,内力最大连梁的受弯钢筋首先出现屈服进入弹塑性阶段后出现内力重分布,钢筋已屈服连梁的弯矩基本不再加大,增大的水平荷载由其他连梁和墙肢承受,其他连梁

在弯矩增大后也逐步屈服，一直扩大到全部连梁屈服（由于分析中假定了连梁不会剪切破坏），达到最大水平荷载时部分连梁钢筋进入强化阶段而弯矩略有增大（在实际工程中一般不可能出现这种情况）。

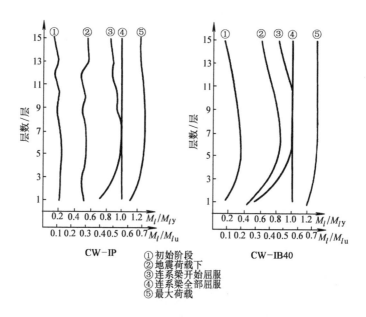

图 7-35　连梁弯矩重分配

　　强墙弱梁联肢剪力墙的延性较好，在一般剪力墙中，可采用降低连梁弯矩设计值的方法，使部分或全部连梁先于墙肢出现弯曲屈服，降低连梁屈服弯矩同时也降低了连梁的剪压比，可改善连梁的延性性能。降低连梁的弯矩设计值，也就是进行连梁弯矩调幅，有两个方法：

　　1）按连梁弹性刚度计算内力和位移，将计算得到的连梁弯矩组合值乘以调幅系数，直接降低连梁弯矩设计值。

　　2）在进行结构弹性计算时，将连梁刚度进行折减，就可减小连梁的弯矩和剪力值。规程中规定折减系数不小于0.5。

　　无论采用哪种方法进行连梁内力调幅，连梁的受弯钢筋都会减少，都会提前出现裂缝并提前屈服，因此应当提出的问题是，连梁弯矩减少多少为宜？两种方法是否可以连用？

　　首先应当明确，既然要求连梁在正常使用荷载下不能出现裂缝，更不能屈服，那么连梁的内力调整不能低于风荷载下的内力，也不能低于小震下的内力，也就是说当设防烈度为9度和8度，而风荷载又不大时，连梁弯矩调幅幅度可大一些，设防烈度为7度时，或风荷载较大时，连梁弯矩的调幅幅度要小一些。因此建议，如果从连梁弹性刚度所得的连梁弯矩直接折减，折减系数分别不宜小于

0.6(8度、9度)和0.8(7度)。在一些由风荷载控制设计的剪力墙结构中，连梁弯矩不宜折减。

如果用连梁刚度折减的方法计算结构内力，则连梁的刚度折减系数可由以下方法粗略估计：

由式(7-5)求极值得到连梁最大剪力系数 $k_{l,\max}$ 所对应的坐标 $\xi^{\max}(\alpha)$（就是图7-14中连梁最大内力的相对坐标），将 $\xi^{\max}$ 代入式(7-5)计算得到 $k_{l,\max}(\alpha)$，图 7-36 中实线是 $k_{l,\max}$—α 关系曲线，它与双曲函数有关。为方便计算，用多项式曲线拟合，见图中虚线，拟合的多项式如下：

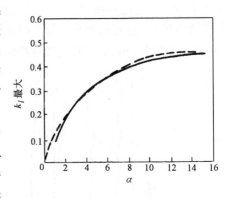

图 7-36 $k_{l,\max}$—α 关系曲线

$$k_{l,\max} = 0.063\alpha^{\frac{1}{2}} + 0.068\alpha - 0.014\alpha^{\frac{3}{2}} \tag{7-15}$$

用拟合曲线可以很方便地从整体系数 α 计算连梁最大剪力系数 $k_{l,\max}$。当连梁刚度折减 β 倍时，整体系数 α 折减 $\sqrt{\beta}$ 倍（见 α 计算公式），从而可得到 $k_{l,\max}$ 的折减倍数（即连梁内力折减系数）。现将连梁刚度折减 0.5 时得到的 $k_{l,\max}$ 折减系数列于表7-6。由表可见，在 7 度设防区，剪力墙结构中连梁的刚度折减系数不宜小于 0.5，否则连梁弯矩折减系数将小于 0.8，在 8 度、9 度设防区，如果需要，连梁刚度还可折减多一些。

表 7-6   连梁刚度折减 0.5 时，$k_{l,\max}$ 的折减系数

α 原值	10	7	5	3.5
折减后 α	7	5	3.5	2.45
$k_{l,\max}$ 折减系数	0.88	0.85	0.81	0.8

必须注意，上述内力折减系数是取连梁刚度折减所得到的结果。一般情况下，连梁内力调幅的两种方法中宜选用一种，两种折减方法不宜连用；如果连用，必须掌握总的内力折减幅度在允许的范围内。

7.4.4   连梁设计措施

对于联肢剪力墙，连梁既是影响剪力墙刚度和承载力的重要构件，又是对剪切变形敏感、容易剪切破坏的构件，为了防止过早剪坏，要严格限制连梁的剪压比和受弯配筋。结构工程师的困难在于连梁尺寸一般是由建筑设计确定，有时几乎无法同时满足各种要求。结构工程师应当在了解连梁受力和变形性能的基础上，在可能的范围内进行调整、采取对策。下面归纳以上的分析，从概念上提出

连梁设计的几个措施：

1）抗风结构（非抗震结构）可以用加大连梁尺寸的方法提高连梁刚度，从而增大联肢剪力墙的刚度，以满足结构抗侧刚度的要求，计算时，连梁刚度不宜折减，内力也不宜调幅。而抗震结构不宜用加大连梁尺寸的方法提高剪力墙刚度，相反，开洞剪力墙中的连梁宜较小，如结构刚度不足，可采用其他方法增大结构总刚度。

2）抗震结构要考虑弹塑性性能以抵抗中震和大震，因此不宜采用刚度很大的连梁，不宜设计类似整体悬臂（整体小开口剪力墙）的联肢剪力墙，联肢剪力墙的整体系数 α 宜小于 10，也不宜设计配筋很多的连梁，应通过连梁弯矩调幅设计强墙弱梁的延性剪力墙。

3）当剪力墙长度很大时，可以开一个大洞口，减小梁高，形成相对刚度较小的连梁，即采用"弱连梁"将剪力墙分割成长度较小的墙（每一段墙可以是联肢剪力墙，也可以是独立墙肢等），"弱连梁"对墙肢约束弯矩很小，整体系数 $\alpha \leqslant 1$ 的连梁属于弱连梁，计算时弱连梁的刚度也不宜折减。

4）抗震剪力墙可通过连梁内力调幅降低连梁弯矩，但调整后的连梁弯矩不能低于风荷载下的连梁弯矩，也不能低于小震下的连梁弯矩。

5）跨高比小于 2.5 的连梁多数出现剪坏，为避免脆性剪切破坏，主要措施是控制剪压比和适当增加箍筋数量。

6）为了限制连梁截面剪压比，应当控制连梁的受弯钢筋数量，受弯钢筋不超过最大配筋率，也不小于最小配筋率。

7）当连梁破坏对承受竖向荷载没有很大影响时，在大震作用下，允许连梁剪切破坏，按照多道设防的概念设计联肢剪力墙。例如当调幅后连梁的剪压比仍然较大，考虑到正常使用要求又不能再降低连梁受弯配筋时，连梁可能出现屈服后的剪坏，这时可以按照多道设防要求，对连梁破坏后的结构进行第二次内力和位移计算，保证墙肢在大震作用下的承载力和延性，做到墙肢不破坏、不倒塌。

8）核心筒的连梁（筒中筒结构或框架-核心筒结构）或框筒结构中的深梁可以采用交叉斜撑配筋，以改善连梁的延性性能。

7.4.5 交叉斜撑配筋连梁

交叉斜撑配筋连梁的延性很好，它是由新西兰坎特伯雷大学 T. Pauly 教授提出，经过多次试验，并在工程中已经加以应用的一种连梁[3]。为了证明交叉斜撑配筋的有效性，他们曾经做了两片 7 层双肢剪力墙的对比试验，其中一片墙的连梁为普通配筋，另一片墙的连梁则采用交叉配筋，图 7-37 是这两片墙顶点位移的滞回曲线，由图可见，具有交叉配筋连梁剪力墙的滞回曲线所包围的面积较大，曲线饱满而塑性变形大，变形达到 7 英寸以后最大荷载下降，说明它的耗能性能好、延性好。我国也做过一些试验，证明了这种连梁的有效性，可以有效地改善小跨高比连梁的性能。

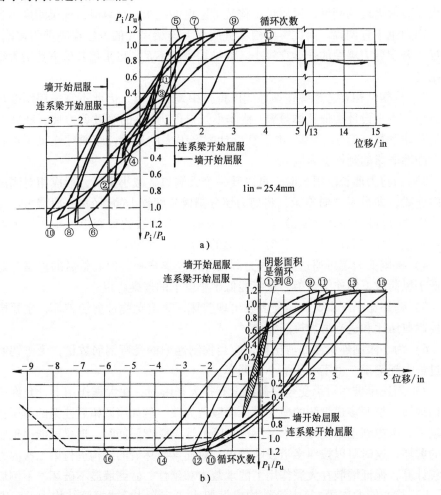

图 7-37　两片墙顶点位移的滞回曲线（新西兰坎特伯雷大学）

a）具有普通配箍连梁的剪力墙　b）具有交叉配筋连梁的剪力墙

在普通配筋的连梁中，要依靠混凝土传递剪力，反复荷载作用下混凝土挤压破碎，连梁便失去了承载力；而交叉配筋的连梁中，连梁的剪力由交叉斜撑承担，交叉斜撑起拉杆、压杆作用，形成桁架传力途径，混凝土虽然破碎，桁架仍然能继续受力，对墙肢的约束弯矩仍起作用，见图 7-38。

交叉配筋连梁的构造要求高，其配筋构造见图 7-39，为防止斜筋压屈，必须用矩形箍筋或螺旋箍筋与斜向钢筋绑在一起，成为既要受拉、又要受压的斜撑杆，因此，配置交叉斜撑的连梁厚度不能小于 300mm，交叉斜撑还必须伸入墙

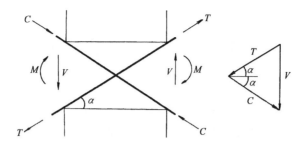

图 7-38 交叉配筋连梁受力简图

体并有足够的锚固长度，同时也还要配置横向和竖向钢筋形成网状配筋，防止混凝土破碎后掉落。连梁交叉斜撑的钢筋面积由剪力形成的拉、压力计算确定，我国对交叉斜撑的配筋构造要求可查规程相关规定。

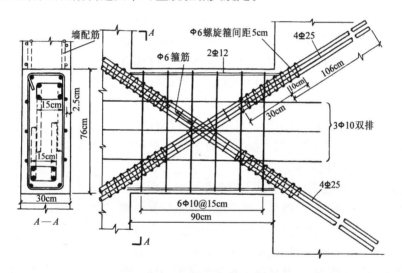

图 7-39 交叉斜撑配筋连梁的构造(新西兰)

对于延性要求高的核心筒连梁和框筒窗裙梁，可采用这种特殊配筋的连梁。规程规定，跨高比不大于 2 的核心筒连梁或框筒梁，宜采用交叉斜撑配筋；跨高比不大于 1 的核心筒连梁或框筒梁，应采用交叉斜撑配筋。

第8章 筒体结构设计概念

筒体结构包括框筒、筒中筒、束筒以及框架—核心筒、框架—核心筒—伸臂结构等，其中框架—核心筒、框架—核心筒—伸臂结构虽然都有筒体，但是它们与框筒、筒中筒、束筒结构的组成和传力体系有很大区别，需要了解它们的异同，掌握不同的设计概念和要求。

8.1 框筒、筒中筒和束筒的设计概念

由密排柱和跨高比较小的裙梁构成密柱深梁框架，布置在建筑物周围形成框筒，框筒与实腹筒组成筒中筒，多个框筒排列组成束筒。在水平力作用下，框筒中除了腹板框架抵抗部分倾覆力矩外，翼缘框架柱承受拉、压力，可以抵抗水平荷载产生的部分倾覆力矩。因此，框筒是空间结构，具有很大的抗侧移和抗扭刚度，又可增大内部空间的使用灵活性，对于高层建筑，框筒、筒中筒、束筒都是高效的抗侧力结构体系。

框筒也可看成在实腹筒上开了很多小孔洞，但它的受力比一个实腹筒要复杂得多。剪力滞后现象使翼缘框架各柱受力不均匀，中部柱子的轴向应力减少，角柱轴向应力增大，见图8-1，腹板框架各柱轴力也不是直线分布（剪力滞后造成的）。如何减少翼缘框架剪力滞后影响成为设计框筒结构的主要问题。

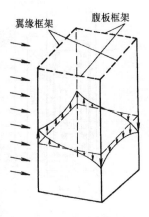

图8-1 框筒结构的
剪力滞后现象

8.1.1 框筒的剪力滞后

与水平力方向平行的腹板框架与一般框架相似，一端受拉，另一端受压，角柱受力最大。翼缘框架受力是通过与腹板框架相交的角柱传递过来的，图8-2是翼缘框架变形示意，角柱受压力缩短，使与它相邻的裙梁承受剪力（受弯），传递到相邻柱，使相邻柱承受轴压；第二个柱子受压又使第二跨裙梁受剪（受弯），相邻柱又承受轴压，如此传递，使翼缘框架的裙梁和柱都承受其平面内的弯矩、剪力与轴力（与水平力作用方向相垂直）。由于梁的变形，使翼缘框架各柱压缩变形向中心逐渐递减，轴力也逐渐减小，这就是剪力滞后现象；同理，受拉的翼

缘框架也产生轴向拉力的剪力滞后现象。腹板框架的柱轴力也呈曲线分布，角柱轴力大，中部柱子轴力较小（与直线分布相比），腹板框架剪力滞后现象也是由于裙梁的变形造成的，使角柱的轴力加大。

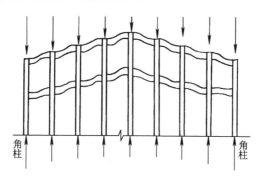

图 8-2 翼缘框架变形示意

由于翼缘框架各柱和裙梁内力是由角柱传来，其内力和变形都在翼缘框架平面内，腹板框架的内力和变形也在它的平面内，这是框筒在水平荷载作用下内力分布形成"筒"的空间特性。如果楼板是很薄的板，或者楼板梁和框筒柱都是铰接，那么从楼板传到柱子的力只有轴力，柱子不承受框筒平面外的弯矩和剪力。如果楼板梁与框筒柱刚接，那么竖向荷载产生的梁端弯矩就会使柱产生框筒平面外的弯矩和剪力。通常，在框筒中有可能、也有必要减少框筒柱平面外的弯矩和剪力，采用很薄的平板或密肋板做楼板，一方面可减小楼层高度，另一方面，可使框筒受力和传力更加明确，除角柱是双向受力外，其他柱子主要是单向受弯，受力性能较好。

框筒形成空间作用，其中角柱具有三维应力，角柱是形成框筒结构空间作用的重要构件；各层楼板使框筒平面形状在水平荷载作用下不变形，因此楼板起隔板作用，也是形成框筒空间作用的重要构件。

设计时要考虑尽量减小翼缘框架剪力滞后，因为剪力滞后愈小，就愈能使翼缘框架中间柱的轴力增大，就会提高框筒抵抗倾覆力矩的能力，提高结构抗侧刚度，也就能最大程度地提高结构所用材料的效率。

影响剪力滞后的因素很多，影响较大的有：①柱距与裙梁高度。②角柱面积。③框筒结构高度。④框筒平面形状。下面通过实例计算分别介绍各种影响因素，分析实例采用图 8-3 中给出的框筒平面，该框筒 55 层，层高 3.4m，承受水平荷载作用。

（1）柱距与裙梁高度 实际上，影响剪力滞后大小的主要因素是裙梁剪切刚度与柱轴向刚度的比值，要求形成密柱（小柱距），实际是减小裙梁的跨度，减小裙梁跨度或加大其截面高度，都能增大裙梁的剪切刚度。梁的剪切刚度愈

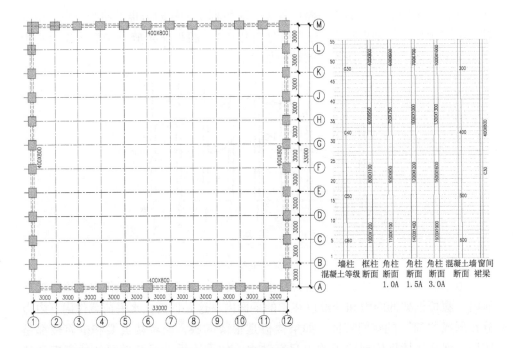

图 8-3　框筒平面及构件尺寸

大，剪力滞后愈小。

梁剪切刚度 $$S_b = \frac{12EI_b}{l^3} \tag{8-1a}$$

柱轴向刚度 $$S_c = \frac{EA_c}{h} \tag{8-1b}$$

式中，l、I_b 分别为裙梁的净跨及梁截面惯性矩；h、A_c 分别为柱净高及柱截面面积；E 为材料弹性模量。

图 8-4 比较了在柱截面相同时，改变裙梁高度的 5 种情况（裙梁净跨度 1800mm），图中各曲线是翼缘框架柱轴力值的连线，并分别列出了 5 种裙梁高度和它们的 S_b/S_c 值。裙梁高度为 300mm 时（跨高比 $l/h = 6$），滞后现象严重，角柱与中柱的轴力比为 26，当裙梁高度为 600mm 时（$l/h = 3$），角柱与中柱的轴力比约为 6，当裙梁高度为 800mm 时（$l/h = 2.75$），角柱与中柱的轴力比约为 5，滞后现象大大改善，这也就是框筒必须采用密柱深梁的原因，否则，起不到"筒"的作用。当裙梁高度继续加大时，中间柱轴力仍可增大，但当裙梁高度由 1200mm（$l/h = 1.5$）加高到 1600mm（$l/h = 1.1$）时，剪力滞后现象改善不大，也就是说，裙梁高度也没有必要太大。

如果裙梁高度受到限制，深梁的效果不足，可以通过在少数层设置沿框筒周圈的环向桁架加以弥补，环向桁架一般做成一层楼高（或两层高），通常与设备

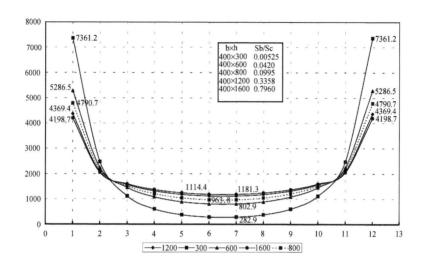

图 8-4　裙梁高度对剪力滞后的影响

层、避难层结合，由于环向桁架的大刚度，可减少翼缘框架和腹板框架的剪力滞后。

（2）角柱面积　角柱愈大，它承受的轴力也愈大，提高了角柱及其相邻柱的轴力，翼缘框架的抗倾覆力矩会增大。但是，角柱加大使它与中柱轴力差愈大，图 8-5 比较了 3 种不同大小的角柱，其轴力随角柱面积加大而加大，但是只要裙梁保持一定高度（裙梁高 800mm），中柱轴力没有明显变化。角柱加大带来的问题是在水平荷载下角柱出现拉力也加大，需要更多的竖向荷载压力去平衡角柱的拉力，柱出现拉力是非常不利的，因此角柱的面积也不宜太大。

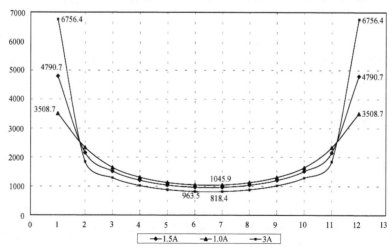

图 8-5　角柱对剪力滞后的影响

（3）框筒结构高度　剪力滞后现象沿框筒高度是变化的，图8-6中给出了图示框筒静力分析得到的1层、10层、20层翼缘框架轴力分布图，底部剪力滞后现象相对严重一些，愈向上柱轴力绝对值减小，剪力滞后现象缓和，轴力分布趋于平均。因此框筒结构要达到相当高度，才能充分发挥框筒结构的作用，高度不大的框筒，剪力滞后影响相对较大。

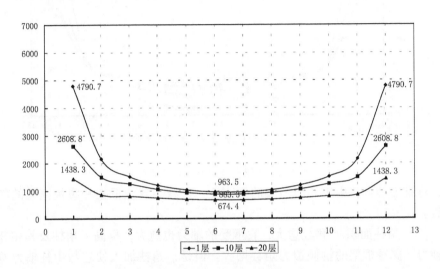

图8-6　框筒翼缘框架轴力分布沿高度变化

（4）框筒平面形状　另一个影响剪力滞后的重要因素是平面形状和边长，翼缘框架愈长，剪力滞后也愈大，翼缘框架中部的柱子轴力会很小，见图8-7。因此，框筒平面边长尺寸过大或长方形平面都是不利的，正方形、圆形、正多边形是框筒结构最理想的平面形状。

如果在长边的中部加一道横向密柱，就像增加一道加劲肋，就能大大减小剪力滞后效应，提高中柱的轴力，图8-8是加一道横向加劲密柱框架后，翼缘框架柱的轴力分布；与图8-7比较，可见各柱轴力都大大提高，加劲框架端柱愈大，端柱轴力也愈大，加劲框架承受的力也愈大。

加一道横向的加劲密柱框架后形成两个正方形框筒，就称为束筒。在设计边长较大或平面不规则的建筑时，可应用加劲密柱框架形成束筒，如图8-9所示。

图8-9c是美国芝加哥的Sears大楼的束筒结构布置和翼缘框架轴力分布图，该大楼高度达443m，正方形平面，由于高宽比要求，它的边长达到69m，每个方向加两道加劲框架，形成9个正方形框筒组成的束筒，使翼缘框架的轴力分布比较均匀。

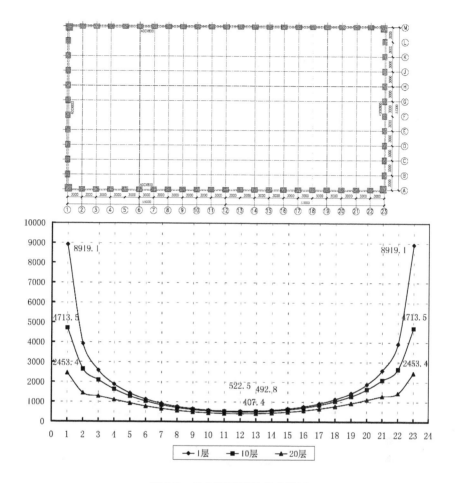

图 8-7　长方形平面的剪力滞后

8.1.2　框筒变形规律

框筒结构的变形是由两部分组成，腹板框架与一般框架类似，由梁柱弯曲及剪切变形产生的层间变形，一般是下部大，上部小，呈剪切型，而翼缘框架中主要由柱轴向变形抵抗力矩，翼缘框架的拉、压轴向变形使结构侧移具有弯曲型性质。作为一个整体，框筒结构总变形综合了弯曲与剪切型，大多数情况下框筒总变形仍略偏向于剪切型。

楼板必须满足承受竖向荷载的要求，同时楼板又是保证框筒空间作用的一个重要构件，楼板的跨度及布置形式必须考虑这两方面的要求。由于框筒各个柱承受的轴力不同，轴向变形也不同，角柱轴力及轴向变形最大（拉伸或压缩），中部柱子轴向应力及轴向变形减小，这就使楼板产生翘曲，底部楼层翘曲严重，向上逐渐减小。

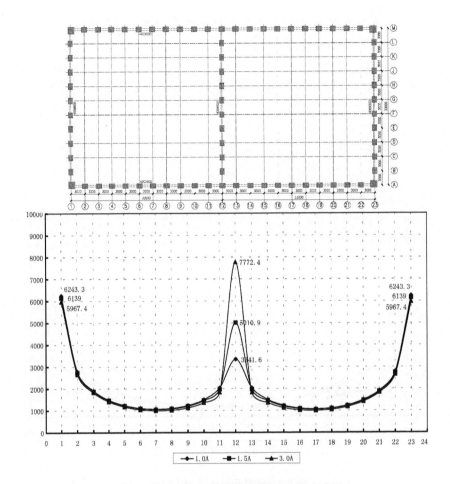

图 8-8　长方形平面做成双框筒后的剪力滞后

8.1.3　框筒与实腹筒结合——筒中筒结构

　　框筒与实腹筒组成的筒中筒结构，不仅增大了结构的抗侧刚度，还带来了协同工作的优点，成为双重抗侧力体系，外框筒承受的剪力一般可达到 25% 以上，承受的倾覆力矩一般可达到 50% 以上。实腹筒是以弯曲变形为主的，框筒剪切型变形成分较大，二者通过楼板协同工作抵抗水平荷载，与框架—剪力墙结构协同工作类似，框筒与实腹筒的协同工作可使层间变形更加均匀；框筒上部、下部内力也趋于均匀；框筒以承受倾覆力矩为主，内筒则承受大部分剪力，内筒下部承受的剪力很大；由于框筒布置在建筑周边，它使结构的抗扭刚度增大；此外，设置内筒减小了楼板跨度。因此筒中筒结构是一种适用于超高层建筑的高效结构体系。但是它也有缺点，密柱深梁常使建筑外形呆板，窗口小，影响采光与视野。

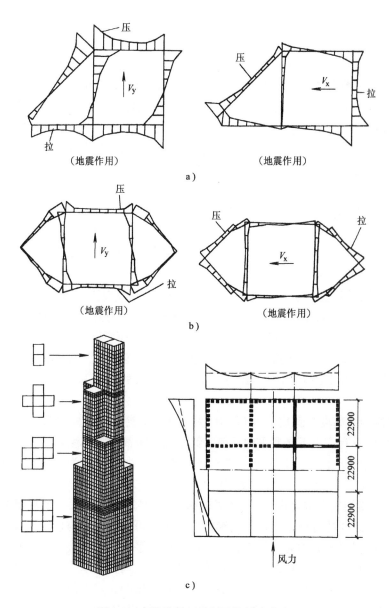

图 8-9 束筒的平面示例及柱轴力分布

a) 洛杉矶 Maguire Partners 大楼(49 层)

b) 旧金山加州大街 345 号大楼(49 层)

c) 芝加哥西尔斯大厦(110)层

8.1.4 布置要点及其应用

框筒、筒中筒、束筒结构的布置应符合高层建筑的一般布置原则。同时要考虑如何合理布置，减小剪力滞后，以便高效而充分发挥所有柱子的作用。

在了解了剪力滞后的影响因素后，就很容易理解框筒和筒中筒结构方案设计及布置要点，下面列出了需要注意的一些问题。但是应当强调，以下各项要点是形成高效框筒的重要概念，但给出的值并不是形成框筒的必要条件，是一般设计的经验值，不符合这些数据条件，空间作用仍然存在，只是剪力滞后会大一些。要灵活运用概念，是否达到设计要求(侧移限制、周期、抗扭,等等)可以通过计算检验，不必拘泥于是否符合"框筒"的定义。

1) 框筒宜做成密柱深梁，一般情况下，柱距为 1 ~ 3m，不超过 4.5m，裙梁净跨度与截面高度之比不大于 3 ~ 4。一般窗洞面积不超过建筑面积的 60%。如果密柱深梁的效果不足，可以沿结构高度，选择适当楼层，设置整层高的环向桁架，可以减小剪力滞后。

2) 框筒平面宜接近方形、圆形或正多边形，如为矩形平面，则长短边的比值不宜超过 2。如果建筑平面与上述要求不符，或边长过大时，可以增设横向加劲框架（减小框筒边长），形成束筒结构。束筒的平面可以有多样，见图 8-9，可以由方形、短矩形、三角形、多边形等组成，第 2 章图 2-3 也是束筒结构。当平面形状由一些规则的几何图形组成时，应用束筒的概念可以得到理想的结构布置。

3) 结构总高度与宽度之比(H/B)大于 3，才能充分发挥框筒作用，在矮而胖的结构中不宜、也不必要采用框筒、筒中筒或束筒结构体系。

4) 筒中筒结构的内筒面积不宜过小，通常，内筒边长为外筒边长的 1/2 ~ 1/3 较为合理，内筒的高宽比大约为 12 左右，一般不宜超过 15。

5) 框筒结构中楼盖构件(包括楼板和梁)的高度不宜太大，要尽量减小楼盖构件与柱子之间的弯矩传递。采用钢结构楼盖时可将楼板梁与柱的连接处理成铰接，在钢筋混凝土筒中筒结构中，可将楼盖做成平板或密肋楼盖；没有内筒的框筒或束筒结构可设置内柱，以减小楼盖梁的跨度，内柱只承受竖向荷载而不参与抵抗水平荷载，但设计内柱时应考虑侧移对它的影响；筒中筒结构内、外筒间距(即楼盖跨度)通常取 10 ~ 12m，间距再大则宜增设内柱或采用预应力楼盖等适用于大跨度而梁高度不增加的楼盖体系。

为了使框筒柱在框架平面外减小弯矩，避免柱成为双向受弯构件，一般尽可能不设大梁，使框筒结构的空间传力体系更加明确；由于筒中筒结构抗侧刚度已经很大，设置大梁对增加刚度的作用较小；此外，两端刚接的楼板大梁也会使内筒剪力墙平面外受到较大弯矩，此时要注意梁端弯矩对剪力墙的不利作用(如果有大梁应支承在纵横剪力墙的交点处）。

在筒中筒结构的楼盖中尽量不采用楼板大梁，而采用平板或密肋楼盖的另一原因是，在保证建筑净空的条件下，可以减小楼层层高。在高层建筑中减小层高可以减小建筑总高度，对减少造价有明显效果。

6）楼盖梁系的布置方式，宜使角柱承受较大竖向荷载，以平衡角柱中的拉力。图 8-10 给出了几种筒中筒结构的楼盖布置形式。

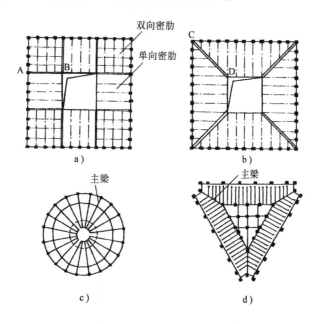

图 8-10　筒中筒结构楼盖布置示例

7）框筒结构的柱截面宜做成正方形、扁矩形或 T 形。框筒空间作用产生的梁、柱弯矩主要是在腹板框架和翼缘框架的平面内，矩形柱截面的长边应沿外框架的平面方向布置。当内、外筒之间有较大的梁时，柱在两个方向受弯，可做成正方形或 T 形柱。

8）角柱截面要适当增大，截面较大可减少压缩变形，角柱截面过大也不利，它会导致过大的柱轴力，特别是当重力荷载不足以抵消拉力时，柱将承受拉力。一般情况下，角柱面积宜取为中柱面积的 1.5 倍左右。

9）筒中筒结构中，框筒结构的各柱已经承受了较大轴力，可抵抗较大倾覆弯矩，因此没有必要再在内外筒之间设置伸臂。在筒中筒结构中设置伸臂层的效果并不明显，反而带来柱受力突变的不利因素（第 9 章 9.1 节将讨论）。

10）由于框筒结构柱距较小，在底层往往因设置出入通道而要求加大柱距，必须布置转换结构（见 9.2 节）。转换结构的主要功能是将上部柱荷载传至下部大柱距的柱子上，一般内筒应一直贯通到基础底板（第9章9.2节将介绍）。

8.1.5 框筒的估算方法

框筒、筒中筒、束筒都是空间结构，需按三维空间结构方法进行计算，因而通常都用计算机程序进行计算。框筒中的梁柱作为带刚域杆件，内筒可用剪力墙的各种简化方法处理。在框筒、筒中筒、束筒结构中，因为结构形状的限制，一般都适合于采用楼板在平面内的刚度无限大的假设。

十分粗略的手算估算方法是将矩形框筒简化为两个槽形竖向悬臂结构，如图8-11所示，考虑剪力滞后，槽形的翼缘宽度取值一般不大于腹板宽度的1/2，也不大于建筑高度的1/10。其他形状的框筒可用类似方法取成不同的简化平面，其第 i 个柱内轴力及第 j 个梁内剪力可由下式作初步估算：

$$\left.\begin{aligned} N_{Ci} &= \frac{M_p c_i}{I_e} A_{Ci} \\ V_{Lj} &= \frac{V_p S_j}{I_e} h \end{aligned}\right\} \tag{8-2}$$

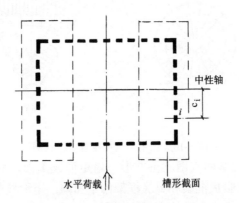

图 8-11 框筒内力的估算简图

式中 M_p、V_p——水平荷载产生的总弯矩及总剪力；

I_e——框筒简化平面对框筒中性轴的惯性矩，可以取简化平面内所有柱面积乘以柱中心到中性轴距离平方之和；

A_{Ci}——i 柱截面面积；

h——层高；

S_j——第 j 个梁中心线以外的平面面积对中性轴的面积矩。

该方法只能用于初步设计。

8.1.6 构件配筋设计特点

筒中筒结构有梁、柱、剪力墙、楼盖四类构件，分别按梁、柱、墙、楼盖等配筋方法进行计算配筋，需要考虑以下一些特点：

1）裙梁跨高比小，水平荷载作用下的反弯较大，与联肢剪力墙的连梁有类似之处，容易剪坏，应按强剪弱弯要求设计裙梁配筋，并按连梁要求限制其平均剪应力（剪压比）；当梁的跨高比较小时，可以采用延性较好的交叉斜撑配筋方式。

2）抗震的框筒结构特别要注意强柱弱梁的设计要求。

3）角柱应按双向弯曲设计柱截面配筋。

4）如果楼盖大梁从剪力墙平面外与剪力墙相交，使剪力墙产生平面外弯矩，则要视梁端弯矩的大小采取相应措施，应设置墙垛及配筋暗柱，增强墙肢平面外的抗弯能力，要进行平面外截面受弯承载力验算。

5）楼盖的楼板和梁构件除了进行竖向荷载下的抗弯配筋外，要考虑楼板翘曲，楼板四角要配置抗翘曲的板面斜向钢筋，或配置钢筋网，见图8-12。

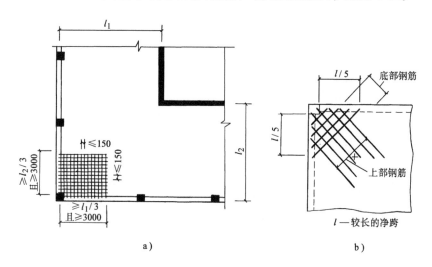

图 8-12 楼板四角上下双面配置钢筋

a）配置钢筋网　b）配置斜向钢筋

8.2 框架—核心筒结构、框架—核心筒—伸臂结构设计概念

当实腹筒布置在周边框架内部时，形成框架—核心筒结构，是高层建筑中广

为应用的一种体系，它与筒中筒结构在平面形式上可能相似，见图8-13，但受力性能却有很大区别。框架—核心筒应用广泛，是框架—筒体结构具有典型性的一种形式，本节将以框架—核心筒为代表讨论框架—筒体结构的受力性能及设计概念。

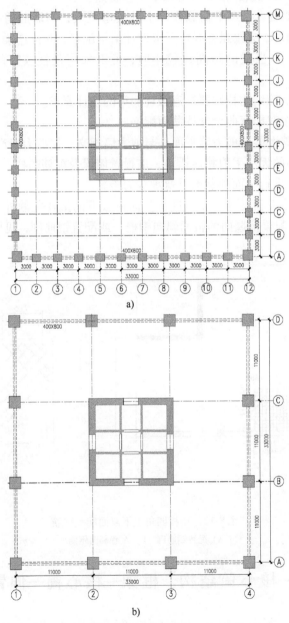

图 8-13 典型的筒中筒结构及框架—核心筒结构平面

a) 筒中筒结构   b) 框架—核心筒结构(平板体系)

框架—核心筒结构中常常在某些层设置伸臂，连接内筒与外柱，以增强其抗侧刚度，称为框架—核心筒—伸臂结构。伸臂是由刚度很大的桁架、空腹桁架、实腹梁等组成。本节还将介绍框架—核心筒—伸臂结构受力性能及设计概念。

8.2.1 框架—核心筒结构的受力特点

由于空间作用，在水平荷载作用下，密柱深梁框筒的翼缘框架柱承受较大轴力，当柱距加大、裙梁的跨高比加大时，剪力滞后加重，柱轴力将随着框架柱距的加大而减小，但它们仍然会有一些轴力，也就是还有一定的空间作用，正由于这一特点，有时把柱距较大的周边框架称为"稀柱筒体"。不过当柱距增大到与普通框架相似时，除角柱外，其他柱子的轴力将很小，由量变到质变，通常可忽略沿翼缘框架传递轴力的作用，就直接称之为框架以区别于框筒。框架—核心筒结构，因为有实腹筒，在我国规范上将它归入"筒体结构"类，但是它抵抗水平荷载的受力性能更接近于框架—剪力墙结构，与筒中筒结构有很大的不同。

现以图 8-13 所示的筒中筒结构和框架—核心筒结构进行比较，进一步说明它们的区别。两个结构平面尺寸、结构高度、所受水平荷载都相同，两个结构楼板都采用平板，表 8-1 给出了两个结构顶点位移与结构基本自振周期的比较。图8-14 为筒中筒结构与框架—核心筒结构翼缘框架柱轴力分布的比较。

由表 8-1 可见，与筒中筒结构相比，框架—核心筒结构的自振周期长，顶点位移及层间位移都大，表明框架—核心筒结构的抗侧刚度大大小于筒中筒结构。

由图 8-14 可见，框架—核心筒的翼缘框架柱子轴力小，柱数量又较少，翼缘框架承受的总轴力要比框筒小得多，轴力形成的抗倾覆力矩也小得多。结构主要是由①、④轴两片框架（腹板框架）和实腹筒协同工作抵抗侧力，角柱作为①、④轴两片框架的边柱而轴力较大。从①、④轴框架抗侧刚度和抗弯、抗剪能力看，也比框筒的腹板框架小得多。因此框架—核心筒结构抗侧刚度小得多。

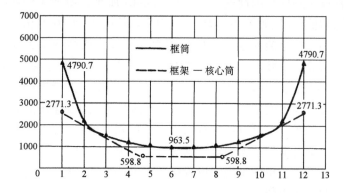

图 8-14 筒中筒与框架—核心筒翼缘框架承受轴力的比较

表 8-1　筒中筒结构与框架—核心筒结构抗侧刚度比较

结 构 体 系	周期 /s	顶 点 位 移		最大层间位移
		Δ/mm	Δ/H	δ/h
筒中筒	3.87	70.78	1/2642	1/2106
框架—核心筒	6.65	219.49	1/852	1/647

表 8-2 中给出了筒中筒结构与框架—核心筒结构的内力分配比例，可见二者的差别：①框架—核心筒结构的实腹筒承受的剪力占到 80.6%、倾覆力矩占到 73.6%，比筒中筒的实腹筒承受的剪力和倾覆力矩所占比例都大；②筒中筒结构的外框筒承受的倾覆力矩占了 66%，而框架—核心筒结构中，外框架承受的倾覆力矩仅占 26.4%。上述比较说明，框架—核心筒结构中实腹筒成为主要抗侧力部分，而筒中筒结构中抵抗剪力以实腹筒为主，抵抗倾覆力矩则以外框筒为主。

表 8-2　筒中筒结构与框架—核心筒结构内力分配比较(%)

结 构 体 系	基底剪力		倾覆力矩	
	实腹筒	周边框架	实腹筒	周边框架
筒中筒	72.6	27.4	34.0	66.0
框架—核心筒	80.6	19.4	73.6	26.4

图 8-13 中的框架—核心筒结构的楼板是平板，基本不传递弯矩和剪力，翼缘框架中间两根柱子的轴力是通过角柱传过来的（稀柱框筒的空间作用），轴力不大。

提高翼缘框架中间柱子的轴力、从而提高其抗倾覆力矩能力的方法之一，是在楼板中设置连接外柱与内筒的大梁，如图 8-15 所示，所加大梁使②、③轴形成带有剪力墙的框架(实腹筒仍然有较大空间作用)。图 8-16 给出了平板与梁板两种布置的框架—核心筒翼缘框架所受轴力的比较，该结构除了采用梁板体系外，其他所有尺寸、荷载均与图 8-13 中的平板体系框架—核心筒相同。

由图 8-16 可见，采用平板体系的框架—核心筒中，翼缘框架中间柱的轴力很小，而采用梁板体系的框架—核心筒中，翼缘框架②、③轴柱的轴力反而比角柱更大。在这种体系中，可以认为有四个主要抗侧力单元，它们都与荷载方向平行，其中②、③轴是框架—剪力墙，其抗侧刚度大大超过①、④轴框架，它们边柱的轴力也相应增大。也就是说，设置楼板大梁的框架—核心筒结构传力体系与框架—剪力墙的结构类似。

表 8-3 给出了它们基本自振周期、顶点位移的比较。可以看到，在楼板中增

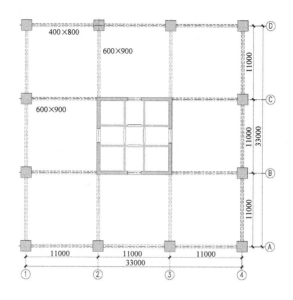

图 8-15　有梁板体系的框架—核心筒

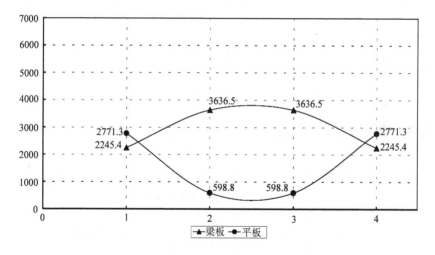

图 8-16　有、无楼板大梁的框架—核心筒翼缘框架轴力分布比较

加大梁后(有楼板大梁时简称"梁板",无楼板大梁时简称"平板"),增加了结构的抗侧刚度,周期缩短,顶点位移和层间位移减小。由表 8-4 给出的内力分配比较可见,加了大梁以后,由于翼缘框架柱承受了较大的轴力,周边框架承受的倾覆力矩加大,核心筒承受的倾覆力矩减少,由于大梁使核心筒反弯,核心筒承受的剪力略有增加,而周边框架承受的剪力反而减少了。

表8-3 有、无楼板大梁的框架—核心筒结构抗侧刚度比较

结　构	周期 /s	顶 点 位 移		最大层间位移
		Δ/mm	Δ/H	δ/h
框架—核心筒(平板)	6.65	219.49	1/852	1/647
框架—核心筒(梁板)	5.14	132.17	1/1415	1/1114

表8-4 有、无楼板大梁的框架—核心筒结构内力分配比较(%)

结　构	基 底 剪 力		倾 覆 力 矩	
	实腹筒	周边框架	实腹筒	周边框架
框架—核心筒(平板)	80.6	19.4	73.6	26.4
框架—核心筒(梁板)	85.8	14.2	54.4	45.6

在采用平板时,虽然也具有空间作用(稀柱框筒),使翼缘框架柱承受轴力,但是柱数量少,轴力也小,远远不能达到框筒所起的作用。增加楼板大梁可使翼缘框架中间柱的轴力提高,从而充分发挥周边柱的作用,但是当周边柱与内筒相距较远时,楼板大梁的跨度大,梁高较大,为了保持楼层的净空,层高要加大,对于高层建筑而言,这是不经济的,为此,另外一种可选择的、能充分发挥周边柱作用的方案是采用框架—核心筒—伸臂结构。

8.2.2　框架—核心筒—伸臂结构的受力特点

伸臂是指刚度很大的、连接内筒和外柱的实腹梁或桁架,通常是沿高度选择一层、两层或数层布置伸臂构件。图8-17描述了伸臂的作用原理,由于伸臂本身刚度较大,在结构侧移时,它使外柱拉伸或压缩,从而承受较大轴力,增大

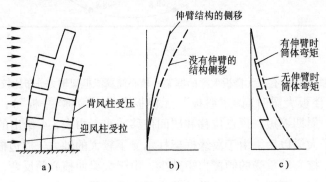

图 8-17　伸臂的作用原理

a) 伸臂结构在水平荷载作用下的变形　b) 侧移　c) 筒体弯矩

了外柱抵抗的倾覆力矩，伸臂对内筒有反向的约束弯矩，内筒的弯矩图改变，使内筒弯矩减小，内筒反弯也同时减小了侧移。伸臂加强了结构抗侧刚度，因此把设置伸臂的楼层称为加强层。图 8-18 表示在框架—核心筒结构中（本章分析例题）设置伸臂后的剖面图和侧移曲线，图中给出了几种情况侧移曲线的比较。

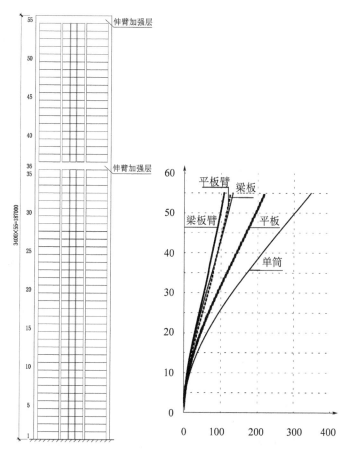

图 8-18　框架—核心筒—伸臂结构剖面示意及侧移曲线比较

　　图 8-19 给出了两组框架-核心筒结构中翼缘框架轴力分布比较，图 8-19a 是平板体系框架—核心筒与平板体系框架—核心筒＋伸臂（伸臂在 36 层、55 层）结构的比较，图 8-19b 是有梁板体系的框架—核心筒与有梁板体系框架—核心筒＋伸臂（伸臂层数与上同）的比较，通过比较可见无论在平板体系时，或具有楼板大梁时，伸臂都可增大翼缘框架中间柱的轴力，但是增大的幅度不同。

　　"平板＋伸臂"结构的翼缘框架中间柱的大轴力是通过伸臂作用产生的（由于没有楼板大梁，就不存在②、③轴带剪力墙的框架）。为增加柱轴力，伸

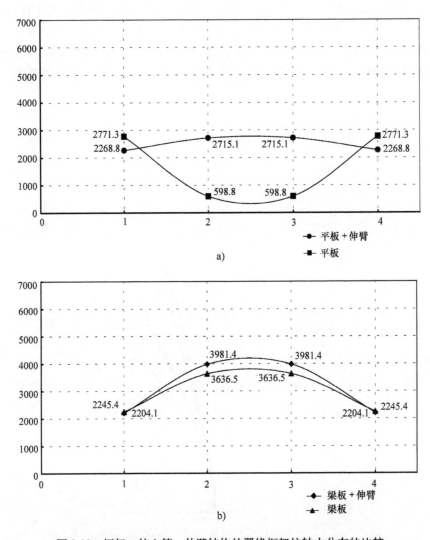

图 8-19 框架—核心筒—伸臂结构的翼缘框架柱轴力分布的比较

a)"平板"与"平板+伸臂"的比较 b)"梁板"与"梁板+伸臂"的比较

臂可以代替每层楼板中的梁，如果用平板+伸臂，则可以减小楼层高度或增加净空。

在梁板结构中设置了伸臂("梁板+伸臂"结构)，可继续增大中间柱的轴力，但增大不多，因为伸臂和楼板大梁的作用类似，而本结构中的楼板大梁已经较大，已经使中间柱的轴力增大了，伸臂的作用相对减小。

一般情况下，框架—核心筒结构的楼盖跨度较大，需要设置楼板梁，那么设置伸臂后，就可以减小楼板梁高度，可采用预应力梁或减小梁间距等各种方法以满足竖向荷载的要求，这样有利于减小层高或增加净空。

　　伸臂对结构受力性能影响是多方面的，增大框架中间柱轴力、增加刚度、减小侧移、减小内筒弯矩是其主要优点，是设置伸臂的主要目的。但是伸臂也带来一些不利影响，它使内力沿高度发生突变，内力的突变不利于抗震，尤其对柱不利。图8-20a 给出了框架—核心筒结构有无伸臂时，柱受力沿高度变化的比较，

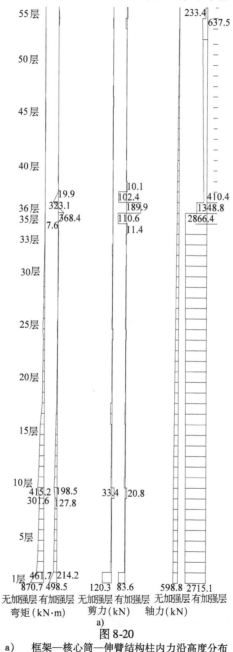

图 8-20

　　a)　框架—核心筒—伸臂结构柱内力沿高度分布

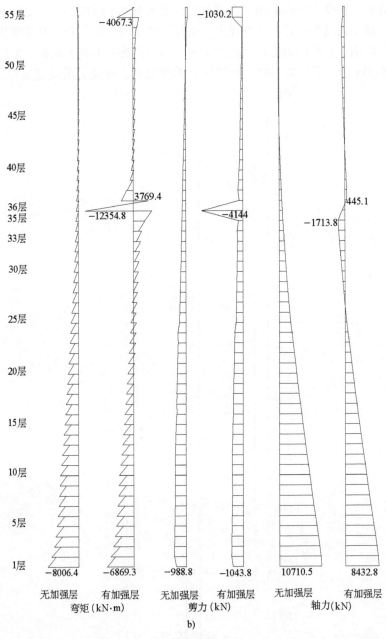

55层

−4067.3

−1030.2

50层

45层

40层

36层
35层
33层

3769.4

−12354.8

−4144

445.1

−1713.8

30层

25层

20层

15层

10层

5层

1层

−8006.4 −6869.3

−988.8 −1043.8

10710.5 8432.8

无加强层　有加强层
弯矩（kN·m）

无加强层　有加强层
剪力（kN）

无加强层　有加强层
轴力（kN）

b）

图 8-20（续）

b）框架—核心筒—伸臂结构内筒墙肢内力沿高度分布

由图可见，设置伸臂时，伸臂所在层的上、下相邻层的柱弯矩、剪力都有突变，不仅增加了柱配筋设计的困难，上、下柱与一个刚度很大的伸臂相连，地震作用下这些柱子容易出铰或剪坏，图 8-20b 给出了核心筒墙肢的剪力和弯矩图，墙肢内力也会发生突变，主要是结构沿高度的刚度突变，对抗震不利，因此在非地震区，设置伸臂的利大于弊，而在地震区，必须慎重设计，否则会弊大于利。

伸臂层柱子内力突变的大小与伸臂刚度有关，伸臂刚度愈大，内力突变愈大；伸臂刚度与柱子刚度相差愈大，则愈容易形成薄弱层（柱端出铰或剪坏）。因此，如何设置和设计伸臂是框架—核心筒—伸臂结构设计的主要问题，将在第9章9.1节中进一步介绍。

8.2.3 框架—核心筒结构及框架—核心筒—伸臂结构的设计概念

在高层建筑中，框架—核心筒结构以及框架—核心筒—伸臂结构是目前高层建筑中应用最为广泛的结构体系，可以做成钢筋混凝土结构、钢结构或混合结构，可以在不高的高层建筑中应用，也可以在超高层建筑中应用。

在钢筋混凝土结构中，外框架由钢筋混凝土梁和柱组成，核心筒采用钢筋混凝土实腹筒。在钢结构中，外框架由钢梁、钢柱组成，内部采用有支撑的钢框架筒。

著名的台北101工程于2003年建成，地上101层，地下5层，裙房6层，屋顶高448m，总高508m。台北101是钢结构，采用巨型框架—核心桁架筒—伸臂结构体系。在设计初期，设计者为该工程做了巨型框架—核心筒—伸臂结构与筒中筒结构两种结构方案的详细比较：若采用密柱深梁的框筒组成筒中筒结构，其抗侧、抗扭刚度都好，但构件多、接头数量多，焊接工作量大，用钢量大；若采用巨型框架方案，抗侧刚度较好，抗扭刚度比筒中筒结构稍差，周期中的扭转周期与平移周期相差较多（$T1 = 7.02s$，$T2 = 6.96s$，$T3 = 4.87s$，T 扭/$T1 = 0.69$）。最后为了减少用钢量、减少构件数量、施工更方便而采用了现在的巨型框架—核心桁架筒—伸臂结构体系，见图8-21。巨型框架由8根大箱形柱和每隔8层设置1层楼高的水平环向桁架组成，26层以下增加了12根小柱，可以提高结构的抗扭能力。

由于框架—核心筒结构的柱数量少，内力大，通常柱的断面都很大，为了减小柱子断面，常常采用钢或钢骨混凝土、钢管混凝土等组合构件做成外框架的柱子和梁，与钢筋混凝土或钢骨混凝土实腹筒结合，就形成了混合结构。

在结构布置方面，有以下一些要点：

1）框架可以布置成方形、长方形、圆形或其他多种形状，框架—核心筒结构对形状没有限制（见第10章工程实例介绍），框架柱距大，布置灵活，有利于建筑立面多样化。

要注意结构布置尽可能规则，平面上刚度布置宜对称、均匀，以减小扭转影响，质量分布宜均匀，内筒尽可能居中，因为周边框架的抗扭刚度相对较小，如果内筒偏置一边，会因扭转而增大层间位移，可能造成角柱破坏。沿竖向结构刚

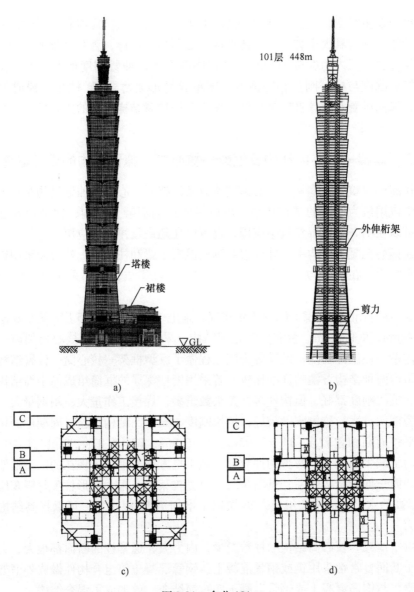

图 8-21　台北 101

a）建筑剖面　b）结构体系　c）高层结构平面　d）26 层以下结构平面

度应连续，避免刚度突变。

2）框架—核心筒结构内力分配的特点是框架承受的剪力和倾覆力矩都较小，在抗震结构中，框架承担的内力必须达到一定比例，才能成为双重抗侧力结构体系。在钢筋混凝土框架—核心筒结构中，外框架构件截面不宜过小，框架承担的剪力和弯矩需要按规范和规程的要求进行调整增大。在混合结构中，外框架各层承受的层剪力必须达到各层总层剪力的（20%~25%），才能按照双重结构体系设计。由于外钢框架柱子断面小,钢框架—钢筋混凝土核心筒结构要达到这个比例比较困难,因此,用钢框架—钢筋混凝土核心筒结构建造的总高度不宜太大,如果采用钢骨混凝土、钢管混凝土柱,则较容易达到双重抗侧力体系的要求。

3)钢筋混凝土实腹筒是框架—核心筒结构中的主要抗侧力部分,承载力和延性要求都应更高,抗震时应采取提高延性的各种构造措施。要控制核心筒高宽比,以10左右为宜,一般不超过12(它比筒中筒结构中的内筒不利)。在内筒壁上,可以开洞,但不宜连续开洞而过分削弱墙体;要求连梁具有较好的延性,在进入弹塑性状态后宜保持其对墙肢的约束作用,连梁可以采用交叉斜撑配筋,或钢连梁,或钢骨混凝土连梁以改善连梁性能;要求按强墙弱梁设计墙肢,在墙肢截面高度的1/4端部设计为约束边缘构件;以及采取其他的加强延性的构造措施等。

在核心筒延性要求较高的情况下,采用钢骨混凝土核心筒是有利的,在纵横墙相交的地方设置竖向钢骨,在楼板标高设置钢骨暗梁,钢骨形成的小钢框架可以提高核心筒的承载力和抗震性能。

4)核心筒与外柱之间距离一般以10~12m为宜,如果距离很大,则需要另设内柱,或采用预应力混凝土楼盖,否则楼层梁太大,不利于减小层高。

5)非地震区的抗风结构采用伸臂加强结构抗侧刚度是有利的,抗震结构则应进行仔细的方案比较,不设伸臂就能满足侧移要求时就不必设置伸臂,必须设置伸臂时,一定要处理好框架柱与核心筒的内力突变,要避免柱出塑性铰或剪力墙剪坏等形成薄弱层的潜在危险。

6)框架—核心筒—伸臂结构中,要求在平面上伸臂布置对称,伸臂一端与外柱连接,另一端与内筒连接,必须与同方向的剪力墙对齐(布置在两个方向剪力墙的交汇处),伸臂的钢构件或混凝土构件的主要钢筋要在剪力墙内贯通,以便剪力墙承受伸臂传来的弯矩和剪力。伸臂宜布置在减小位移较有效的楼层,并与设备层、避难层等结合,伸臂的数量和位置的要求详见第9章9.1节。

7)与伸臂相连的外柱往往是受轴力很大的柱子,有些结构采用了断面很大、数量较少的柱子抵抗水平荷载产生的倾覆力矩及剪力,周边再设置一些小断面柱子只承受少量楼板传来的竖向荷载,它们可起到抗扭作用,例如上海金茂大厦。有些结构可以布置截面相同、间距均匀的许多柱子,利用外环梁将少数柱子的大轴力分散到其他柱子上,环梁的介绍见第9章9.1.4节。

8)框架—核心筒和框架—核心筒—伸臂结构中楼板类型与布置要求与筒中筒结构相似,但是框架—核心筒结构中,一般都会布置楼板大梁,在楼盖布置中更要注意使竖向荷载集中传递到大柱子上去,要避免柱子出现拉力(水平荷载作用下柱拉力大于重力荷载下压力)。

9）在框架—核心筒—伸臂结构中，要注意计算简图所作的规定，如果在假定楼板为无限刚性，则由于楼板不能变形，伸臂桁架的上、下弦没有伸长和缩短，这样的计算不能得到弦杆、腹杆的正确内力。应当在整体结构分析以后，取整体分析中的变形作为边界条件，加上竖向荷载，对伸臂再进行一次单独的分析。

第9章 加强层与转换层

由于高层建筑的功能和形式的多样化，加强层和转换层的应用愈来愈多，使结构复杂程度增加，必须正确了解加强层和转换层的功能和设计特点。底部大空间剪力墙结构是典型的带有转换层的结构，在我国应用十分广泛，有一些特殊的设计要求。本章着重介绍加强层、转换层和底部大空间剪力墙结构的设计概念。

9.1 伸臂、环向构件、腰桁架和帽桁架（加强层）

加强层是伸臂、环向构件、腰桁架和帽桁架等加强构件所在层的总称，伸臂、环向构件、腰桁架和帽桁架等构件的功能不同，不一定同时设置，但如果设置，它们一般在同一层，凡是具有三者之一时，都可简称为加强层或刚性层。伸臂主要应用于框架—核心筒—伸臂结构中（见8.2节），下面将进一步介绍有关伸臂设置的一些概念，然后再介绍其他两种加强层构件。

9.1.1 伸臂设置的位置和数量

在高层建筑中都需要有避难层和设备层，通常都将伸臂和避难层、设备层设置在同一层，因此，结构工程师布置伸臂时要考虑建筑布置和设备层布置的要求，同时，也要从结构合理的角度与建筑师进行协商。作为结构工程师，必须了解伸臂位置对结构受力的影响，并知道其合理的位置，才能从结构的角度提出建议，制订出各方面都合理的综合优化布置方案。

有关伸臂结构合理位置的研究很多，一般都以减小侧移为目标函数来研究伸臂的最优位置。研究大多是建立在某种计算简图的基础上，设定某些条件，采用函数关系求极值的方法。研究时采用的计算简图一般都是平面模型，早期研究采用的计算模型见图9-1a，只考虑伸臂与外柱铰接，假定外柱只有轴向变形，且不考虑楼板大梁的作用，与实际情况有些出入。

图9-1b是改进了的计算模型，其外柱可以模拟周边框架或框筒（图9-1c），因此外柱具有轴向刚度（EA）和弯曲刚度（EI），伸臂与外柱刚接，每个楼层都有刚接的楼板大梁。图9-1b模型中符号 EI_F、EA_F 分别代表外框架的弯曲及轴向刚度，EI_b 代表伸臂的刚度，EI_c 代表内筒刚度，EI_l 代表楼板大梁刚度，每层楼板大梁截面不变。

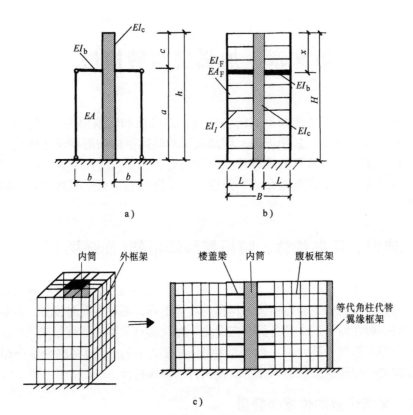

图 9-1 伸臂设置优化计算模型(清华大学)

图 9-2 是用图 9-1b 模型进行优化分析后整理得到的几个变量和减小侧移效果的关系曲线[66]，设定的变化参数有 3 个：

外框架线刚度与伸臂大梁线刚度比值

$$\gamma = \frac{EI_F}{H} \bigg/ \frac{EI_b}{L} \tag{9-1a}$$

伸臂大梁线刚度与内筒线刚度的比值

$$\alpha = \frac{EI_b}{L} \bigg/ \frac{EI_c}{H} \tag{9-1b}$$

伸臂大梁设置位置的相对坐标

$$\xi = x/H \tag{9-1c}$$

图中 R_y 为设置伸臂结构的顶点侧移与无伸臂结构顶点侧移的比值，R_y 愈小，表示减小侧移的效果愈好。

图 9-2a 表示改变参数 γ 对 R_y 的影响，其他参数不变。当 γ 增大，即外框架的刚度增大时，设置伸臂的效果减小，框筒的 γ 值一般在 20 以上，此时 $R_y > 0.9$，设置伸臂对减少侧移的影响很小，小于 10%。

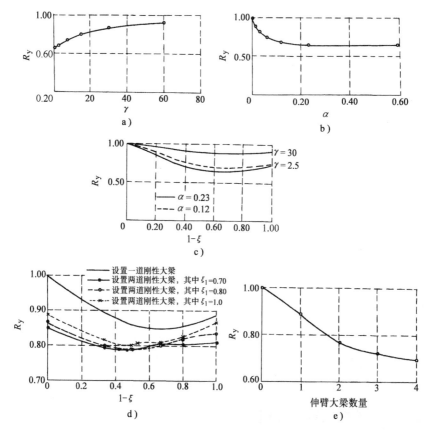

图 9-2　伸臂设置效果影响因素(清华大学)

a) γ—R_y 关系　b) α—R_y 关系　c) 一道伸臂的优化位置

d) 两道伸臂的优化位置　e) 多道伸臂的效果

图 9-2b 表示改变参数 α 对 R_y 的影响，其他参数不变。当 α 由 0 增大到 0.1 左右时，设置伸臂的效果明显加大，说明在 $\alpha \leqslant 0.1$ 时，增大伸臂大梁的刚度对减小侧移影响明显，α 继续增大时效果变化很小，伸臂大梁的刚度太大并没有必要。

图 9-2c 表示设置一道伸臂时，伸臂的最优位置约在 $(0.6 \sim 0.7)H$ 之间，具有不同 α 参数所得结果相差不大，而 γ 值增大时(采用框筒，$\gamma = 30$)，伸臂效果大大减小，最优位置不明显。

图 9-2d 表示设置两道伸臂时伸臂的最优位置，与设置一道伸臂相比，设置两道伸臂减小侧移的效果较大。图中比较了三种情况，每种情况中的较高一道伸臂的位置已经设定，三种情况的结果相差不大，若其中一道设置在接近顶部的楼层，则另一道设在 $0.5H$ 左右效果较好。

图 9-2e 给出了设置多道伸臂效果的比较，伸臂数量增加，减小侧移效果也增加，但是其效果并不与数量成正比，伸臂增多后侧移减小的效果增长减缓。

类似的研究很多，计算简图有差异，考虑的影响因素也有所不同，但是所得结果大同小异，说明最优位置对各种因素并不十分敏感，从结构设计角度，着重于概念和大体的优化位置，因此可综合如下：

1）当只设置一道伸臂时，最佳位置在底部固定端以上 $(0.60 \sim 0.67)H$ 之间，H 为结构总高度，也就是说设置一道伸臂时，大约在结构的 2/3 高度处设置伸臂效果最好。

2）设置两道伸臂的效果会优于一道伸臂，侧移会更减小；当设置两道伸臂时，如果其中一道设置在 $0.7H$ 以上（也可在顶层），则另一道设置在 $0.5H$ 处，可以得到较好的效果。

3）设置多道伸臂时，会进一步减小位移，但位移减小并不与伸臂数量成正比，设置伸臂多于 4 道时，减小侧移的效果基本稳定。当设置多道伸臂时，一般可沿高度均匀布置。

4）当外框架的刚度不大时，设置伸臂对减小侧移有较明显的效果；当结构周边采用抗侧刚度很大的框筒时，设置伸臂对减小侧移的效果不大。

从有关参数及优化位置得到的一些概念，设计时必须综合考虑建筑使用、结构合理、经济美观等各方面要求，得到综合比较后的最优方案。

9.1.2　设置伸臂的效果和概念

高层建筑结构内设置伸臂的主要目的是增大外框架柱的轴力，从而增大外框架的抗倾覆力矩，增大结构抗侧刚度，减小侧移。表 9-1 统计了几幢高层建筑实际工程设置伸臂后侧移的减小幅度，由表中可见，对于一般框架—核心筒结构，伸臂可以使位移减小约 15%~20%，有时更多，而筒中筒结构设置伸臂减小侧移的幅度不大，只有 5%~10%。统计的结果与上一节优化分析的结果是一致的，原因是：伸臂的作用与框筒结构中的密柱深梁作用是重复的，密柱深梁已经使翼缘框架柱承受了较大的轴力，再用伸臂效果就不明显了。

表 9-1　应用伸臂结构效果实例

工程名称	结构形式	层数	伸臂效果 R_y	伸臂设置位置
上海锦江饭店	钢框架 + 竖向支撑	44	85%	23 层，43 层
河南某大楼	钢筋混凝土筒—框架	34	82.76% 75.41%	18 层（一道） 9 层，20 层（两道）
深圳 深房广场大厦	框架—核心筒 （两个圆形筒）	52	58.5% ~69.4% (Δ) 64% ~68% (δ/h)	27 层，49 层（两道）

（续）

工 程 名 称	结 构 形 式	层数	伸臂效果 R_y	伸臂设置位置
上海金陵大厦	钢筋混凝土框架—筒	37	88.1%	20 层，35 层(两道)
中山信联大厦	钢筋混凝土框架—筒	33	84%	15 层，34 层(两道)
广州合银广场	钢管混凝土外框架—钢筋混凝土核心筒	56	82.8%	11 层，27 层，42 层（三道）
福州元洪城	钢筋混凝土框架—筒 钢筋混凝土筒—剪力墙	36 36	88.7% 95.36%	6 层 + 16 层 + 36 层 同上
海口洛杉矶城	钢筋混凝土筒中筒	48	92.9%	35 层
深圳贤成大厦	钢筋混凝土筒中筒	60	97.34% 94.44%	52 层(裙梁刚度小) 52 层(裙梁刚度大)

注：R_y = 加伸臂后结构侧移/未加伸臂时结构侧移

  表中的海口洛杉矶城是钢筋混凝土筒中筒结构，48 层，高 161.40m，用空间结构分析程序计算比较了该结构设置伸臂或不设置伸臂的差别[66]（采用空间结构分析得到的结论与 9.1.1 节中用简图所作的优化分析结论相同。）。伸臂设置在 35 层，是结构平面部分收进的楼层。分析了两种窗裙梁的情况：如果窗裙梁较大(1.35m)，设置伸臂后顶点位移减小到原结构的 96.2%，层间位移减小到原结构的 89.7%；如果窗裙梁较小(0.90m)，设置伸臂后顶点位移减小为原结构的 92.9%，层间位移减小为原结构的 85.4%。由分析比较可见：第一，窗裙梁愈大，设置伸臂减小位移的效果愈小，因为窗裙梁愈大，剪力滞后愈小，柱子的轴力已经较大，设置伸臂的效果相对减小。第二，减小层间变形的作用比减小顶点位移大。第三，该结构的窗裙梁原设计为 0.90m，不设置伸臂时的层间位移及顶点位移都已经很小，分别为 1/1400 和 1/1900 左右，都已满足规范要求，原本就不需要设置伸臂去减小位移。

  在抗侧刚度较小的框架—核心筒结构中，设置伸臂可以增大抗侧刚度，减小侧移，但是伸臂会使结构内力发生突变，如果设计不当，或措施不足时容易造成薄弱层，影响内力突变幅度的因素是伸臂本身的刚度和伸臂的道数。图 9-3 比较了一幢 70 层的框架—核心筒结构设置伸臂数量不同对核心筒剪力和弯矩的影响[67]，其中设置一道伸臂时剪力和弯矩的突变最大，顶点位移降为 75.4%；设置两道伸臂时内力突变幅度减小，而顶点侧移降低更大；设置 4 道伸臂时内力突变幅度最小，而顶点位移降为原结构的 51.6%。

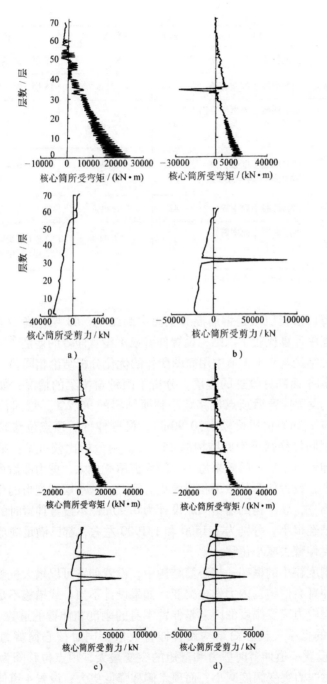

图 9-3　伸臂数量对核心筒剪力和弯矩影响的比较(同济大学)

a) 无伸臂　b) 第 35 层设伸臂

c) 第 35、50 层设伸臂　d) 第 20、35、50、60 层设伸臂

一道伸臂减小侧移的效率最高，伸臂的数量多一些，减小侧移的绝对值加大，但伸臂减小侧移的效率降低(伸臂数量增加 1 倍,用钢量增加 1 倍,侧移减少却小于 1 倍,用钢量增加)，而核心筒和框架柱的弯矩、剪力突变的程度却减少。可以设想，在一定的位移降低要求下（位移降低到满足规范要求），如果要求内力突变幅度尽可能减小，那么选择的方案可以是：①设置两道或多道刚度不大的伸臂，每道伸臂的本身刚度都可以减小；②最极端的情况就是将伸臂分散到每层楼中，也就是，设置楼层大梁而不设置大刚度的伸臂。从第 8 章图 8-16 有楼板大梁的框架—核心筒结构（未设置伸臂）的分析可见，只要楼板大梁达到一定刚度，也能使翼缘框架柱轴力提高，实质上楼板大梁与伸臂的效果是一致的，实际上它就是数量很多的"多道伸臂"的效果，而它们使内筒反弯的作用和使外柱轴力加大的作用沿高度均匀分布。

综上所述，关于结构中设置伸臂的方案可以得到如下一些概念：

1）在筒中筒结构中，框筒主要依靠密柱深梁使翼缘框架各柱受力，结构抗侧刚度很大，伸臂的作用与此重复，设置伸臂的作用相对较小，反而带来柱沿高度内力突变的不利后果，因此在筒中筒结构中，一般不再设置伸臂。

2）当采用框架—核心筒结构时，一般在非地震区或风荷载控制、或烈度不高的地震区，采用伸臂方案增加结构抗侧刚度和减小位移，是较好的选择。在中等地震或强震地区，则应该做方案比较，要看层间位移是否满足规范和规程要求，慎重选择伸臂的刚度和数量。如果结构的层间侧移能满足规范和规程要求，则不必设置伸臂，例如大连远洋大厦，经过方案比较后就没有设置伸臂，见 10.12 节中的介绍。

七彩云南第壹城二号办公楼位于昆明市呈贡区，抗震 8 度设防。主体结构地上 35 层、地下 3 层，总高 157.85m 。为了避免设置伸臂等加强构件（避免竖向刚度突变），采用了每层楼加楼板大梁的框架—核心筒结构体系，见图 9-4。框架大梁采用工字形钢梁（截面为 800mm × 500mm），框架梁与外框架柱刚接，与剪力墙也刚接，大梁增大了框架柱的轴力，提高了框架承担的剪力和倾覆力矩，没有伸臂，结构抗侧刚度也能满足要求。

3）设置伸臂方案可以有多种选择：①选择有效部位，设置一道刚度不大的伸臂；②设置多道伸臂，每道伸臂本身刚度不大；③每层设置刚度较大的楼板大梁。但是请注意，一道伸臂的内力突变幅度较大，而多道伸臂的用钢量及造价将增大，每层设置大梁将使层高加大，方案选择就是权衡利弊的过程。

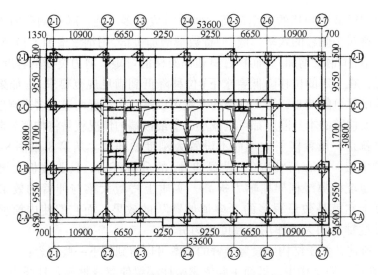

图 9-4   七彩云南第壹城二号办公楼结构平面

9.1.3   伸臂结构形式和连接

伸臂结构有实腹梁、桁架、空腹桁架等形式，通常伸臂构件高度都取一层楼高，需要刚度更大时，也可设置两层楼高的伸臂构件。桁架和空腹桁架有较大抗弯刚度，杆件截面小，特别是有利于避免上、下柱端出铰（与刚度很大的实腹梁相连,柱端易出铰），是伸臂的常用形式。

伸臂所在层无论是设备层，还是避难层，都要布置通道，也就是在伸臂杆件中要允许开洞。如采用实腹梁，则必须开较大洞口，而桁架和空腹桁架便于设置通道。但是钢筋混凝土桁架和空腹桁架的模板制作和浇筑混凝土都比较困难，因此混凝土结构中经常采用钢桁架作伸臂，既可减小重量，又可工厂制作后在现场拼装，自然形成通道，是一种较为理想的伸臂结构形式。

如果伸臂在安置后就立即与竖向构件完全连接，则由于施工过程中外柱和内筒的竖向压缩变形不同，竖向变形差会使伸臂产生初始应力，这对伸臂构件后期受力是很不利的，为了减小这种初始应力，可将伸臂的一端与竖向构件不完全固定（临时固定或作椭圆孔连接），在整个结构施工完成后，大部分在自重下的竖向变形已基本稳定时，再将连接节点完全固定。

9.1.4   环向构件

环向构件是指沿结构周圈布置一层楼（或两层楼）高的桁架，它们的作用是：

1）加强结构外圈各竖向构件的联系，加强结构的整体性，相当于在结构身上加了一道"箍"，如果结构高度很高，也可加两道或三道"箍"。

2）由于它们的刚度很大，可以协调周圈各竖向构件的变形，减小竖向变形差，使竖向构件受力均匀。在框筒结构中，环向桁架可加强深梁的作用，可减少剪力滞后。在筒中筒和束筒结构中，通常设置环向桁架而不设置伸臂，图 8-9c 的 Sears Tower 立面图中，可清楚地看到沿高度环向桁架的布置。在框架—核心筒结构中，环向桁架也能加强外圈柱子的联系，它也会减小稀柱之间的剪力滞后并增大翼缘框架柱的轴向力，从而减小侧移，但是它的作用不如设置伸臂的作用直接。

3）在框架—核心筒—伸臂结构中，环向桁架的作用是使相邻框架柱轴力均匀化。通常伸臂只和一根柱子相连接，环向桁架将伸臂产生的轴力分散到其他柱子，使较多的柱子共同承受轴力，因此环向桁架常常和伸臂结合使用。环梁本身对减小侧移也有一定作用，设置环向桁架后可以减小伸臂的刚度，环向桁架与伸臂结合有利于减小框架柱和内筒的内力突变。

实腹环梁较少采用，因为在建筑外围需要有窗洞，密闭时无法采光。此外加强层常常与设备层、避难层结合在一起，更需要对外开敞，以便遇到意外灾难时便于救援。因此环向构件很少采用实腹梁，多数采用斜杆桁架或空腹桁架。

9.1.5　腰桁架和帽桁架

腰桁架和帽桁架也是设置在内筒和外柱之间的刚度很大的桁架（或大梁），但是它的作用是减少内筒和外柱的竖向变形差。由于在重力荷载下的轴向应力不同，或由于温度差别、徐变差别等，常常导致内筒和外柱的竖向变形不同，竖向变形差异随着结构高度加大而累积增大，在较高的高层建筑中不容忽视。内、外构件竖向变形差使楼盖大梁产生变形和相应内力，见图 9-5，如果变形引起的内力较大，会减小它们承受使用荷载和抵抗地震作用的能力，甚至较早出现裂缝。设置刚度很大的桁架或大梁，可以缩小上述各种因素引起的内外竖向变形差，从

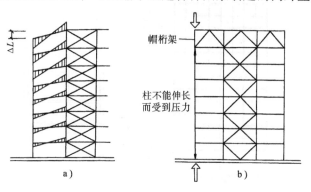

图 9-5　竖向变形差异引起楼盖大梁内力

a）内外柱变位差引起弯矩　b）屋顶设帽桁架

而减小楼盖大梁的变形。一般在高层建筑高度较大时，就需要设置限制内外竖向变形差的桁架或大梁。

如果仅仅考虑减少重力荷载、温度、徐变产生的竖向变形差，在 30~40 层的结构中，一般在顶层设置一道桁架效果最为明显，称其为帽桁架，当结构高度很大时，也可同时在中间某层设置，称其为腰桁架。

伸臂和帽桁架、腰桁架的形式以及布置方式都相同，作用却不同。有时需要突出某一个作用，有时可以将二者结合。在较高的高层结构中，如果将减少侧移的伸臂结构与减少竖向变形差的帽桁架或腰桁架结合，例如在顶部及 (0.5 ~ 0.6)H 处设置两道伸臂，综合效果较好。

9.2 转换层

高层建筑功能和形式日益多样化，当多功能综合大楼要求一幢建筑物的上部、中部和下部使用功能不同时，结构布置也要相应改变，要设置转换构件衔接上下结构，传递内力，设置转换构件的楼层称为转换层。在现代高层建筑中，转换层的应用愈来愈多，与加强层一样，它增加了结构的复杂程度。本节介绍转换层，着重在基本概念。

9.2.1 转换层的功能及类型

从建筑功能上，一般要求多功能的高层建筑上部为小开间的公寓，中部办公用房的开间要比公寓大一些，下部作为对外的商场或娱乐场所，要求具有大空间，这就要求结构如图 9-6 所表示的那样，结构由下到上增加竖向构件，这样的

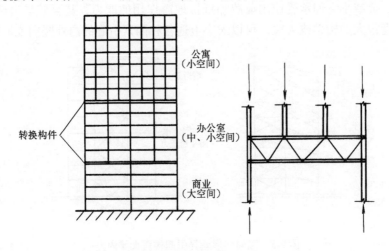

图 9-6 建筑功能要求设置转换层

结构布置，与结构传力的合理途径正好相反，有部分竖向构件要支承在水平构件上，形成大跨度的水平转换构件，有时它需要占据一层楼，甚至是两层楼高。

转换层的基本功能就是把上部小开间结构的竖向荷载传递到下部大开间的结构上，设置转换层的结构称为带转换层结构，属于复杂结构，其主要的问题是：①传力途径是否直接、通畅；②如何克服和改善结构沿高度上下刚度和质量不均匀带来的不利；③转换构件的选型、设计和构造。

转换层的上部、下部结构布置或体系有变化，容易形成下部刚度小、上部刚度大的不利结构，要防止出现下部变形过大的软弱层，也要避免下部承载力不足的薄弱层，软弱层十分容易发展成为承载力不足的薄弱层而在大震时倒塌。

对于不同的结构体系，对转换层结构的要求也不相同，可分为以下三大类：

1）上层柱、下层柱的转换。

2）上层剪力墙、下层柱的转换。

3）上下层结构体系和柱网轴线同时变化的转换。

转换构件的类型有实腹梁、斜杆桁架、空腹桁架、拱、箱形梁、厚板等。

9.2.2 上层柱到下层柱的转换

上层柱到下层柱的转换又分为两种情况：一类是上、下柱在同一平面内；另一类是上下柱不在同一平面内。

在框筒、筒中筒及束筒结构中，密柱深梁的外框筒底部必须减少柱子，加大柱距，以便布置出入口(大门)，或者加大柱距以便与下部多层裙房的大空间连通，必须通过转换构件将上层小柱距框架转换到下层大柱距的结构上，由于有部分柱是上下贯通的，轴线不改变，上、下层柱和转换构件又都在同一平面内，转换构件比较简单，受力明确。有时在框架结构柱网中需要拔掉一些柱，以增大使用空间，也需要用转换构件来支承上层柱，也属于这类转换。

具有这类转换构件的结构上、下层的差别主要是减少了柱子，因此上、下层的刚度相差不会很大，只是由于下层跨度较大，上柱传来的竖向荷载大，要采用刚度及承载力大的水平构件作为转换构件，转换层的刚度与其他层会有所差别，尽量选择适当的转换构件，减少刚度突变。常用的基本形式有实腹梁、斜杆桁架、空腹桁架、拱等，见图9-7。其中图9-7e是纽约世界贸易中心双塔(已倒塌)的转换结构，上层柱距1m，采用三柱合并为一柱的方式，用流线型的力传递路线，将下部柱距扩大成3m，结构合理，纤细流畅，造型美观；图9-7d采用了逐步改变柱截面的办法，将上层密柱的分布均匀的竖向荷载逐渐向底部大柱集中，与拱的传力流符合，在建筑表现上也是独树一帜；图9-8a是香港康乐中心大厦的底部处理，该大厦52层，178.7m高，筒中筒结构，它的外筒开了许多圆孔，与剪力墙实腹筒接近，采用3.5m高的实腹大梁作转换结构，底层用几根大柱支承，为了减小转换梁

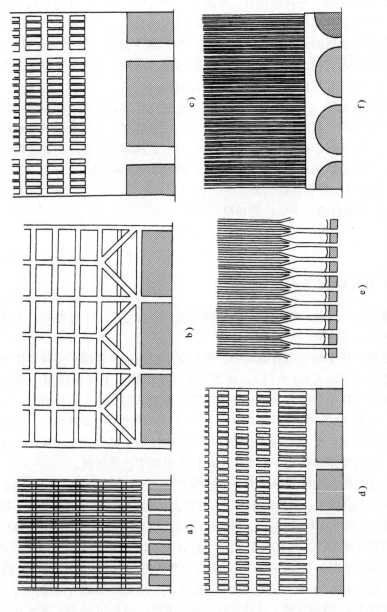

图 9-7　框筒转换层结构形式示例

的跨度，大柱采用变截面，给人一种稳定、强壮的感觉；图9-8b是日本岗山住友生命保险大楼框筒结构的转换构件，取得将拱与桁架结合获得大跨度的转换效果。

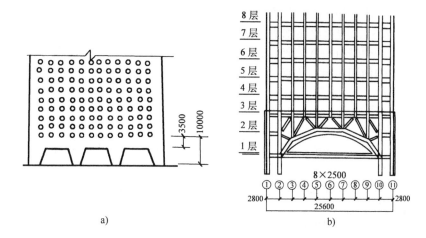

图9-8　两幢大楼的转换结构
a）香港康乐中心　b）日本岗山住友生命保险大楼

由于密柱框筒都布置于建筑物外围，建筑立面要求美观，结构传力必须合理，还要减轻重量和节省材料，要求建筑师与结构工程师共同努力，创造出合理、美观、经济的建筑和结构形式。

有时因为建筑上部立面收进而需要设置转换构件，上层柱、下层柱不在同一轴线，而且往往是高位转换，转换构件布置比较复杂，要根据结构布置的具体情况采用不同的转换方式和转换构件，在高位转换需要注意的问题是尽可能采用重量较轻的转换构件形式，转换构件的形式是多种多样的，其中常用的是斜撑式的转换构件。

武汉世界贸易中心主楼58层，总高度达229m，采用钢筋混凝土筒中筒结构体系，有10层裙房，图9-9a是高层主体的平面，有4次变化，顶部有一个27m高的塔形屋顶（屋顶上面还有一根桅杆），四周有16座错落的小塔形成簇拥的塔群。由于平面和立面变化较多，该高层结构有三个转换层：

1）标准层的外框筒柱距2m，10层以下扩大为8m，采用了梁式转换。

2）外框筒到54层结束，54层以上平面向内收进3.5m，并且将外框架的柱距扩大至8m，54层以上楼层重量全部要落在收进3.5m后的轴线上，显然，高位转换不宜采用箱形大梁等转换构件，比较了空腹桁架与人字斜撑两种方案。如果采用竖杆间距为4m的空腹桁架方案，跨度达到24m，桁架需占用两层高度（6.4m），构件截面需要1m×0.5m；经过比较采用了人字斜撑方案，每8m设置一个斜撑，斜撑两脚分别支承在内筒和外框筒柱上，下面设置一根钢管拉杆以平衡推力，见图 9-9b，斜撑转换构件重量轻，且占用空间小，不影响建筑使用，钢用量和混凝土用量都小于空腹桁架方案（只需该方案 85% 的用量），斜撑占用两层楼高度，倾斜角度小一些有利于减小水平推力。

3）58 层以上的塔形屋顶层为空间钢结构，其 4 个立柱支点在角筒与内筒之间，因此又必须进行一次转换，采用了钢骨混凝土大梁，一方面可降低大梁截面高度，不影响使用，另一方面，可以方便地使上部钢结构向下部的混凝土结构过渡，见图 9-9b。

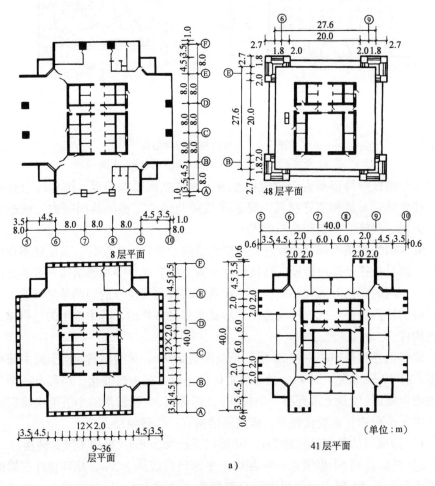

图 9-9 武汉世界贸易中心的转换构件（武汉市建筑设计院）

a）平面图

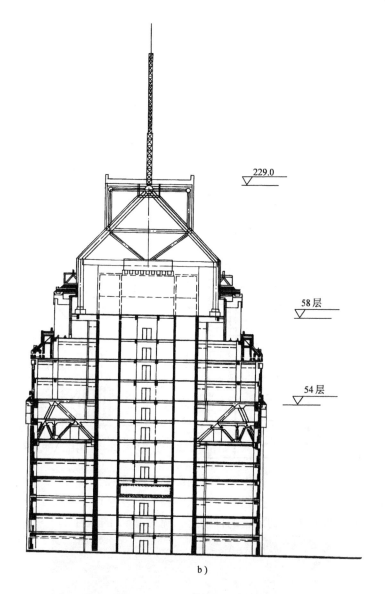

229.0

58 层

54 层

b)

图 9-9　武汉世界贸易中心的转换构件(武汉市建筑设计院)(续)

b) 54 层、58 层的转换构件

　　马来西亚的石油双塔上部建筑有多次收进，由于每次收进尺寸不大，采用的转换方式见第 10 章图 10-14，转换层占据三层，在这三层中柱子截面逐层加大，无论从外部看还是从内部看，柱子的表面是竖直的，而传力的配筋是斜向的，斜向配筋使柱子的传力直接而简便，且不影响内部空间。

　　沈阳华利广场为 33 层、高 115m 的多边形高层钢筋混凝土结构，上部为公寓，中间走道环向布置了柱子，到下部办公楼楼层时，取消环向走道及其环向柱子，采用了斜撑式的转换构件将上部环向柱子的荷载传递到内筒上，见图9-10，楼板内布置钢筋环梁，抵抗斜撑推力[68]。

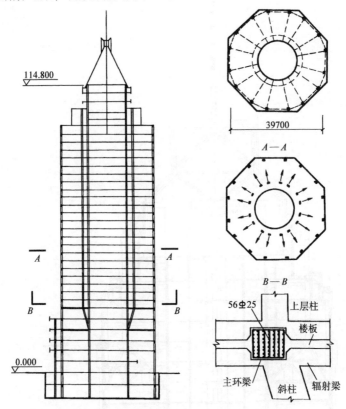

图9-10　沈阳华利广场斜撑式转换

北京香格里拉饭店也有类似的斜撑式转换，在4层以下减少了一排柱，用斜撑将这排柱子的荷载传递到下层的柱子上，见图9-11的照片。

图9-11　北京香格里拉饭店的斜撑式转换

图 9-12 列出了多种形式的平面和空间斜撑式转换构件[68]。

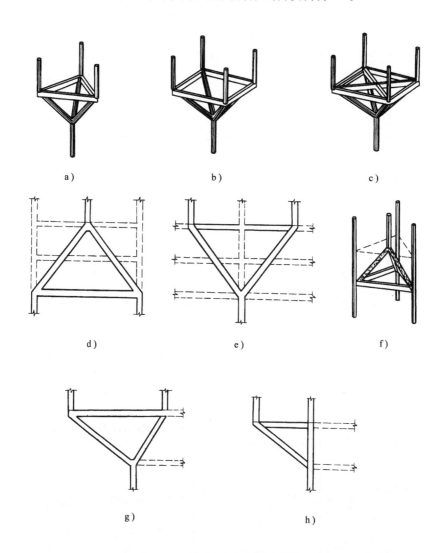

图 9-12 平面和空间斜撑式转换

9.2.3 上层剪力墙、下层柱的转换

在多功能的公共建筑中，以及要求下部作商场的公寓住宅建筑中，常常采用上部为剪力墙、下部为柱支承的结构，以增大底部使用空间的灵活性，这种结构要求荷载从上部剪力墙向下部柱子转换，主要应用在剪力墙及框架—剪力墙结构中。

剪力墙直接支承在柱子上形成框支剪力墙，它的转换层形式很简单，如图

9-13a 所示，框支柱上的剪力墙就是转换部位，但是这类转换部位墙的应力分布十分复杂，通常取出一层剪力墙高度，称为转换层(实际的内力传递范围并不一定局限在这一层)，在转换层全部或部分高度将剪力墙加厚，称为"托梁"，托梁不是一般概念上的梁，图9-13b、c、d 给出了一个典型、规则的框支剪力墙转换层(包括托梁)在竖向荷载下的竖向、水平应力以及剪应力的分布图。图9-13b中可见上层墙面内均匀分布的竖向应力向下部柱子集中，在支承柱顶部的剪力墙局部面积上竖向应力很大，柱间剪力墙的竖向应力愈接近中部愈小，其传力流与拱类似；由于它像拱一样传力，必须有拉杆平衡它向外的推力，因此转换部位的水平拉应力较大，图9-13c 表示了拉应力分布，愈到下边缘拉应力愈大，托梁主要承受拉力，与拱拉杆作用相似；图9-13d 可见其剪应力较大的部位是在靠近柱的两侧。框支剪力墙转换部位是应力分布复杂的部位，结构分析时将转换层简化

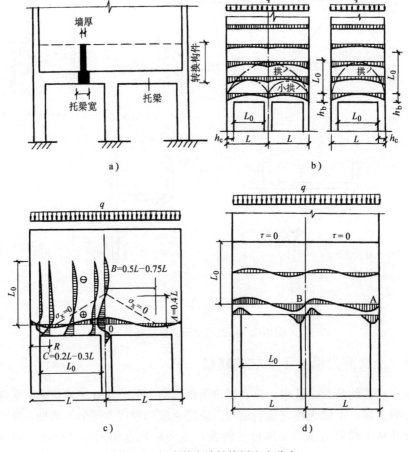

图 9-13 框支剪力墙转换层应力分布

a) 转换构件 b) 竖向应力 σ_y 分布 c) 水平应力 σ_x 分布 d) 剪应力 τ 分布

为杆件不能得到墙内真实的应力，要求对该转换部位进行局部的平面有限元补充分析，并要求进行特殊设计。

框支剪力墙是最典型的具有软弱层的结构，上部剪力墙的抗侧刚度很大，而底部柱子抗侧刚度很小，上、下刚度相差悬殊，在水平荷载作用下底部框架的层间变形将很大，通常都在柱两端出现塑性铰（地震作用下变形见图5-5a），底部框架柱往往因为不可能承受如此大的变形而导致破坏。最为典型的是1972年美国圣菲南多地震时奥立弗医疗中心主楼的破坏，在地震时底层的层间变形角约为1/20，见第4章4.6节。因此，我国规范和规程明确规定不允许设计全部为框支剪力墙的"鸡腿结构"，必须与落地剪力墙结合形成底部大空间结构，其特殊设计要求和设计概念将在9.3节介绍。

采用空腹桁架作为上部剪力墙和下部支承柱之间的转换也是可能的，由于经常将转换层与设备层结合，需要在托梁和剪力墙上开洞以便设备管道通过，采用空腹桁架有利于管线布置，有利于减轻转换层重量和减小转换层本身的刚度。国内研究认为，在框支剪力墙中，用空腹桁架转换的结构性能优于"实腹梁式"（即托梁）的转换层性能[69]。图9-14是两种转换层的对比试验，研究表明，实腹大梁本身刚度很大，框支柱首先在柱的两端出现裂缝，然后屈服形成柱端部的塑性铰，使框支层成为可变机构而导致破坏；而具有空腹桁架转换构件的框支剪力墙完全不同，一般在空腹桁架内部腹杆上出现裂缝，在腹杆的上、下端先出铰，框支柱可保持完好，见图9-14b，结构整体的延性及耗能能力均较大，见图9-14c。空腹桁架的竖向腹杆承受的剪力较大，应注意采取强剪弱弯的设计措施，当需要高位转换或者采用钢骨混凝土框支柱及转换层时，桁架式转换层将更加有利，腹杆配置型钢，足以抵抗较大的剪力。

如果剪力墙不直接支承在柱子上，而是支承在大梁上，然后大梁再支承在下部柱子上，形成复杂的多级传力系统，如图9-15所示，这种多级传力系统对结构十分不利，因为梁的弯曲变形会加大剪力墙的倾覆，各部分受力更加复杂，应当尽量避免这种结构布置，或采取特别可靠的加强措施。

9.2.4 上、下层结构体系和柱网轴线同时变化的转换

有少数建筑物上部与下部建筑布置完全不同，例如有些上部为公寓式建筑，采用适合于公寓布置的轴线和剪力墙结构体系，下部是公共建筑，地下室还要做车库，必须采用另外一种轴线布置的框架—剪力墙结构。这种结构中不仅上部、下部结构类型不同，而且轴线也对不上，分别布置在上、下轴线上的竖向构件也不能贯通，无法直接传力。这种结构的传力途径被破坏，转换构件设计和结构设计都十分困难，可能采用的方案是箱形（交叉梁系）转换构件或厚板转换构件进行间接传力。

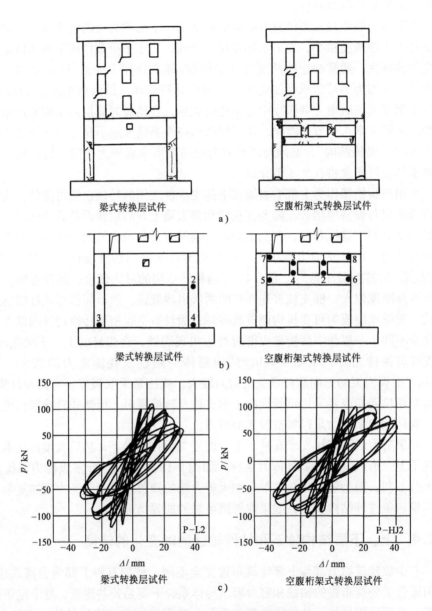

图 9-14　实腹大梁式与空腹桁架式转换层的试验对比(同济大学)

a) 试验模型裂缝和破坏形态　b) 塑性铰的分布和出现次序

c) 转换层顶部的水平位移滞回曲线

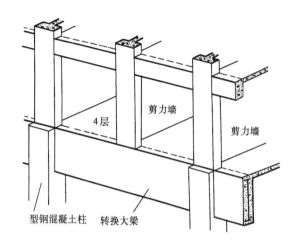

图 9-15 多级传递的框支剪力墙

采用 2～3m 厚的钢筋混凝土厚板作转换构件，是典型的沿高度刚度和质量不均匀的结构，对抵抗地震作用十分不利。这种转换层本身的刚度很大，它相当于上部结构的"基础"，但"基础"又支承在有侧移的"柔软底层"上；与其他楼层相比，厚板重量很大，造成沿高度质量分布严重不均匀，具有大质量楼层结构的地震反应会加剧；厚板上面和下面的剪力墙、柱等构件与厚板相比，刚度和承载力相差更大，更容易在端部出铰而形成软弱层和薄弱层。当采用厚板或箱形转换层时，由于不能避免转换层本身和上、下楼层的刚度差，必须采取加强上、下柱和剪力墙抗弯、抗剪能力的措施，特别是厚板或箱形板下面的支承构件，刚度和承载力都必须加强，甚至使它们大震下不屈服，对于与厚板直接连接的上部构件，其下端宜按嵌固端的构造要求处理。箱形板实际是在厚板中间挖掉部分混凝土，形成交叉梁系构成的转换层，相对于厚板，减小了本身重量和刚度，但是，交叉梁并非正交，构造仍然十分复杂。

由于上部荷载和下部支承点的布置不规则，厚板或箱形板本身应力复杂，目前还没有很完善的厚板转换层的计算和设计方法，厚板的大体积混凝土和密布钢筋也会给施工带来复杂性。

在抗震结构中，要尽量避免这种上、下结构形式和布置不相同、且轴线对不上的结构转换，特别是避免厚板转换层。如果建筑布置能做到上下轴线基本一致，大部分竖向构件对齐，那么可以采用规则的交叉梁系转换层，既可减小重量，又能改善传力机制。我国规范规定只有非地震区和 6 度设防地震区，或在地面以下，才可以采用厚板转换层，箱形转换层也不宜应用在楼层较高的部位。实现建筑使用上合理性和结构布置上合理性的结合，要求建筑师与结构工程师进行创造性地思维和合作。

9.3　底部大空间剪力墙结构的设计概念

在剪力墙结构中，不允许将全部或大部分剪力墙设计成框支，必须有一定数量的落地剪力墙，形成底部大空间剪力墙结构，也就是说，框支剪力墙的软弱层由落地剪力墙加强，将框支剪力墙剪力转移到转换层以下的落地剪力墙上，从而避免软弱层引起的震害。在我国，底部大空间剪力墙结构应用十分广泛，是具有中国特色的一种结构体系，通过我国自己的研究和工程实践形成了成套设计和施工技术[70]~[74]。

下面介绍其主要的设计概念，具体的规定可直接查阅规范和规程。

(1) 加强框支层刚度，要求转换层及其上、下楼层层刚度基本均匀　应当有一定比例的、贯穿上下直至基础的落地剪力墙(或实腹筒)，并适当加大落地剪力墙下部厚度或提高其混凝土等级，以增加下部各层刚度，使转换层上、下结构整体抗侧刚度比接近；如果下部抗侧刚度不足时，要另外布置一些筒体或剪力墙，使转换层以下的结构具有足够抗侧刚度，减小层间位移。

我国规程要求计算转换层上部和下部的等效刚度，要求采取措施，使上、下层等效刚度相等或相差不大，以避免层间变形突变，当底部只有1层框支层时，要求计算等效剪切刚度比(只计入剪切刚度)，当框支层大于1层时，要求计算综合等效刚度比(计入弯曲、剪切、轴向等变形的综合影响)，具体的计算方法见规程。规程方法是简化的实用方法，要注意计算简图合理，如果计算简图不符合实际，得到的结果也不符合实际，或很难调整到符合规程要求的比例，特别是当转换层与设备层结合而层高较小时，转换层本身的层刚度变得很大而使设计困难。实际上，在水平力作用下(静力)结构的层间变形角是否均匀是检查结构刚度是否均匀的最基本的要求，层间变形角可通过结构整体分析获得，结构抗侧刚度突变应当反映在层间变形曲线上。因此，底部大空间结构沿高度的刚度是否均匀也可以通过转换构件所在层与上、下相邻层的层间变形的比值加以检验。相邻两层的层间变形角之比值为 $\gamma_{\theta i} = \dfrac{\theta_{i+1}}{\theta_i} = \dfrac{\Delta u_{i+1}}{h_{i+1}} \bigg/ \dfrac{\Delta u_i}{h_i}$，如果该比值接近于1，不小于0.5，也不大于2.0，则可认为层间变形基本均匀，在抗震结构中，宜控制得更严一些为好(例如0.7~1.6之间)。

(2) 提高框支层构件的承载力，避免出现薄弱层　除了上、下楼层刚度比要求基本均匀外，转换层以下的框支柱和剪力墙的承载力和延性都要加强，避免造成刚度又小、承载力也没有富余而形成的薄弱层，因此，对于框支剪力墙和落地剪力墙还需要采取特殊设计措施，以保证其承载力和延性。

在弹性阶段，框支柱承受的剪力很小，图9-16给出了一幢典型的底部大空间剪力墙结构中各片框支剪力墙和落地剪力墙的剪力图，在转换层以上框支剪力墙承受的剪力和落地剪力墙接近，转换层以下大部分剪力转移到落地剪力墙上，使落地剪力墙（P1、P2、P3、P4 墙）底部承受很大剪力；框支剪力墙（P5、P6 墙）承受的剪力迅速减小；然而框支剪力墙承受的倾覆力矩不转移，因此框支柱承受的轴向力仍然很大。在弹塑性阶段，一般是落地剪力墙首先出现裂缝或出现塑性铰，落地剪力墙刚度降低，框支柱承受的剪力将会增大，规程规定了框支柱的剪力调整系数，弯矩也相应加大。

由于框支柱上、下端都与刚度很大的构件连接（上端为转换梁，下端为基础），端部容易出现水平裂缝和斜裂缝，在构造上必须注意箍筋的配置，一般采用复式箍筋，对于底层或两层框支剪力墙，则要求框支柱全高都加密箍筋，多层框支柱的最上层和最底层应全层加密箍筋。抗震要求较高的结构宜采用钢骨混凝土柱，若采用空腹桁架做转换构件，可改善柱端的不利条件。

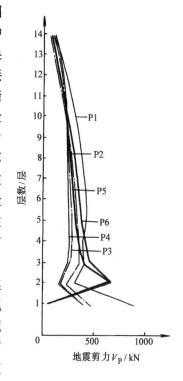

图 9-16　框支剪力墙和落地剪力墙的剪力分配图

当框支层只有一层或两层时，落地剪力墙的设计措施是：增大落地剪力墙底部的抗弯承载力，将首先屈服的截面转移到转换层以上，使落地剪力墙在转换层以下不出现或推迟出现塑性铰。对底部大空间剪力墙结构进行了单片墙和整体结构的模型试验[75]，采取加强措施和未采取措施的单片落地剪力墙模型的实测变形曲线如图9-17所示，采取措施后，转换层以下落地剪力墙的变形减小，可以保护框支柱，框支柱没有过大的变形，就不会出现薄弱层。

为使落地剪力墙转换层以上的截面屈服早于以下的截面，要增大底部剪力墙截面设计内力，使下部截面的安全余度大于上部剪力墙截面，现行规范及规程采用了简化方法增大内力，即将弹性组合内力值乘以增大系数（增大落地剪力墙的底层剪力及弯矩设计值的具体方法见规程），这种方法不能保证在强地震作用下落地剪力墙底部仍然处于弹性状态，因此对框支柱采取增大内力、加强构造的措施仍然是必要的。

对于落地剪力墙，还要采取加强延性的构造措施，特别是在转换层以下的墙肢中，由于剪力增大，底部截面的剪跨比减小，可能会进入"矮墙"的剪跨比范围，应考虑不利情况的设计要求。

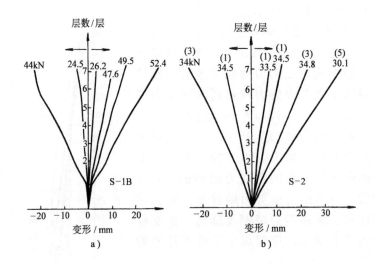

图 9-17 落地剪力墙的实测变形曲线比较(清华大学)

a) 转换层顶屈服　b) 底截面屈服

　　近年来，由于建筑功能多样化的要求，不仅在底层和底部少数层布置大空间，还要求设计多层大空间(大于3层)，也就是所谓的"高位转换"，在底部多层大空间结构中要求全部落地剪力墙在转换层以下都不屈服是不经济的，也是不恰当的。因此，对于底部大空间结构的"低位"和"高位"转换，就应当采取不同的设计措施。

　　(3) 关于高位转换　底部大空间剪力墙结构属于复杂结构，高位转换又带来新的问题，为此，国内进行了一些研究[76]~[78]。

　　文献[76]计算了一座有转换层剪力墙结构的弹性地震反应(输入 EI Centro NS 地震波)，该结构30层、总高为99m，其平面图见图9-18，对比了没有转换层和转换层位于1层、3层、5层、7层、9层、11层的不同结构，按照规程的计算方法，转换层在1层时，计算的等效剪切刚度比为2.77，其他情况按照转换层上、下的综合等效刚度比计算，依次为1.22、1.19、1.13、1.17、1.20。图9-19a是层间位移角地震反应包络图的比较，从图中可见，在转换层上、下层的层间位移角有突变，一般是转换层以上一层的层间位移角最小，然后又增大(出现突变)，达到最大值以后再逐渐减小；转换层在1层时的层间变形突变比较小，转换层较高的位移突变明显，而值得注意的是转换层愈高，顶点位移和最大层间位移角的绝对值反而减小了。图9-19b比较了改变等效刚度比的差别，当转换层位于第7层时，加大框支层的构件截面，使转换层上、下的等效刚度比由1.13减少到1.04，由图可见，刚度比减小后，结构的层间位移角减小，突变也减小了一些，转换层在其他层时得到的规律相同。在转换层附近层间位移角有突变的各层，层转角比

值 γ_e (转换层上层转角/转换层转角)都在 0.8 ~ 1.3 之间。

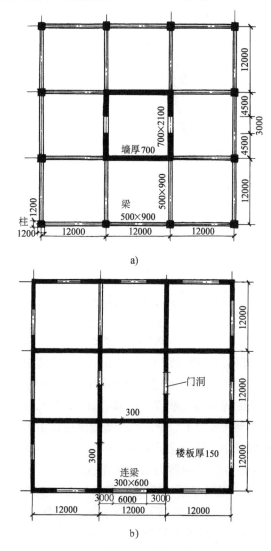

a)

b)

图 9-18 30 层有转换层的剪力墙结构平面

a) 转换层以下楼层平面图   b) 转换层以上结构平面图

此外，还计算对比了结构的周期和振型等动力特性，转换层升高以后有些变化，但变化不大。

文献[77]对另一个底部大空间结构进行了弹性时程分析研究，该结构平面示于图 9-20，建筑总高为 121.5m，计算比较了转换层分别在 1 层、2 层、3 层、4 层、5 层、6 层、7 层的七种情况，它们的转换层上、下用等效剪切刚度比控制，比值分别为 1.71(转换层在 1 ~ 6 层)和 1.6(转换层在 7 层)。计算的层间位移角包络图

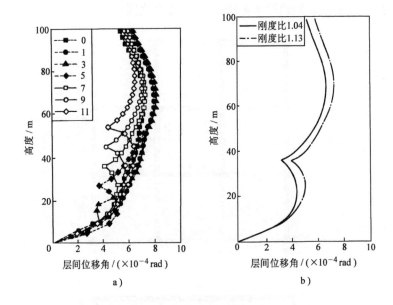

图 9-19　层间位移角地震反应包络图比较[76]

a) 转换层在不同高度　b) 转换层在第 7 层，
改变等效刚度比

示于图 9-21a，由图可见，转换层在 1 层、2 层、3 层的结构层间位移角曲线突变不大，而转换层在 4~7 层时有明显突变，转换层以上一层的层间位移减小，然后层间位移角再加大，总的规律与文献[76]相似。图 9-21b 说明了提高框支层刚度的效果，转换层在 7 层，当转换层上、下的综合等效刚度比由 1.6 降低到 1 以后，侧移减小，层间位移角也减小，且消除了突变。

图 9-22 是上述剪力墙结构剪力的分配情况比较，图 a 为转换层在 1 层时的剪力分配，图 b、图 c 是转换层在 7 层的剪力分配，其中图 b 对应于转换层以下刚度较小的情况，图 c 对应于转换层以下刚度提高以后的情况，由图可见，在转换层以上框支剪力墙的剪力先加大，然后剪力突然减小，落地剪力墙的剪力先减小，然后剪力突然加大。但是当转换层在 1 层时这种交互传递并不明显，转换层在 7 层时这种交互传递变得十分明显，尤其是在框支层刚度较小时更加严重。

文献[78]研究了转换层升高对结构动力特性的影响，如果转换层位置正好与高振型的较大幅值位置重合，则高振型影响将加大，图 9-23 是高振型对转换层在不同高度结构的影响，当转换层在第 9 层时，高振型影响增大（图 9-23d）。因此高位转换的结构应当选取更多的振型数进行振型组合，特别当转换层刚度及重量较大时，影响会更大。

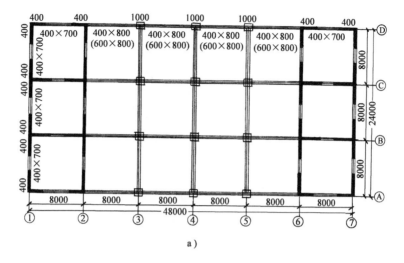

a)

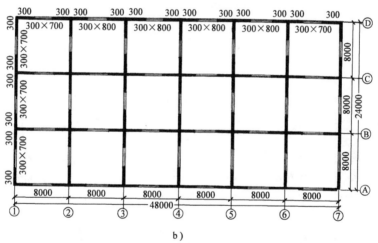

b)

图 9-20　总高为 121.5m 的有转换层的剪力墙结构平面图

　　还有一些其他关于高位转换的剪力墙结构研究，得到的共同结论是：转换层楼层升高使结构周期和振型略有变化，但不会引起很大变化；转换层升高对顶点位移、总层剪力和总倾覆力矩的影响也不大；但是在框支剪力墙和落地剪力墙之间的剪力分配会有较大变化；转换层以上一层可能出现层间位移角突变，但是转换层位置升高并不会使突变更加严重，最大层间位移角的绝对值还可能减小；加强转换层以下结构刚度，有利于减小层间位移的绝对值，也有利于减小和缓和剪力分配的突变程度。此外，高位转换结构中，减小转换层本身的刚度和质量对减小转换层楼层处的突变影响明显。

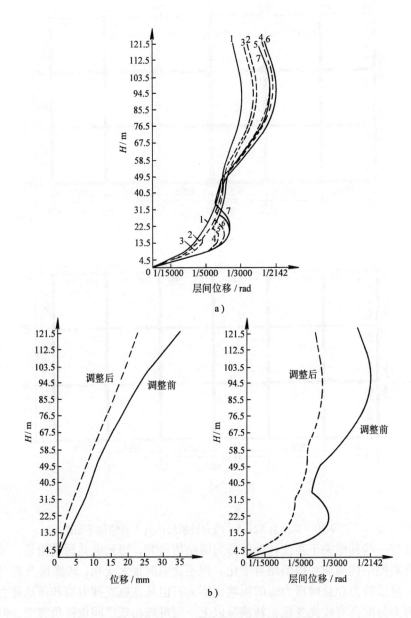

图 9-21　层间位移角包络图比较[77]

a) 1~7 层分别设置转换层时结构层间位移角包络图

b) 刚度调整后的结构位移和层间位移包络图(转换层在第 7 层)

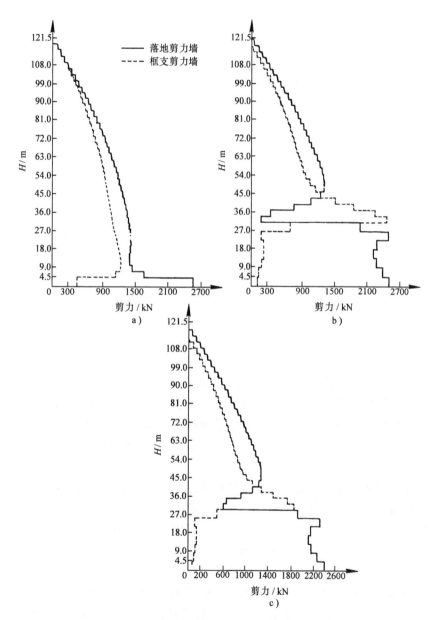

图 9-22　框支剪力墙和落地剪力墙之间的剪力分配[77]

a) 转换层位于一层　b) 转换层位于 7 层(框支层刚度较小)

c) 转换层位于 7 层(框支层刚度提高)

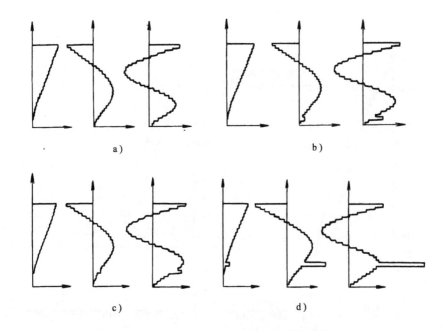

图 9-23　转换层升高时高振型影响[78]
a)转换层位于首层　b)转换层位于 3 层
c)转换层位于 6 层　d)转换层位于 9 层

　　有少量试验及弹塑性分析研究表明，没有必要要求转换层以下完全处于弹性，但是在转换层附近容易出现裂缝，与转换层相邻的竖向构件端部容易开裂和屈服，容易形成薄弱层，与转换层相邻的构件应采取加强构造的措施，改善构件延性，防止裂缝出现后的过早破坏。分析表明，选取不同的加强部位、采取不同的加强措施会改变弹塑性地震反应的结果。

　　上述一些研究都是针对一些具体结构进行的，虽然每个结构都具有一定的代表性，也得到了一些共性，可提供一些设计概念，说明高位转换是可行的，但是由于结构布置不同，有些结果还是有差别，特别是由于刚度、质量沿高度分布不均匀的程度，构件加强措施是否得当，均会引起变形、内力分配以及弹塑性地震反应的变化；类似结构的试验研究也还不多，因此，对于高位转换的底部大空间剪力墙结构这样的复杂结构，可以做，但应当慎重设计。因此建议：

　　1）由于高位转换时刚度和质量较大的转换层升高，调整转换层本身及其上、下的刚度比使之接近是必要的，转换层本身的刚度和质量不宜大，最终可通过水平力（静力）作用下精确的空间分析检查转换层附近的层间位移角是否基本均匀。

　　2）宜尽量选用刚度和重量较小的转换层结构形式，计算时应多取参与组合的振型数。

3）通过计算，仔细分析可能存在的薄弱部位，研究具体的内力分配特点，通过调整内力和构件配筋设计改善薄弱部位的性能。

4）在高层建筑中，高位转换的底部大空间剪力墙结构宜进行抗震性能设计，进行弹塑性计算（弹塑性静力分析或时程分析），以检验大震下的塑性铰分布规律和层间变形，保证结构在大震下的安全。

9.4 具有转换层结构的楼板设计

带转换层的结构都有层剪力的转移，剪力转移主要依靠楼板，一般剪力转移有个过程，要通过若干层楼板才能完成。

由图9-22可见，底部大空间剪力墙结构由框支剪力墙转移到落地剪力墙中的剪力往往是很大的，而且可能发生交互式的传递。水平力的传递依靠楼板和转换构件，因此楼板和转换构件都要承受较大的剪力，并且由于有一个交互和传递的过程，与转换层相邻的多层楼板都要传递剪力，因此接近转换层的楼板也要进行加强。

在板式建筑（长条形）或者楼板有较大削弱的结构中，楼板在其平面内变形较大，会改变剪力的传递路线和结果，框支柱的剪力有可能增大，在底部大空间剪力墙结构中，转换层附近楼板不宜开大洞，或者根据假定楼板为无限刚性的计算结果修正框支柱内力设计值，必要时可采用考虑楼板变形的空间计算程序进行计算。

规程要求转换层的上、下要布置一定厚度的现浇混凝土楼板（至少用18cm），并配置双层钢筋，还应根据结构布置的具体情况和传递剪力的多少考虑是否应将相邻的楼层也予以加强，必要时应校核楼板的剪应力是否超过规范的允许值。

除了底部大空间剪力墙结构外，还有一些需要楼板传递剪力的情况，例如10.5节介绍的香港中环广场，5.4节介绍的美国旧金山的48层高层建筑101 California Building，后者上部框筒结构的全部剪力向下部核心筒（12层高）转移，为此加强了8~12层楼板，这5层混凝土楼板中除钢筋外，还配置了水平钢支撑，见图5-6。

第 10 章　高层钢筋混凝土结构和混合结构工程实例

本章收集了一些典型的钢筋混凝土和混合高层建筑工程实例，供读者参考，也供读者消化前面所叙述的很多概念。其中一些是世界著名的高层建筑，读者应当有兴趣了解这些著名建筑的结构体系和结构特点；还有一些是由于建筑要求环境和地段环境复杂，结构工程师们做了很大努力去接受挑战，并创造性地做出了合理的结构设计；还有一些工程，结构工程师们做了很多比较和优化，设计出了既满足建筑要求，又经济合理的结构。总之，无论是在体系的选择上，或者在创造性地解决难题方面，或者在一些巧妙的合理的设计分析中，或者所采取一些特殊的构造和措施方面，这些工程都可供读者参考，可提供一些实际的经验，也可以帮助了解一些设计不合理的地方以便以后予以避免。更希望年轻工程师们能多了解一些前人设计的工程，从实际工程中有效地吸取经验，学会接受挑战，学会运用概念设计以开阔思路，同时也能更好地总结自己在概念设计方面的经验。

10.1　上海金茂大厦

1. 概况

1999 年建成时，地下 3 层，是我国大陆地区最高的建筑（图 1-8），地上 88 层，为多功能建筑，上部旅馆，下部 53 层办公，主体结构高度为 372.1m，总高 421m，为混合结构。建筑平面为 8 角形，最大轮廓尺寸为 53.4m×53.4m，内筒轮廓尺寸为 27m×27m，外框架至内筒跨度 12m，平面、剖面见图 10-1，总高宽比为 7.0。抗震设防烈度为 7 度。美国 SOM 公司设计，上海华东建筑设计研究院提供设计咨询和工程监理，并进行部分施工图设计。

2. 结构

采用框架—核心筒—伸臂结构体系。

外周边有 8 个钢筋混凝土大柱子，它们和钢筋混凝土核心筒组成主要的抗侧力体系，角部还有 8 个小钢柱，主要承受竖向荷载并参与抗扭。

在内筒和大柱子之间设置了 3 道伸臂桁架，伸臂桁架是 2 层高的钢桁架，位于 24 ~ 26 层、51 ~ 53 层以及 85 ~ 87 层。87 层以上设置了空间钢桁架，一方面承受屋顶设备层的重力荷载，一方面加强了 85 ~ 87 层的伸臂，保证核心筒和外柱共同工作。设置伸臂后，大大增加了结构刚度，减小了位移。

8 个大柱子的底部截面尺寸为 5ft × 16ft(1.5m × 4.88m)，混凝土强度为 7500psi(51.7MPa)，顶部减小到 3ft × 11ft(0.91m × 3.53m)，混凝土强度为 5000psi(34.5MPa)。混凝土柱除了配置钢筋外，两侧还配置了型钢骨架，型钢之间有斜加劲杆相连(类似桁架式钢骨架)，可认为是钢骨混凝土柱，但钢骨在混凝土截面中的面积比仅为 0.48%，大大低于钢骨混凝土柱所要求的含钢率，因此也可认为就是钢筋混凝土柱。

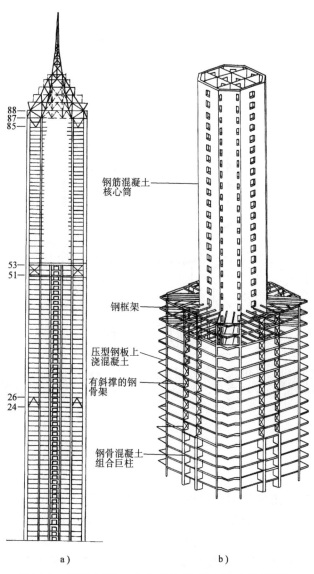

a)   b)

图 10-1 金茂大厦(由上海华东建筑设计研究院提供)

a) 剖面   b) 结构组成

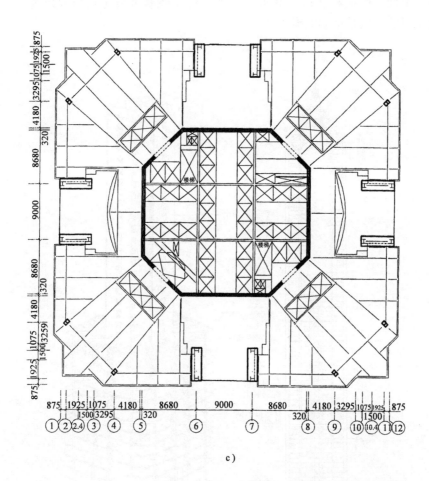

c)

图 10-1　金茂大厦(由上海华东

c)标准层平面

　　核心筒为正 8 角形的钢筋混凝土筒，面宽 90ft(27.43m)，高宽比为 12.4。墙厚由底部的 33in(84cm)变化至顶部为 18in(46cm)。筒内部有井字形剪力墙，厚 18in(46cm)，通至 53 层楼板后改变核心筒内剪力墙的布置，保留筒周边的剪力墙和角部的电梯井筒，形成上部旅馆的中庭天井，该天井通向尖顶，约有 206m 高。

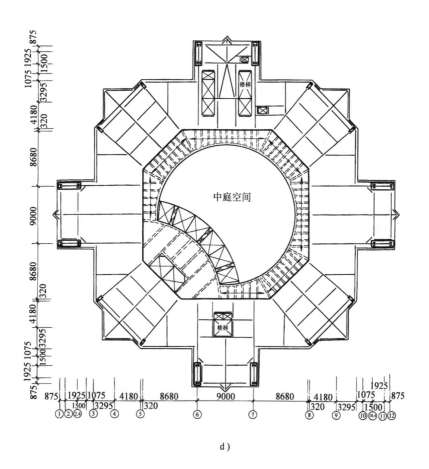

d)

建筑设计研究院提供）（续）

d）53 层以上平面

楼盖采用组合楼板，钢梁间距为 4.4m，楼板是 76mm 厚压型钢板上现浇 82.5mm 厚混凝土。

基础为钢管桩，直径 3ft(0.91m)，管壁厚 7/8in(2.22cm)，一般间距 9ft (2.75m)，打入地下近 84m，承力层为密实沙土。桩顶有 4m 厚的钢筋混凝土承台板。地下室埋深大，地下水位高，在施工时除做了 1m 厚、30m 高的钢筋混凝土连续护壁墙外，还做了水平面的钢筋混凝土内撑。

3. 自振特性

实测自振周期依次为 6.41s、1.65s、1.39s、0.79s、0.71s，未测扭转周期[16]。计算基本周期为 6.52s，扭转周期为 2.5s。

4. 分析

进行了 100 年重现期的风荷载及 7 度抗震设防设计，而风荷载作用对刚度及承载力控制更为重要。委托加拿大安大略大学进行了边界层风洞试验，由气象资料分析金茂大厦上空（365m 以上）梯度风速为 42m/s，小于我国按规范推出的 350m 高空的梯度风速 57.4m/s；进行了刚性模型、天平测力模型和气弹性模型的风洞试验，风洞试验所得建筑物上部风速小于按我国规范计算的风速。由于顶部风速的不同和风压分布的差别，按风洞试验计算和按我国规范计算的顶点位移和最大层间位移都有差别，设计时经过详细分析比较。在重现期为 10 年的风载下，可满足人的舒适度要求。地震作用采用标准反应谱，由振型组合进行内力及位移分析。此外，分别用加速度峰值 35Gal、220Gal（注：$1Gal = 10^{-2} m/s^2$）的人工波（现场勘测及地震危险性分析得出）及 El Centro 地震波作了弹性及弹塑性时程分析。

10.2 深圳地王大厦[17][18]

1. 概况

1996 年建成（图 1-7），地下 3 层，地上 69 层（实际 77 层），办公建筑，钢筋混凝土屋顶结构高度为 325m，上面设有钢结构作为桅杆基座，桅杆高度达到 384m。平面、剖面见图 10-2，是混合结构。横向高宽比达到 8.75，按 7 度抗震设防设计。结构设计总承包为（香港）茂盛工程顾问有限公司，钢结构设计为新日本制铁株式会社，深圳市建筑设计院设计咨询和审核。

2. 结构

采用框架—核心筒—伸臂结构体系。

矩形部分为抗侧力的主体部分，共有 16 个矩形钢管柱，在 58 层以下钢管内部填充 C45 混凝土，设计时混凝土不计入承载力，按钢柱计算。沿平面长边上每边布置 6 根柱，每根柱子都与核心筒的一片剪力墙对齐（在同一轴线上），中间 4 根柱截面由底部 1.15m×1.3m 到顶部为 0.6m×0.6m，角柱截面最大，由底部 1.5m×2.5m 到顶部为 0.8m×0.8m。柱与核心筒之间距离为 11.75m。框架梁采用 H 形型钢，最大截面尺寸为 1100mm×300mm×85mm×16mm，到顶部截面尺寸为 692mm×300mm×20mm×13mm。平面两端各布置了 7 根钢管柱，成半圆形（半径 11.25m）布置，与中间矩形主体部分相交的柱与外柱之间布置了由上到下的斜撑，形成竖向桁架以增强横向抗侧刚度，见图 10-2c。沿半圆排列的小钢

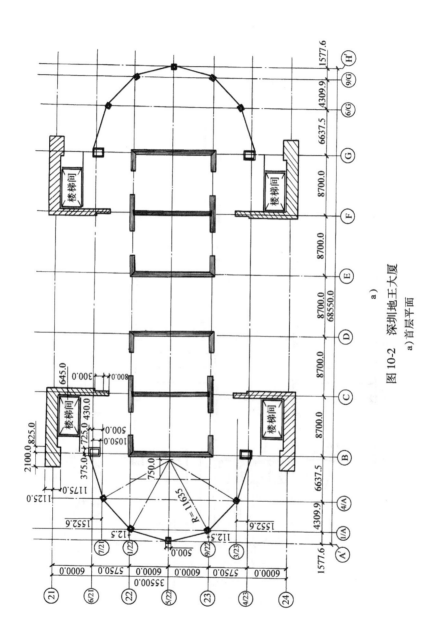

图 10-2 深圳地王大厦

a）首层平面

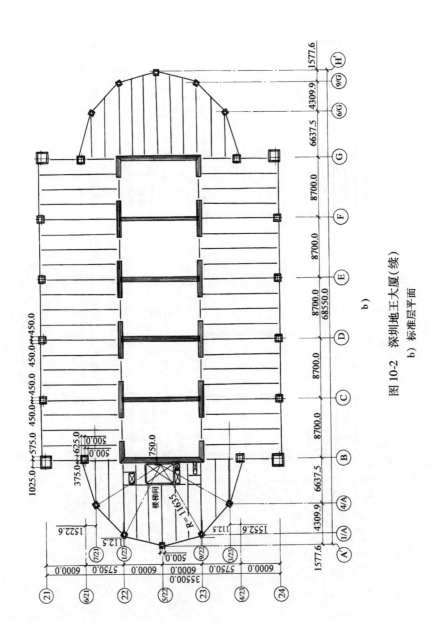

图 10-2 深圳地王大厦（续）

b) 标准层平面

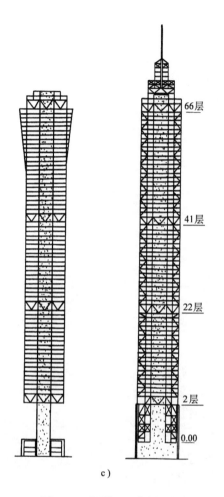

图 10-2　深圳地王大厦(续)

c) 剖面及端部斜撑

柱，仅承受重力荷载，截面尺寸由底部 0.6m×0.6m 渐变到顶部 0.4m×0.4m。

建筑首层大堂高达 28.5m，(内部又分成 5 个夹层)，前后两面的门洞宽度都有 3 个柱距，因此每面各有 2 个柱子不能落地，终止在首层楼顶。首层采用 4 个 L 形剪力墙代替钢柱，并用 A 字形钢支撑将 3 个柱距内的竖向荷载传递到 L 形剪力墙上，见图 10-3a。

内筒为长方形，12m×43.5m，分隔成 5 个开间，40 层以下墙厚为 750mm，以上为 600mm。内筒在 298.34m 处终止，上面布置了两个半圆形钢柱(两端)，与下部伸上来的两个半圆形布置的钢柱合成两个圆柱体，放置冷却塔，圆柱体的屋顶为 324.95m(钢柱向上伸至 324.95m 处)，屋顶上面是两个 59m 的钢管塔桅。

内筒做法也与一般不同，在转角、纵横墙相交处以及门洞边都埋设了竖向型

a)

b)

图 10-3 深圳地王大厦底部 A 字形斜撑和内筒的钢连梁

a) A 字形斜撑 b) 内筒的钢连梁

钢，连梁采用 H 形焊接钢梁，伸入混凝土墙和在门洞边设置的竖向型钢刚接。采用钢连梁不仅大大加强了内筒的刚度和承载力，还便于在连梁上开各种形状的供管道通过的孔洞，见图 10-3b。

在内筒和柱子之间，沿高度设置了 4 道伸臂桁架，在第 2 层、22 层、41 层、66 层（又作为设备层和避难层），它们的层高分别为 7.5m、7.42m、6.7m、

7.42m，伸臂为钢桁架，其高度与层高相同，在每一层中的每个轴线上都设置伸臂，与内筒的混凝土墙对齐。

楼盖布置了间距为 2.175m 的钢梁，连接外柱与剪力墙的梁是主梁，梁端部刚接；其余为次梁，端部铰接。主梁截面底部为 900mm × 300mm × 36mm × 16mm，顶部减小为 500mm × 300mm × 36mm × 16mm。采用压型钢板上现浇 100mm 厚混凝土的组合楼板，楼板与钢梁间设置栓钉传递剪力。

地下室为钢筋混凝土结构，基础为人工挖孔桩，桩直径为 1.6～4.5m，共用 28 根，约 25m 长，打至微风化层。桩顶有 1m 厚的钢筋混凝土承台板。

3. 自振特性

通过脉动法实测了结构自振周期，与计算周期的比较列于表 10-1[18]：

表 10-1　地王大厦计算与实测自振周期

	T_1	T_2	T_3	T_4	T_5	T_6	T_7	T_8	T_9
计算周期	5.37	4.98	2.71	1.67	1.42	0.95	0.81	0.70	0.56
实测周期	5.62	4.76	3.36	1.86	1.43	1.11	0.78	0.65	0.60
振动方向	横向	纵向	扭转	斜向	斜向	扭转	纵向	横向	扭转

4. 分析

深圳地区的设计风速取 34.5m/s，325m 处取 51.2m/s，按我国规范计算，有两种结果：不考虑钢管柱内的混凝土、考虑钢管柱内的混凝土作用，结果见表 10-2。

表 10-2　地王大厦计算结果比较

荷载类型	不考虑钢管柱内的混凝土		考虑钢管柱内的混凝土	
	顶点最大位移/mm	最大层间位移角	顶点最大位移/mm	最大层间位移角
风（x 向）	370.5	1/654	214.5	1/1102
风（y 向）	836.4	1/272	690.3	1/335
地震（x 向）	339.1	1/710	284.0	1/845
地震（y 向）	444.9	1/506	399.5	1/611

由比较可见：

1）7 度设防地震与风荷载相比，风荷载作用下的位移为设计控制因素。

2）不考虑钢管内混凝土作用，y 方向风荷载作用下的层间位移角不满足规范限制要求；考虑钢管柱内的混凝土，结构刚度可增大，但 y 方向层间位移角仍然偏大。为此，进行了很多研究和比较分析。

由风洞试验得到的风压分布与规范规定的风压分布不同，其最大风压大约在高度的 2/3～3/4 处。我国对此进行了一些研究，实测了在台风经过深圳时地王大厦的顶点位移以及在塔檐上 340m 高度处的风速，实测结果说明在建筑物顶部的风压力有可能小于按规范规定的计算值，因而结构实际的位移值可能比计算值小。

在重现期为10年的风作用下，满足人的舒适感要求。构件延性及构造均按7度抗震设防要求设计。

在大震作用下（峰值加速度为225Gal（$1Gal = 10^{-2}m/s^2$））的弹塑性分析得到的最大横向层间位移角为1/110，是满足要求的。

10.3　上海明天广场

1. 概况

2001年建成，地下3层，地上58层，屋顶为230.9m，屋顶上还有52m高的装饰性钢桁架结构，总高度282.9m。上海明天广场是多功能建筑，有6层裙房。采用全现浇钢筋混凝土结构。建筑平面为正方形，36m×36m，38层以上平面旋转45°。立面及平面见图10-4。按抗风及7度抗震设防设计。结构设计由上海建筑设计研究院完成。

2. 结构

该建筑采用框架—核心筒结构体系，主楼与裙房结构在地上分开，主楼高宽比达到7.8。

a)

图10-4　上海明天广场（平、剖面由上海建筑设计研究院提供）

a)立面渲染图

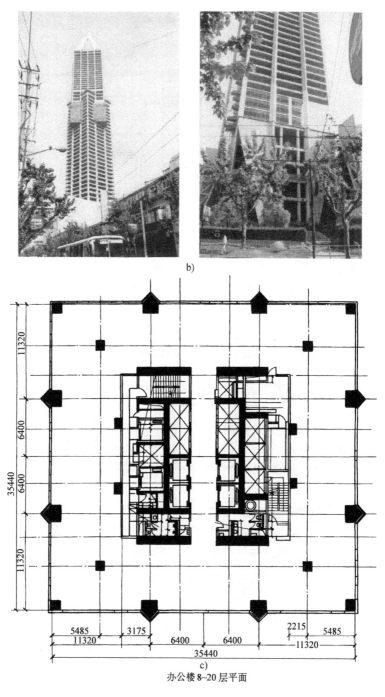

b)

c)

办公楼 8~20 层平面

图 10-4　上海明天广场(平、剖面由上海建筑设计研究院提供)(续)

b)施工时照片　c)标准层建筑平面

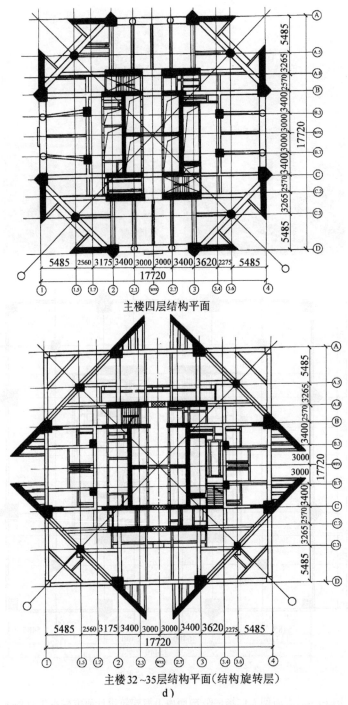

主楼四层结构平面

主楼32~35层结构平面(结构旋转层)

d)

图 10-4　上海明天广场(平、剖面由上海建筑设计研究院提供)(续)

d)结构平面旋转45°

1～7层外框架没有角柱，外柱由变截面的剪力墙代替（见图10-4b），7层以上周边是12根钢筋混凝土柱，33～37为过渡层，仍然采用变截面的剪力墙，至38层，正方形平面旋转45°（见图10-4d）。标准层层高3.6m。

矩形的钢筋混凝土核心筒由下至上为规则形状，底部外周边墙厚为500mm，电梯井隔墙厚200～400mm不等。核心筒两端各有两片一字形剪力墙，底部厚为900mm。

39层以下层高3.95m，采用主次梁现浇楼板，40～54层采用无梁楼盖。

混凝土强度等级为：墙、柱1～22层为C60，23～40层为C50，41～58层为C40，楼板为C40。

主楼与裙房的地下部分连成整体，施工时在二者之间设置了后浇带，并设置不同长度的桩，对桩位布置及筏板厚度作了调整，减小了高度相差悬殊的主楼和裙房的之间沉降差，变化较平缓。采用钻孔灌注桩。主楼下为群桩，直径850mm，有效桩长约61.5m，桩顶板厚3800mm；裙房采用柱下群桩，直径700mm，桩长约32.5m，顶板厚1500mm。

上海地下多为淤泥及软土，地下水位高，若在市中心区开挖深度22m的大基坑，将会对周围建筑物构成大的威胁，因此采用了"逆作法"施工，水平构件逆向施工，竖向构件顺筑。

3. 自振特性

主轴方向的自振周期为 $T_1 = 6.55s$，$T_2 = 5.9s$，$T_3 = 1.78s$。

4. 分析

由于主楼独特的体形（33～37层体形变化），作了风洞试验，以确定风荷载的各项基本取值。工程所在地属Ⅳ类场地土，地震作用有所加大。分析结果是：地震作用下，基底剪力为总重的1.5%，最大层间位移为1/675；风荷载作用下，基底剪力为总重的1.56%，最大层间位移为1/588。由此可见，位移由风荷载控制，内力则部分由风荷载、部分由地震作用控制，而构件配筋构造是由抗震要求确定的。

10.4　广州中信广场[19]

1. 概况

广州中信广场原名中天广场，建成于1996年，由3座塔楼和裙房组成，其中主塔楼为独立的80层办公楼，第11层为设备及避难层，1层为天空大堂，其他用途6层，办公用房60层，地下2层。到结构屋顶高度为323m，屋顶上有桅杆，高度达到391m。照片见图1-14，结构平面、剖面见图10-5，为46.3m × 46.3m的正方形建筑。

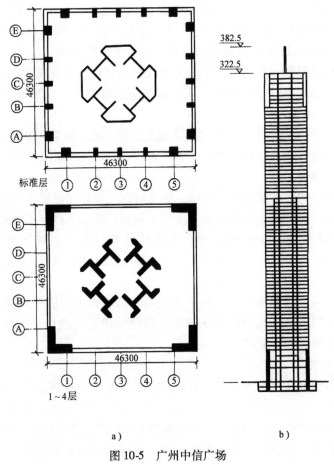

图 10-5　广州中信广场

a) 平面图　b) 剖面

位于7度抗震设防区, 近震, II类场地, 按规范规定抗震等级为二级, 局部一级。

2. 结构

采用钢筋混凝土筒中筒结构体系, 1~4层只在四角设置4根大柱, 5层设置转换层。5层以上外框筒为稀柱, 间距7.5m, 但是由于框架梁截面尺寸很大, 其跨高比大约为5左右, 仍然可以满足框筒空间作用的要求。

1~4层的角柱为L形, 截面尺寸为 7.75m×7.75m×2.75m; 位于5层的转换梁有一层楼高, 截面尺寸为 7.75m×2.5m; 上层柱截面尺寸由 2.5m×2.5m 逐渐减至 2m×2m, 框架梁截面尺寸由 1.05m×0.8m 减至 1.05m×0.6m, 第25层、44层、65层加强框架梁, 截面尺寸增大为 1.65m×1.5m, 可减少框筒的剪力滞后, 并减小侧移。

核心筒对于结构平面的主轴对称, 外剪力墙厚由 1.6m 逐渐减至 1.1m, 筒内的剪力墙厚 0.8m 和 0.6m。内筒从地下室底板到结构顶贯通, 从46层开始,抽去部分剪力墙。

主塔楼下 12m 深就达到基岩（微风化砂岩），地下室深 9.4m，采用了 5.5m 厚的扩展式基础，直接嵌固于基岩内。

3. 自振特性

计算所得前 6 个结构自振周期分别为：8.03s，8.01s，3.71s，2.5s，2.44s，1.56s。结构对称，抗扭刚度大，第 3、6 为扭转周期。计算 18 个振型可满足振型参与质量不小于 90% 总质量的要求。

4. 分析

采用 3 维空间结构模型计算，考虑节点域的影响，假定楼板在自身平面内刚度无限大，固定端取在地下室底板面。风荷载按我国规范规定计算，得到层剪力以及层剪力在内、外筒的分配如图 10-6a 所示，外框筒下部刚度大，承受近 2/3 的剪力，地上 6 层以上内筒承受约 2/3 的剪力，基本符合筒中筒结构的分配规律。此外，凡在加强梁处内力有突变。

由于在 25 层、44 层、65 层设置了加强的框架梁，使框架和内筒的内力分布有所改变，下面 5 层只有 4 根大角柱，层剪力向内筒转移，竖向荷载向边柱集中。

地震作用按反应谱振型组合方法计算，计算模型与风荷载计算所取模型相同。地震作用按规范所给反应谱和场地危险性评价所得反应谱分别计算，还按弹性时程分析方法计算，反应不大，输入了 El Centro 波、Taft 波、San Fernando 波，地震波峰值取 52cm/s^2，其中 Taft 波的反应较大。风荷载得到的基底剪力较大，地震作用得到的基底弯矩较大，计算结果列于表10-3，地震作用的层剪力、层弯矩及层间位移角分别示于图 10-6b、c、d。设计时以场地反应谱计算结果为基准，65 ~ 75 层以及地上 6 层以下，取时程分析结果修正设计内力。

此外，还进行了弹塑性时程分析，阻尼比取 5%，地震波持时24 ~ 25s，地震波峰值取 210cm/s^2，弹塑性分析的层间位移角包络图示于图 10-6e，均可满足要求。

表 10-3　各种方法计算结果的比较

计 算 方 法	顶点侧移/mm	层间侧移角	基底剪力/kN	基底弯矩/(×10^{6}kN · m)
风荷载	389	1/802(1/800)	30000	4.4
场地反应谱	312	1/712(1/650)	25331	5.42
规范反应谱	448	1/510	29500	7.09
Taft 地震波	163	1/591	38683	5.20

注：（　）中为设计时规范的允许值。

本结构的自重很大，曾经比较过 $P—\Delta$ 效应的影响，计算结果表明，$P—\Delta$ 效应使层间侧移增大 5.35%，使顶点侧移增大 8.48%，使基底弯矩增大 5.3%，因此 $P—\Delta$ 效应影响，可以不考虑。

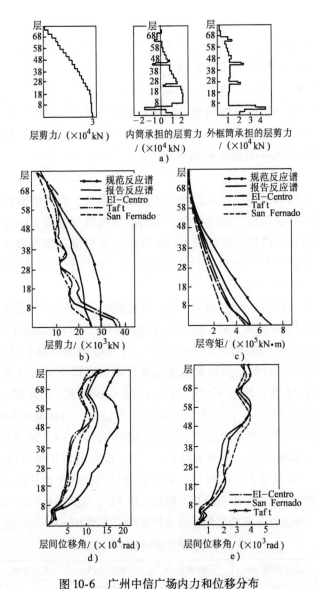

图 10-6 广州中信广场内力和位移分布

a) 风荷载作用下内外筒剪力分配 b) 弹性计算层剪力包络图
c) 弹性计算层弯矩包络图 d) 弹性计算层间位移角包络图
e) 弹塑性计算层间位移角包络图

10.5 香港中环广场(Hongkong Central Plaza)[27]

1. 概况

1992 年建成,地下 3 层,地上 78 层,屋顶高 309m,办公建筑,为钢筋混凝土结构。建筑平面为切角三角形，塔楼有 30.5m 高的底座，底座有一个角切掉部分楼板，形成无楼板的大廊柱。顶部有钢架和桅杆，桅杆顶的高度为 374m。照片和平面、剖面见图 10-7，标准层层高 3.6m，总高宽比为 8.64。香港不考虑地震，按抗风设计。建成时是世界最高钢筋混凝土结构，结构设计是 Ove Arup

a)

图 10-7　香港中环广场

a）照片

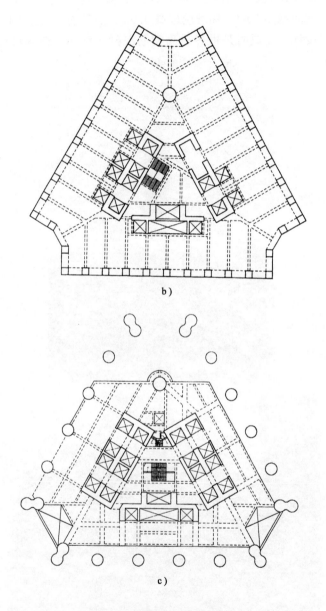

b)

c)

图 10-7 香港中环广场（续）

b）标准层平面 c）2 层平面

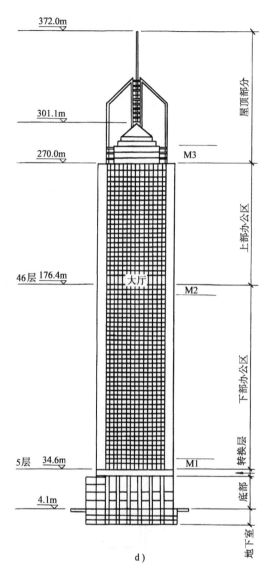

图 10-7　香港中环广场 (续)

d) 剖面

and Patners 设计公司。

2. 结构

采用钢筋混凝土筒中筒结构体系。

外周边有钢筋混凝土柱。在 30.5m 标高以上，标准层层高 3.6m，柱距 4.6m，柱宽 1.5m，柱间距只有 3.1m，钢筋混凝土窗裙梁高 1.1m，形成具有密柱深梁的框筒结构。30.5m 标高以下有 4 层，柱距加大一倍，为 9.2m，转换梁以下无框架梁，形成 25m 高的廊柱，采用圆形截面，直径 2m，廊柱不抵抗侧向力。该结构上部是典型的筒中筒结构，在下部，剪力全部转移到核心筒上。

钢筋混凝土核心筒在底部承受的剪力很大，因此 7 层以下剪力墙核心筒的面积较大，剪力墙墙面与外柱间距离为 9.4m，从第 7 层向上，取消部分剪力墙，使核心筒面积减小，墙与外柱之间的距离增大到 13.5m，见图 10-7。上部核心筒

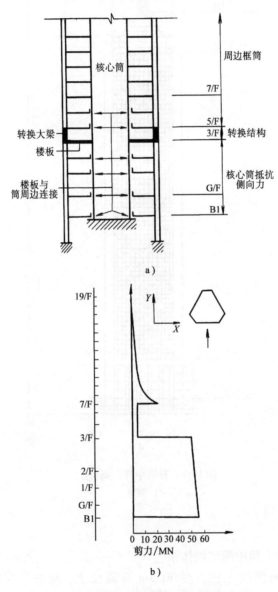

a)

b)

图 10-8　香港中环广场外框筒剪力向核心筒转移

a) 转换层结构　b) 核心筒的剪力

仅承受总剪力的 10%。

第 4 层为转换层,5.5m 高、2.8m 宽的转换梁承受上柱传来的竖向荷载。转换层楼板厚 1m,设在转换梁下面,将上部剪力传递到核心筒(实际上从上几层楼板已经开始传递剪力)。在地面以下,地下室的外围有连续外墙可以承受剪力,因此地面处楼板也是一个转换楼板,将剪力传递到周边连续墙地下部分的结构和核心筒,剪力变化见图 10-8。

采取了现在这样的地下结构布置和传力方式还有一个原因,就是便于在地下部分采用"逆作法"施工,大大缩短了施工工期。围绕建筑物周边的地下室外墙,也是挡土墙,用泥浆固壁做成连续墙体,混凝土一直浇注到基岩。在施工地下结构的同时施工上部结构,由上至下逐步开挖,逐层施工地下室楼板,地下室楼板又可作为连续外墙的支撑,不必另设临时支撑,内部的不透水空间,又便于用沉箱法施工核心筒。

混凝土强度从 80MPa 减至 40MPa。

3. 自振特性

主轴方向的自振周期为 9s,扭转周期为 6s。

4. 分析

香港地区风荷载是主要的侧向力,设计平均风速为 44.7m/s,3s 风速可达 70.5m/s。侧向风力,在建筑物塔尖顶部风压约为 4.1kN/m^2。由风洞试验得到的动力性能满足建筑物基本要求。

在 50 年重现期的风荷载作用下,最大侧移达到 400mm。

10.6 北京新世纪饭店

1. 概况

北京新世纪饭店包括旅馆、办公楼和商业服务三部分,其中北楼是主楼,为 35 层、总高 111m 的钢筋混凝土高层建筑。于 1991 年建成并投入使用,是在 8 度地震设防烈度区建造的较高的钢筋混凝土结构,采用框架—筒体结构体系,照片、结构平面和剖面见图 10-9,标准层层高 2.85m。由北京市建筑设计研究院设计。

2. 结构

沿三角形平面的三条外边设置了 12 根框架柱,柱距 8.0m,由于轴力较大 ($N = 20560$kN,$M = 1730$kN·m),又为了提高其抗震性能,10 层以下采用了 C50 高强混凝土,4 层以下采用钢骨混凝土柱。

4 层以下钢骨混凝土柱见图 10-9d,截面尺寸为 900mm × 900mm,柱内部配

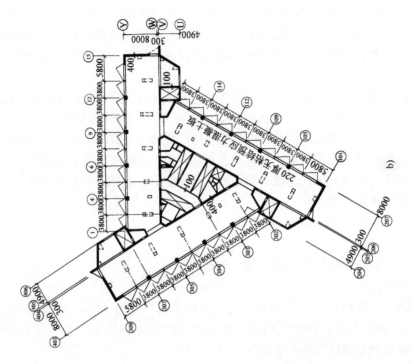

图 10-9　北京新世纪饭店（平、剖面由北京建筑设计研究院提供）

a) 照片　b) 结构平面

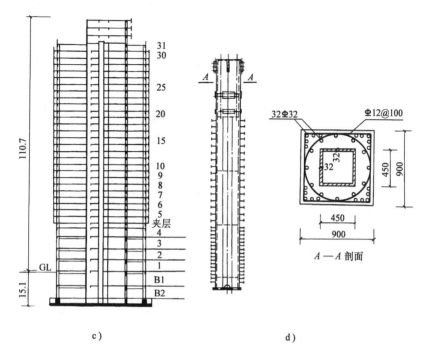

c)   d)

图 10-9　北京新世纪饭店(平、剖面由北京建筑设计研究院提供)(续)

c) 立剖面　d) 钢骨混凝土柱

置截面为 450mm × 450mm 的箱形钢板焊接柱,钢板厚 32 ~ 12mm,沿柱全高每侧设有 2 Φ19-250mm 的栓钉,上下端栓钉加密,保证钢骨与混凝土共同工作,混凝土内配置 32 根Φ32 竖向钢筋,采用由螺旋箍及方形箍组合而成的复合箍,Φ12 间距 100mm。设计时国内尚无钢骨混凝土构件设计规程,因而参考美国及日本规范进行设计。外框架梁为钢筋混凝土梁,梁上部有 4 Φ32 钢筋,下部有 2 Φ32 钢筋,在箱形钢柱钢板上预先加工直径为 40mm 的孔,梁内纵筋从孔中穿过进入柱内,与柱形成刚结点。5 层以上钢筋混凝土柱截面减小为 800mm × 800mm,箍筋形式与钢骨混凝土柱相同,数量逐渐减少。

钢柱插入基础地梁内 2.4m,底部置于基础底板上,钢柱由工厂加工,±0.00 以上两层接一次,接头位于楼板面以上 1.2m 处,接头要求铣平后焊接连接。

在平面中部设置边长为 22.8m 的三角形剪力墙核心筒,除此以外,还有 3 个楼梯间做成剪力墙井筒,建筑外侧三片山墙做成剪力墙,它们对抗侧和抗扭起了很大作用。三角形核心筒外壁厚度由底部 600mm 逐步减小,至顶部为 300mm。筒内分隔墙厚 300mm,楼梯间筒壁厚 300mm,山墙剪力墙厚 400mm。

外框架和核心筒之间距离 8.0m,采用部分无粘结预应力混凝土平板,板厚

220mm，在柱和核心筒之间设置暗梁，可满足层高较小情况下的净空要求。在框架柱外面的楼板做成三角形悬挑板，可扩大客房使用面积。

外墙采用预制的半盒子形墙板，板厚80mm，内设50mm厚聚苯保温层，预留窗框，预制墙板分层支承于三角形悬挑板上，底部与侧面都与主体结构焊接，板顶上还有80mm厚的叠合现浇混凝土。

3. 自振特性

按整体筒、剪力墙和框架协同工作分析，周期为 $T_1 = 1.52s$，$T_2 = 0.41s$，$T_3 = 0.176s$。

4. 分析

由于设计时间较早，当时还没有三维的空间分析程序，采用了"平面杆系框架—剪力墙协同工作计算程序"。将三角形筒拆成单片剪力墙后，所得周期较长，得到的地震作用偏低，最后将基底剪力增加50%，即按1.5倍基底剪力进行构件设计。按平面剪力墙计算的最大顶点侧移及最大层间侧移角分别是 $\Delta/H = 1/743$，$\delta/h = 1/588$，其计算结果偏大；按筒体为整体作用计算的结果分别是 $\Delta/H = 1/909$，$\delta/h = 1/725$，满足设计要求。

此外，还用弹性时程分析方法进行补充分析，输入三条地震波。

10.7 北京天亚花园

1. 概况

北京天亚花园为高级商住公寓楼，地上30层，地下4层，总高度为95.65m，2003年建成。地下4层及地上1层为车库及商业用房，地上2、3层为办公用房，地上4层为设备层及转换层，以上均为公寓建筑，21层以上取消中间部分，形成东、西两个塔楼直到30层。由于多功能要求，本工程的体型不规则，是一个在8度抗震设防地区的钢筋混凝土复杂结构。照片和平面、剖面见图10-10，由北京市建筑设计研究院设计。

2. 结构

采用钢筋混凝土底部大空间剪力墙结构。4层以下有部分框支柱，第4层为转换层，上部为双塔楼剪力墙结构。

由结构平面图可见，除了部分楼电梯间的剪力墙可以直通到基础外，大部分剪力墙在4层中断，设计时要求将转换层上一层和其下一层的剪切刚度比调整为1.0，因此在4层以下又新增加了一些剪力墙和电梯井筒。

框支柱的直径很大，为2200mm和2000mm，且采用钢骨加强，成为钢骨混凝土柱，见图10-11a，轴压比控制在0.6以下，钢骨含钢率4%，钢筋配筋率为1.6%。

a)

图 10-10　北京天亚花园（北京建筑设计研究院提供）

a）照片

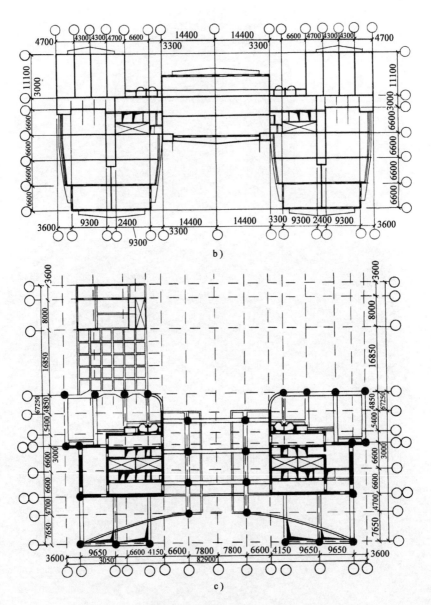

图 10-10　北京天亚花园(北京建筑设计研究院提供)(续)
b) 标准层　c) 框支层平面

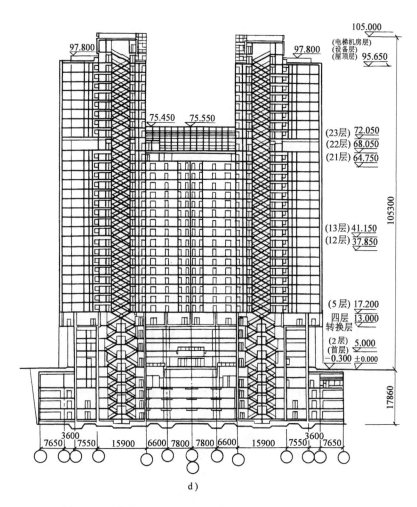

图 10-10　北京天亚花园(北京建筑设计研究院提供)(续)

d) 剖面

　　转换层与设备层结合，采用箱形结构转换，框支梁高度与层高相同，截面尺寸为 4230mm × 800mm，转换梁上开洞较多，在洞口上、下及洞边都配置钢骨，见图 10-11b。转换层上下楼板厚度分别为 300mm 和 250mm。

　　根据计算，转换层上部 5 层、6 层、7 层为薄弱层，因此适当增加墙厚度及配筋。中部落地剪力墙间距 28.8m，上部楼层重量落在 6 根框支柱上，设计时验算了转换层楼板平面内的抗剪能力。在 21 层处刚度突变，因此 21 ~ 23 层楼板双层配筋。

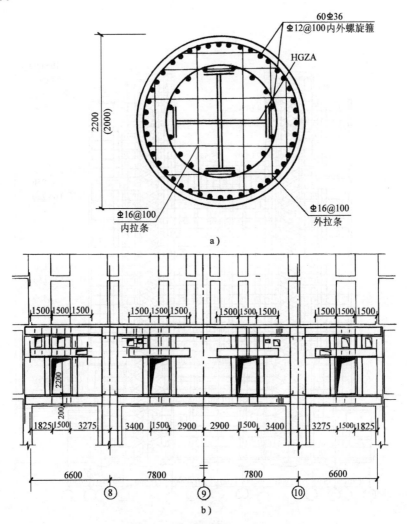

图 10-11　天亚花园框支柱和框支梁

a) 框支柱截面　b) 框支梁

3. 自振特性

根据计算，$T_1 = 1.44$s，$T_2 = 1.38$s，$T_3 = 1.25$s，T_3 是以扭转为主的周期。

4. 分析

设计时采用弹性分析，按照我国规范规定进行计算，基底剪力和重量的比值为 5.04%（x 向），5.24%（y 向），地震作用下层间位移角分布见图 10-12a，最大层间位移为 1/1737（x 向,29 层）和 1/1177（y 向,21 层）。由分析结果可见，无论从周期、基底剪力，还是从层间位移角的数值看，本结构刚度均偏大。

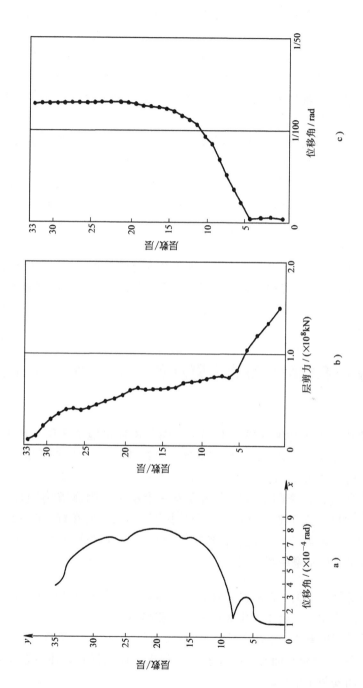

图 10-12 弹塑性时程分析层间位移角包络图

a) 设计地震作用层间位移角 b) El Centro 波层剪力包络图 c) El Centro 波层间位移角包络图

对开洞的转换大梁进行了平面有限元分析，发现洞边应力集中严重，在洞口下 700mm 高的梁内承受较大拉力，因此转换梁的洞口上、下和洞边配置了型钢。

本工程还进行了弹塑性静力推覆分析和弹塑性时程分析。

弹塑性静力推覆分析由小水平荷载开始，一直推到顶点位移达到 1/100 时，相应的框支层的层间位移角只有 1/3327 ~ 1/1622（x 向），1/3061 ~ 1/1673（y 向），而且框支层构件都处于弹性，转换层以上位移突然增大，部分结构构件已屈服，5 ~ 7 层相对薄弱。

弹塑性动力分析选用了 3 条地震波和一条人工波，加速度峰值取 0.4g，计算得到的框支层层间位移角最大值是 1/3750 ~ 1/2550（x 向），1/2988 ~ 1/2039（y 向），数值较小，框支层结构仍然处于弹性阶段，转换层以上 5 ~ 7 层层间位移角为 1/591 ~ 1/218（x 向）1/477 ~ 1/196（y 向），未超过倒塌的层间位移角限制值，图 10-12b、c 给出了 El Centro 波作用下的层剪力和层间位移角包络图。

从弹塑性分析结果可见，由于该工程处于 8 度抗震设防区，框支层在大震作用下仍然处于弹性阶段，有利于结构的安全，但是从总体看，结构刚度太大，加大了地震作用内力在高位转换的结构中是否一定要把构件的屈服部位移到转换层以上，是一个值得进一步研究的问题（见第 9 章 9.3 节讨论）。

10.8 马来西亚吉隆坡石油大厦双塔（Petronas Twin Towers）[21]

1. 概况

1998 年建成，为多功能建筑，上部是旅馆。该建筑地下 3 层，地上 88 层（实际 95 层），屋顶高度 379m，顶部有塔桅，总高 452m，是以钢筋混凝土结构为主的混合结构。建筑平面为圆形，底部直径 46.2m，在第 60 层、72 层、82 层、85 层处有收进，每个圆形塔楼旁边靠着一个小圆形附属塔楼（44 层，直径 23m），在双塔之间有人字形天桥相连。照片见图 1-4，平面布置见图 10-13，总高宽比为 8.64。马来西亚没有地震，按抗风设计。结构设计为索顿—托马塞蒂事务所和兰希尔—贝尔塞库图公司。

2. 结构

采用钢筋混凝土框架—核心筒—伸臂结构体系，每个主体结构旁边的附属圆形框架结构与主体相连，可增大主体结构的抗侧能力。

主体塔楼外周边有 16 根钢筋混凝土圆柱，圆柱直径由底部的 2.4m 逐渐变化到顶部的 1.2m。建筑平面有 3 次收进，84 层以上由钢柱和钢环梁组成最后几层和尖顶，上面安装了塔桅。

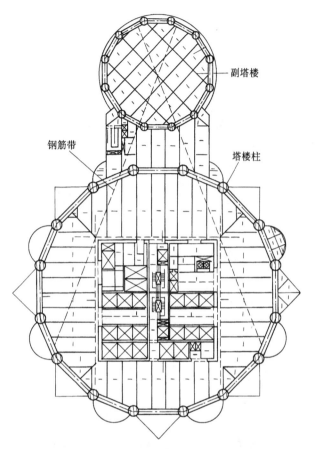

图 10-13　马来西亚石油双塔标准层平面

　　建筑平面的 3 次收进要求柱子向内移动一定位置，由 57 到 60 层、70 ～ 73 层、79 ～ 82 层，柱子位置的转换采用 3 层高的变截面柱过渡，柱子的主要受力钢筋斜向配置，符合实际的传力途径，见图 10-14a，这种方式避免了设置转换梁，标准层高可保持不变。

　　主体塔楼外框架的环梁（框架梁）采用变截面梁，见图 10-14b，梁截面宽 1000mm，截面高度由柱边的 1150mm 变化到跨中的 775mm，既可保证框架刚度，又允许管道通过而减少层高。

　　副塔楼外周边有 12 根圆柱，圆柱直径由 1.4m 变化到 1.2m，柱间环梁也采用变截面梁，截面宽 800mm，截面高度由柱边的 1150mm 变化到跨中的 725mm。

　　钢筋混凝土核心筒在底部为 23m 见方，见图 10-15，分 4 次缩进到顶部尺寸为 18.8m×22m。筒的外壁墙厚由底部 750mm 减至顶部 350mm，筒内部分隔墙厚度为 350mm，沿全高不变。有几道内隔墙不开洞，因此核心筒的惯性矩很大，

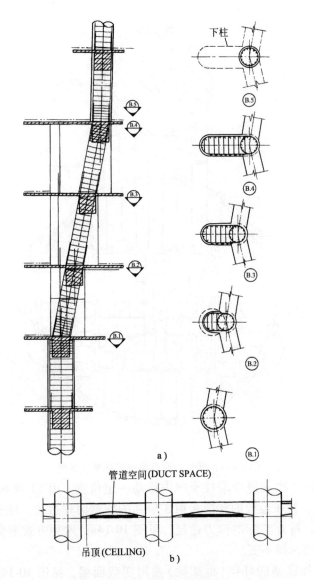

下柱

B.5

B.4

B.3

B.2

B.1

a)

管道空间(DUCT SPACE)

吊顶(CEILING)

b)

图 10-14　马来西亚石油双塔框架柱及环梁

a）柱收进构造　b）环梁

在基底处承受的倾覆力矩超过 50%。

混凝土强度从 80MPa 减至 40MPa。

在内筒和大柱子之间设置了一道伸臂，位于 38～40 层，是两层高的混凝土空腹桁架，布置方向与附属筒方向相垂直，以增强较弱的方向的抗侧刚度，平面布置及伸臂桁架见图 10-16。

楼盖梁是宽翼缘钢梁，间距 3m，最大跨度为 12.8m，截面高度 457mm。采

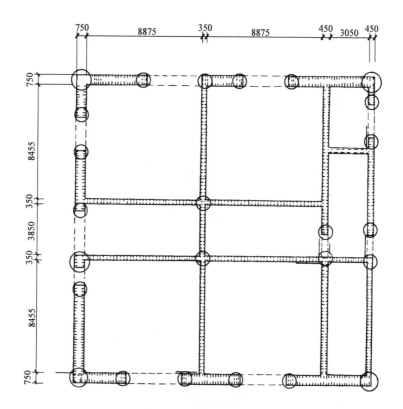

图 10-15 马来西亚石油双塔核心筒

用组合楼板，在 53mm 厚的压型钢板上现浇 115mm 厚混凝土。设备层的楼板混凝土厚度达到 200mm。

在环梁外面还布置了悬挑构件，一是方尖形的悬挑桁架，一是半圆形的悬挑梁，二者都是钢构件，间隔布置，使立面更加华丽。

两个主塔楼间由一个人字形天桥相连，天桥位于 40～43 层，跨度 58m，有两层通道，经过比较采用了三铰拱方案，见图 10-17，一个铰在天桥跨中，下面的两个铰支座在 29 层，三铰拱方案使天桥与主体结构连接处的受力最简单，但必须处理好构造，保证当风引起相对位移时的安全。

基础为钢管桩，直径 3ft(0.91m)，管壁厚 7/8in(2.22cm)，一般间距 9ft(2.75m)，打入地下近 84m，承力层为密实沙土。桩顶有 4m 厚的钢筋混凝土承台板。地下室埋深大，地下水位高，在施工时除做了 1m 厚、30m 高的钢筋混凝土连续护壁墙外，还做了水平面的钢筋混凝土内撑。

3. 自振特性

主轴方向的自振周期为 9s，扭转周期为 6s。

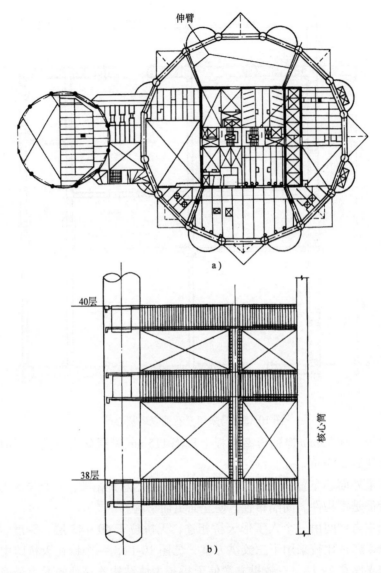

图 10-16　马来西亚石油双塔伸臂

a）伸臂平面位置　b）伸臂桁架

4. 分析

　　吉隆坡地区的设计风速为 35.1m/s。在结构设计时考虑的一个重要因素是在风作用下人的舒适感，顶部位移加速度必须小于 $20mm/s^2$，该加速度与房屋质量成正比，由于钢结构的重量轻而舒适感不能满足要求，进行了多种方案比较，最后选用了钢筋混凝土结构，以其大质量和大刚度满足了舒适度设计要求，这是该高层建筑采用钢筋混凝土结构的主要原因。

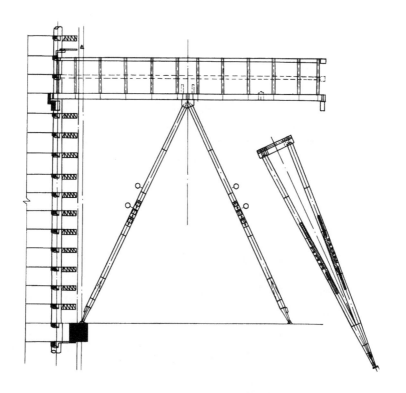

图 10-17　马来西亚石油双塔天桥

10.9　广东国际大厦

1. 概况

建成于 1992 年，主楼地上 63 层，地下 4 层，标准层高 3m，其中 23 层、42 层、61 层为设备层，地面以上总高 200m，1992 年建成时为国内最高钢筋混凝土结构。平面是削去四角的短矩形，长边 37m，短边 35.1m，高宽比分别为 5.3 和 5.6。平面由底层向上渐收，到 22 层后平面不变，一直保持到顶，照片和平面、剖面见图 10-18。由广东省建筑设计研究院设计。

2. 结构

该结构为钢筋混凝土筒中筒结构。

框筒柱距 4m，除角柱外，柱截面尺寸由 1.7m × 1.2m 减小至 0.5m × 1.2m，沿周边方向柱截面宽度保持不变(1.2m)，柱厚度分 6 次逐渐减小。柱由下至上为竖直贯通，22 层以下建筑立面斜向收进是由柱向外挑出宽度改变

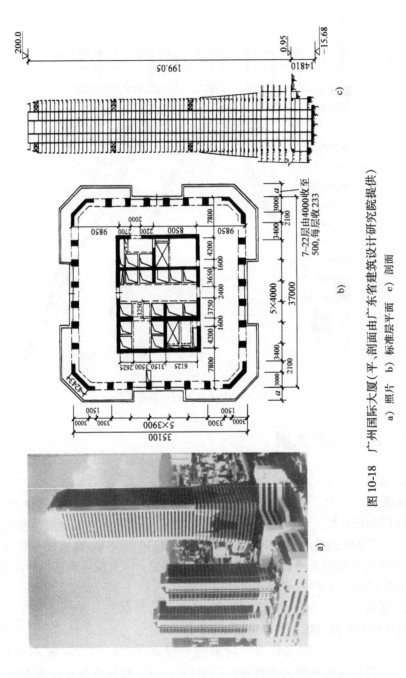

图 10-18 广州国际大厦(平、剖面由广东省建筑设计研究院提供)
a) 照片 b) 标准层平面 c) 剖面

的楼板形成的，见平面图上挑出的楼板。角柱实际是拐角墙，厚度由 850mm 减小到 350mm，角柱面积大，以加强框筒作用。框筒梁截面由 $1.0m \times 1.7m$ 减小至 $0.7m \times 0.7m$。

为了达到足够的刚度，核心筒占据的面积较大，轮廓尺寸为 $22.68m \times 16.8m$，核心筒剪力墙厚度底部为 800mm，顶部减小到 300mm。

23 层、42 层、61 层为设备层，同时也是结构的加强层，除了设置钢的伸臂桁架外，还将窗裙梁高度加大，增强了外框筒作用。

楼板采用无粘结预应力平板，楼板厚 220mm，这样可以降低层高(本楼标准层层高 3m)。

最高混凝土等级为 C40。

3. 自振特性

按平面振型计算，两个方向分别依次为：

x 方向：2.93s，0.75s，0.34s；

y 方向：3.38s，0.9s，0.41s。

4. 分析

按 7 度抗震设防设计，除了按规范计算地震作用外，进行了场地危险性分析，场地为 I 类，场地土为硬土，卓越周期 0.11s，50 年超越概率 10% 的地面运动最大加速度为 94 Gal。

进行了 1/70 的有机玻璃模型试验，并进行了风洞试验。

采用 3 维空间分析，风荷载作用下的位移和内力均小于地震作用下的位移和内力。采用两种方法计算地震作用，反应谱振型组合法的内力和位移均大于弹性时程分析方法，结构设计仍由反应谱振型组合计算值控制，基底剪力和重量的比值是 1.33%(x 向)1.26%(y 向)，顶点位移为 60.71mm(x 向，高度的 1/3225)，80.07mm(y 向，高度的 1/2445)；最大层间位移是 1.28mm(x 向，层高的1/2343)，1.64mm(y 向，层高的 1/1829)。由分析可见，本结构的抗侧刚度很大，是否需要设置伸臂，尚可探讨(本结构设计时间很早，当时对筒中筒结构、伸臂等的性能研究尚不多)。

此外，在设计时还进行了施工过程模拟计算，考虑了温度变化对结构的影响，等等。

弹性时程分析输入 3 条波：人工波、四川松潘波、El Centro 波，它们的卓越周期分别是 0.11s、0.1~0.15s、0.5s，加速度峰值取 40Gal，持时 12s。分析所得的位移和层间位移包络图见图 10-19，前两条波的场地土卓越周期短，结构自振周期又很长，因而动力反应很小，设计时部分楼层参考了动力分析结果予以加强，El Centro 波的反应较大，因为它的卓越周期较长，与实际场地并不符合，不作为设计参考数据。

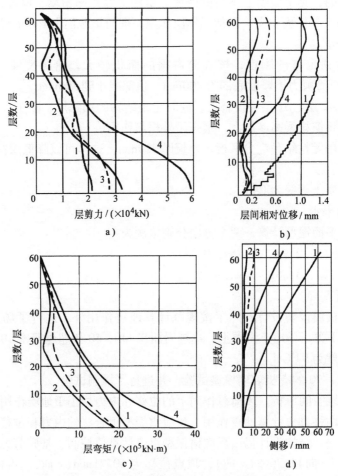

图 10-19　广州国际大厦弹性时程分析结果（x 方向）

a）层剪力　b）层间相对位移　c）层弯矩　d）侧移

（1—振型组合　2—人工波　3—四川波　4—El Centro 波）

10.10　广州天王中心大厦[22]

1. 概况

广州天王中心大厦地下 4 层，主楼地上 46 层，高 171.8m，副楼地上 20 层，高 73.8m，为钢筋混凝土巨型框架结构，见图 10-20。该建筑场地为长方形，已建成的地铁隧道正好沿场地中部通过，隧道宽 18m，顶面在地面下 10m，因此采用了巨型框架结构，主楼及副楼都跨越了地下隧道，见图 10-21。按 7 度抗震设防设计。剖面及平面见图 10-22。广东省建筑设计研究院设计。

图 10-20　广州天王中心大厦渲染图

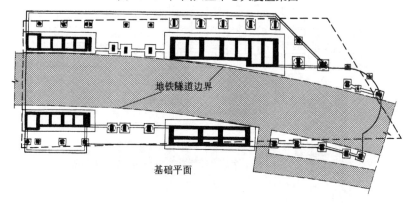

图 10-21　广州天王中心大厦基础平面

2. 结构

主楼及副楼均采用钢筋混凝土巨型框架结构体系。

主楼为 4 层巨型框架,每层中设置次框架,层数不等,总层数达到 46 层。巨型框架的一个巨柱(剪力墙筒结构)凸出屋顶,凸出部分高 16 层,见图 10-22剖面。

巨型框架的两个巨柱是剪力墙实腹筒,正好跨在隧道两侧,筒内容纳所有电梯井和各种竖向管道,还有一些可供使用的小房间。主楼的剪力墙厚度:纵向墙

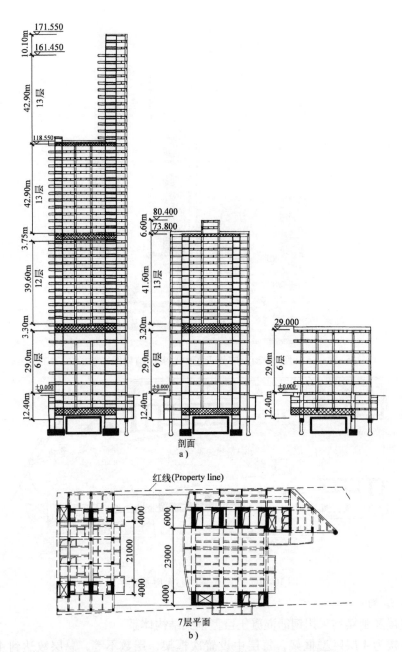

图 10-22　广州天王中心大厦(广东省建筑设计研究院提供)

a) 主楼及副楼剖面　b) 标准层(7层)平面

由 800mm 减至 500mm，横向墙由 800mm 减至 300mm。

主楼的巨型梁设于地下 2 层(隧道顶)、地上 8 层、21 层、34 层。巨型梁为箱形梁，每层有 4 根巨型梁，间距 8m，跨度为 21~23m，采用无粘结预应力梁，由一层高的实腹梁和上、下楼板形成，巨型实腹梁宽度为1500mm，高度由下到上分别为：3000mm、4100mm、3200mm、1500mm。巨型梁所在层为设备层。

次结构为框架结构，每榀框架为两柱三跨，柱截面尺寸为900mm×900mm～800mm×800mm，主梁截面尺寸为600mm×600mm，次梁截面尺寸为400mm×550mm。次框架重量落在巨梁上，次框架不抵抗水平力。

墙、柱的混凝土强度由底部C60减少到上部C35，梁板混凝土强度基本采用C30。

3. 自振特性

主楼自振周期为 $T_1 = 3.77$s，$T_2 = 2.90$s，$T_3 = 2.5$s，$T_4 = 1.27$s，$T_5 = 1.0$s。

4. 分析

在巨型框架结构中，不能忽视次结构的影响，其影响程度和主、次结构的构件布置以及尺寸大小有关。

次框架柱支承在巨型梁上，如果巨型梁的刚度较小，则巨型梁在竖向荷载下的挠度相当于次框架基础下沉，会造成次框架内力改变；如果次框架柱上端与巨型梁连接，那么上层次框架的重量会通过巨型梁向下传递，并且改变巨型梁的内力，在本工程主楼最低的次框架中取消第6层柱（见剖面图），则上下相互影响较少，底层次框架柱的截面可以减小；此外，最上层的巨型梁因为挠度小，可能使最上层次框架柱出现拉力。

在抵抗水平荷载方面，次结构也不会完全不起作用，次结构的刚度对抵抗水平荷载也会作出贡献。当次结构截面较小，则参与作用较小，分担的水平力也很小，反之，则次结构的作用会加大。

如果次结构的层数少，构件尺寸相对较小，在竖向和水平荷载作用下的受力分工会相对明确，次结构的贡献也会减少。因此，在设计巨型结构时必须根据建筑布置和结构需要处理好主、次结构的关系。本工程在这方面作了很多比较与优化。

结构设计时采用空间结构弹性计算方法，计算（考虑扭转耦联）结果列于表10-4。

表10-4 广州天王中心主楼结构弹性计算结果

荷载作用	基底剪力		顶点相对位移	最大层间位移角
	剪力/kN	剪力/总重		
风 X 向	—	—	1/4476	1/3135
Y 向	—	—	1/980	1/710
地震 X 向	18095	1.15%	1/2452	1/1680
Y 向	17307	1.10%	1/1000	1/772

Y 方向的最大层间位移角出现在 34 层屋面以上的悬臂部分，与鞭梢效应有

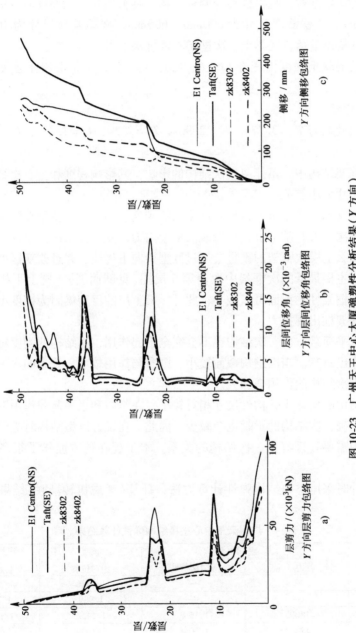

图 10-23 广州天王中心大厦弹塑性分析结果（Y 方向）

a) 层剪力包络图 b) 层间位移角包络图 c) 侧移包络图

关，设计时采取构造措施，以加强悬臂部分的延性。

本工程还进行了弹塑性地震反应分析，选用了 4 条输入地震波：两条人工波（持时 16s）、El Centro(NS) 和 Taft(WE) 波（持时 40s），作用方向平行于巨型框架，加速度峰值为 252Gal，阻尼比取 0.05。计算时考虑巨型框架和次框架共同作用，并考虑裙房框架共同工作。图 10-23 给出了 4 条波的层剪力反应、层间位移角反应和侧移反应包络图，由图可见反应的主要特点是巨型梁所在层的反应加大，这是质量集中和刚度突变造成的，由于鞭梢效应引起顶点变形加大。经过分析比较，加大下部筒体刚度有利于减小突变反应和鞭梢效应。此外，次结构顶部是否与巨型梁相连，对结构内力影响也较大。

为了进一步考察结构的抗震性能，还做了 1/25 的模型振动台试验。

10.11　深圳赛格广场[23][24]

1. 概况

2000 年建成，地下 4 层，地上 72 层，有 10 层裙房，多功能建筑，屋顶高 292m，屋顶有钢桅杆，伸至 345.8m 高。为钢管混凝土柱、钢梁、混凝土剪力墙组成的混合结构。建筑平面为截角正方形（不等边八角形），底部轮廓边长 40.5m，在 10 层以下有裙房(49.6m 高)，高层塔楼部分竖向规则，裙房以上高宽比为 5.76。照片及平面、剖面见图 10-24。按抗风及 7 度抗震设防设计。为深圳华艺设计顾问有限公司设计。

2. 结构

本结构是框架—核心筒—伸臂结构体系，采用了钢管混凝土柱和钢梁组成外框架，采用钢管混凝土密柱和钢筋混凝土剪力墙组成核心筒结构，建成时是我国国内应用钢管混凝土柱的最高建筑。

外周边有 16 根钢管混凝土柱，每个长边布置 4 根柱，柱距 6m—9.3m—6m，由地下室一直伸到屋顶。底部最大柱子的截面直径1.6m，沿高度逐步减小为 1.5m、1.4m，到 200m 高度后柱直径减为 1.3m，管壁厚有 30mm、28mm、26mm、24mm 等各种规格。钢管内灌注 C60 级混凝土。框架梁采用 H 型钢，最大截面为 320mm×950mm×32mm×30mm。钢管混凝土柱和梁施工时照片见图 10-25。

核心筒是边长 21.3m 的正方形，4 边共有 24 根直径 0.8m 和 4 根直径为 1.1m(角柱)的钢管混凝土柱，管壁厚22mm，柱距 2.25~3.9m，钢梁截面为双槽形(][形)，柱间浇筑 200mm 厚的混凝土墙，与柱连成整体，筒内还布置了钢筋混凝土剪力墙，厚度由 440mm 减至顶部 200mm。混凝土强度从 80MPa 减至 40MPa。

a)

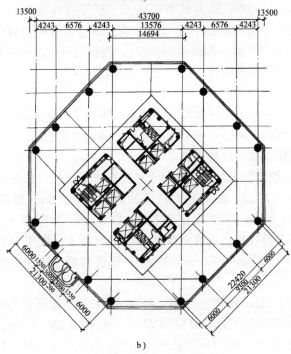

b)

图 10-24　深圳赛格广场

a) 照片　b) 标准层平面

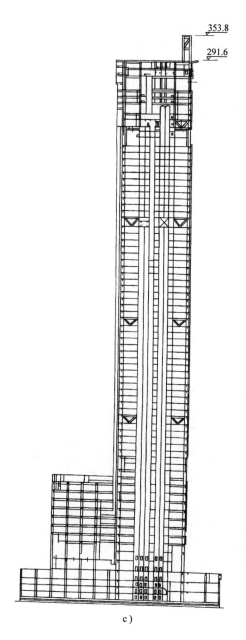

图 10-24　深圳赛格广场(续)

c) 剖面

　　在核心筒和大柱子之间沿高度设置了 4 道伸臂桁架，位于 19 层、34 层、49 层、63 层，每道都是 1 层高的钢桁架，在平面上布置成井字形，同层设置环周边桁架。这 4 个加强层同时也是设备层和避难层。在屋顶，还布置了帽桁架。

a)

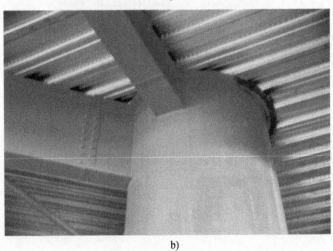

b)

图 10-25　深圳赛格广场钢管混凝土柱和钢梁

　　楼盖大梁采用腹板有孔的 H 型钢梁，钢梁间距不等，约 3m 左右，跨度 9.6m。采用压型钢板上现浇 80mm 厚混凝土的组合楼板。地下室楼板为钢筋混凝土板，顶板 250mm，其余厚度 200mm。

　　主楼和裙房之间未设缝，基础都是人工挖孔桩。主楼桩身直径 4.8m，打到微风化层，桩长约 38m。桩顶承台板厚 1.3m，在核心筒底部加厚到 3.0m。（裙房桩身直径 2.4m，桩长约 28m，桩顶承台板厚 1.3m）。

3. 自振特性

经过脉动实测结构自振周期为

x 向：5.52s，1.37s，0.637s，0.42s。

y 向：5.52s，1.27s，0.63s，0.41s。

扭转：2.22s，0.87s，0.42s，0.31s。

4. 分析

结构位移及内力由风荷载控制，取离地 10m 高度处标准风速 33.5m/s，标准风压 0.77kN/m^2。

风荷载作用下，最大层间位移角为 1/732（在 46 层、47 层）。构件和构造均考虑抗震要求。用小震地震波进行弹性时程分析的结果表明，构件内力、侧向位移等都小于反应谱方法计算的结果。进行了大震作用下的弹塑性地震反应分析，最大层间位移角为 1/77。

10.12　大连远洋大厦[25]

1. 概况

1999 年建成，地下 4 层，地上 51 层，多功能建筑，屋顶总高 200.8m。本工程的特点为采用了钢框架、钢骨混凝土核心筒组成的混合结构，钢结构部分是国内第一座全部国产化的结构（设计、钢材、加工制造、安装施工等全部由国内公司生产和承包）。建筑平面为截角正方形（不等边八角形），平面外轮廓 38.0m × 38.0m。6 层以下有钢筋混凝土裙房，高层塔楼部分竖向规则。照片及平面、剖面见图 10-26，按抗风及 7 度抗震设防设计。大连市建筑设计院和冶金部建筑研究总院合作设计。

2. 结构

该结构采用框架—核心筒结构体系。

外框架布置了 16 根柱，是混合框架结构，组成方式如下：

1）外框架地下室二层以下为钢筋混凝土结构。

2）地下室 1 层及地上 1~6 层采用钢骨混凝土柱、钢筋混凝土梁。

3）7~9 层采用钢骨混凝土柱与钢梁。

4）10 层以上采用钢梁、钢柱，第 10 层为过渡层，在钢柱外包混凝土。

柱截面尺寸为：地下的钢筋混凝土柱和地上 1 层的钢骨混凝土柱为 1.4m × 1.4m，2~4 层柱 1.3m×1.3m，5~6 层柱 1.2m×1.2m，钢骨为箱形截面。上层钢柱也是箱形截面，最大截面为 700mm×700mm×50mm，逐步减小，到 45 层减

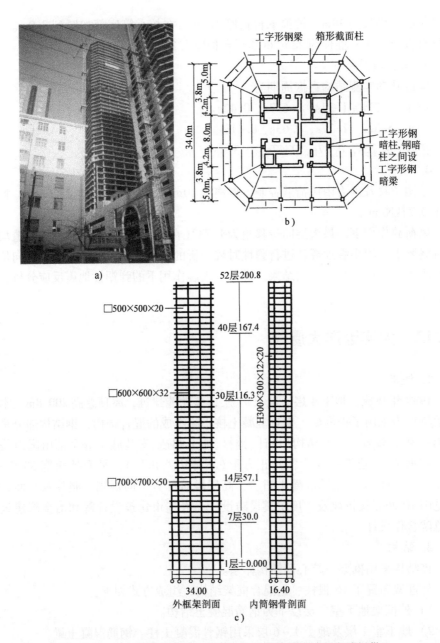

图 10-26 大连远洋大厦(平、剖面由大连市建筑设计研究院提供)

a) 施工时照片 b) 标准层平面 c) 剖面

为 500mm×500mm×25mm。钢梁为焊接 H 型钢，最大截面为 500mm×250mm×12mm×25mm。

核心筒正方形，边长 17.6m，核心筒在 6 层以下为钢筋混凝土剪力墙，7 层以上为钢骨混凝土剪力墙。剪力墙底部厚度为 800mm，由下到上逐渐减小到 400mm，剪力墙截面厚度改变与外框架截面改变错开，减少整体结构刚度的突变；筒内的分隔墙厚度 400mm，由下到上不变。剪力墙轴压比控制在 0.6 以下，按强墙弱梁设计，要求连梁先出塑性铰，剪力墙只允许底部和顶部出铰，所以墙肢配筋较强，墙肢箍筋间距加密为 100mm，截面端部有暗柱，保证剪力墙有较好的延性，罕遇地震下不倒塌。连梁跨高比在 0.6 ~ 1.2 之间，在跨高比较小的连梁中采用 X 形配筋，以提高其延性。剪力墙内的钢骨是按构造配置的，用了 12 根 H 型钢柱及型钢梁，形成小钢框架，加强了墙肢及连梁，可显著提高剪力墙的延性，同时也便于和楼板中的钢梁连接。

混凝土强度为 50MPa，核心筒上部减至 40MPa。

外框架与核心筒之间距离为 8m，本工程未设伸臂。原因是：①对本工程而言，由于外框架刚度较小，核心筒刚度很大，设置两道伸臂（中部及顶层）减少侧移的效果只有 10% 左右；②设置伸臂使结构竖向刚度突变，对抗震不利；③本工程不设伸臂的结构抗侧刚度已可满足要求，而设置伸臂要多用钢材 7%，大约为 300 ~ 400t。对于本工程，设置伸臂的弊大于利。

楼盖在 6 层及 6 层以下采用钢筋混凝土现浇楼板，6 层以上采用钢梁，用压型钢板做模板（不参加受力）浇筑混凝土，实际为现浇混凝土楼板，折合厚度 115mm。

对材料的要求很严格，柱和主梁采用国产的 SM490B 钢材（日本规格），而且要求硫、磷含量小于日本标准，要求碳当量值在 0.40 以下；对 40mm 及 50mm 的厚钢板要求断面收缩率不得小于 Z25 级规定的容许值，经过现场焊接等施工实践，说明钢材性能很好，保证了施工质量。对于次要构件，采用 Q235 钢材，可降低造价。

3. 自振特性

计算周期为

x 方向：5.37s, 1.15s, 0.52s, 0.32s, 0.22s, 0.17s

y 方向：5.37s, 1.21s, 0.56s, 0.35s, 0.23s, 0.19s

4. 分析

采用两阶段设计方法设计结构。

在风荷载及小震作用下，用三个不同的弹性空间分析程序计算内力和位移，并考虑 P—Δ 效应。风荷载作用下最大层间位移角为 1/588（43 层、44 层）；地震作用下最大层间位移角为 1/670（50 层）。由于核心筒刚度大，基本为弯曲型变形，最大层间侧移角接近顶部。核心筒成为内力的主要承担者，在地震作用下，6 层以下核心筒承担总剪力为 60% ~ 80%，7 层以上核心筒承担总剪力的比例达到 90% ~ 88%，顶层又减少至 69%。由于未设伸臂，外框架承受的倾覆力矩也

较小，风荷载倾覆力矩在外框架柱中产生的轴力只相当竖向长期荷载下轴力的
1/12，地震作用下倾覆力矩产生的轴力所占比例更小。

用清华大学土木系弹塑性分析程序 NTAMS 对结构进行了弹塑性静力推覆分
析和时程分析。

弹塑性静力推覆分析的水平荷载取高层结构底部剪力法计算[14]（考虑实际质
量分布）得到的荷载，构件弹塑性性能是根据构件实际尺寸、配筋及材料性能得
到的。

大震作用下的弹塑性地震反应分析分别用人工波、松潘波和 El Centro 东西
向波及南北向波共 4 条地震波分析，峰值加速度取 220Gal（大于当地地震危险性
分析所得的当地峰值加速度 190Gal），为比较，还计算了中震作用，峰值加速度
取 120Gal。图 10-27 为弹塑性时程分析结果。

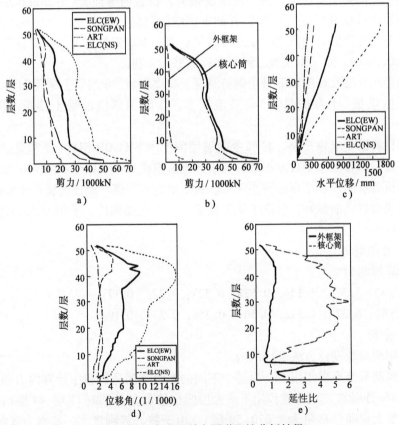

图 10-27　大连远洋大厦弹塑性分析结果
a）层剪力包络图　b）人工波作用的层剪力分配
c）水平位移包络图　d）层间位移角包络图
e）层位移延性比包络图

（ART—人工波　ELC（EW）—El Centro（EW）波　ELC（NS）—El Centro（NS）波　SONGPAN—松潘波）

图 10-27a 为层剪力包络图,人工波的反应最大;图 b 为输入人工波得到的外框架和核心筒的剪力分配包络图,外框架承担的剪力很少,下部 7 层核心筒承担剪力约为 80% 以上,上部各层核心筒承担 90% 以上;图 c 为水平位移包络图;图 d 为层间位移角包络图,人工波的最大层间位移角为 1/63(40 层),El Centro 波最大层间位移角为 1/216(40 层);图 e 是地震作用下对外框架与核心筒的延性比要求,在 6 层以下对外框架的延性要求较高,7 层以上钢框架屈服很少(延性比为 1 左右);对核心筒的延性在 7 层以上要求较高,特别在 20 到 40 层之间,延性比要求达到 5 左右。

从弹塑性静力推覆分析可以知道构件塑性铰的分布情况,从出现塑性铰的情况看,核心筒连梁屈服较多,主要是 20～40 层的连梁屈服,个别小墙肢也有屈服现象,外框架则都在 6 层以下的钢筋混凝土梁上出现塑性铰,塑性铰分布与设计的意图基本吻合;由分析可见,对核心筒连梁的延性要求较高,在设计时已经采取了措施,根据弹塑性分析,又对个别墙肢构件进行了加强。

本工程的总用钢量为 4788t,其中外框架为 4384t,核心筒为 404t,折合每平方米用钢量为 79.5kg。

10.13　美国加州太平洋公园广场公寓 (Pacific Park Plaza)[26]

1. 概况

1984 年建成,位于加利福尼亚州的旧金山湾区,地上 31 层,高 94.6m,是公寓建筑,层高 2.9m,共有 583 套高档公寓,平面为三叉形,对称而均匀地伸出三个翼,照片、结构平面见图 10-28,结构沿高度布置规则。这是建于旧金山湾区——地震高烈度区的第一幢钢筋混凝土高层建筑,经过方案及造价比较,采用了钢筋混凝土延性框架结构。采用钢筋混凝土结构的原因是钢可以降低造价,与一幢同地区、同时建造的类似钢结构相比,在结构和防火方面每平米造价大约可减少 1/3(建筑造价与装修标准有关)。

建成后在 1989 年 10 月 17 日 Loma Prieta 地震时,经受了强烈地震考验,在建筑物中安置的强震记录仪记录到该建筑的振动,基础处振动峰值为 0.22g,屋顶振动峰值为 0.39g,这个振动不算小。相邻的一个 5 层停车库楼板和少数柱子均发现裂缝,邻近 3 英里范围内有一些建筑物破坏。但是,这幢 31 层的钢筋混凝土结构震后经过专家仔细检查,没有发现肉眼可见的裂缝,剪力墙上也没有裂缝,甚至玻璃也没有破碎,证明了钢筋混凝土框架结构可以实现较好的抗震性能,也证明了这个结构的设计安全。

结构是由美国 T. Y. Lin 设计顾问有限公司设计,林同炎教授直接指导,Clough、Bertero 等伯克利加州大学的知名教授都作为设计顾问参与了设计,采用

a)

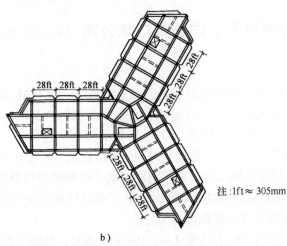

28ft　28ft　28ft

28ft　28ft　28ft

28ft　28ft　28ft

注:1ft≈305mm

b)

图 10-28　太平洋公园广场公寓

a）施工时照片　b）标准层剖面

了在多级地震作用下进行弹性计算、并分级考虑构件承载力安全系数、延性配筋构造要求的设计方法。

2. 结构

该建筑为钢筋混凝土框架结构。最底层，在平面的每个翼中加了一片 L 形剪力墙，因为最底层增加了一个夹层，层高较大。其余部分都是由梁、柱构件组成，标准柱网尺寸为 28ft×28ft(8.53m×8.53m)，柱截面尺寸为 3ft×4ft(91cm×122cm)，梁的宽度只比柱每侧小 2 英寸(50mm)，加大梁宽可降低梁高度，以便实现强柱弱梁设计。

基础由 5 英尺(1.5m)厚的混凝土底板和 900 根 60～70ft(18～21m)长的预应力混凝土桩组成。

1～9 层采用了强度为 45MPa(6500psi)的混凝土，10 层以上强度降低，到顶部降为 35MPa。

梁、柱、节点都采取延性配筋构造措施。采用强度较高的钢筋做约束箍筋，梁端、柱端以及节点区箍筋加密。为了使边柱节点钢筋不过分拥挤，还将梁延伸到柱外皮以外 127mm(5 英寸)，见图 10-29a，梁主筋在节点区的弯折都在这凸出的范围内。梁的箍筋采用网片方式，网片及其弯钩(箍筋 135°弯钩)在工厂中加工，见图 10-29b，柱钢筋骨架在工厂加工，每三层一根钢筋骨架，在现场吊装，这种方式可以保证配筋的位置准确，约束箍筋可以发挥最大作用。受力主筋的连接都采用锥螺纹机械连接，由于锥螺纹是工厂加工，保证了它的准确性与可靠，也减少了现场的焊接工作量。

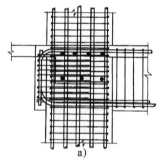

a)

b)

图 10-29 太平洋公园广场公寓钢筋混凝土框架节点和梁、柱配筋

图 10-29　太平洋公园广场公寓钢筋混凝土框架节点和梁、柱配筋（续）

c）柱钢筋笼子就位

3. 自振特性

建成后用脉动方法实测了自振周期，地震时强震仪记录分析得到周期，均列于表 10-5。设计时第一自振周期用 2.8s，与地震记录周期值接近。

表 10-5　太平洋公园广场公寓实测自振周期　　　　　　　（单位：s）

测定方法	1 南—北	2 东—西	3 扭转	4 南—北	5 东—西	6 扭转
脉动实测	1.77	1.69	1.68	0.6	0.6	0.59
地震记录	2.69	2.59	—	1.07	0.89	—

地震记录所得周期比脉动实测周期加长，由此可见，在地震时结构或非结构构件上可能出现过裂缝，由于裂缝很小，震后裂缝闭合，肉眼不能发现。这个现象为后来所作的计算分析证明了：如果考虑构件刚度降低，分析结果与地震时实测接近，如果不考虑构件刚度降低，则结果与脉动实测数字十分接近。由此说明，设计使用的周期与地震时的周期接近，是合理的。

4. 设计及分析

结构分析和设计采用的措施如下：

1）除了按规范给的反应谱计算（相当于我国的小震）以外，采用附近可能出现的地震震级，按两级地震确定计算地震作用的地震反应谱，第一级地震为 50 年超越概率 50% 的最大可能地震（maximum probable earthquake，相当于我国规定的中震），第二级为 50 年超越概率 10% 的最大可信地震（maximum credible earthquake，相当于我国规定的大震）。反应谱见图 10-30a。这种按多级地震作用，分别处理构件设计要求的方法，实际上就是后来的抗震性能设计方法。

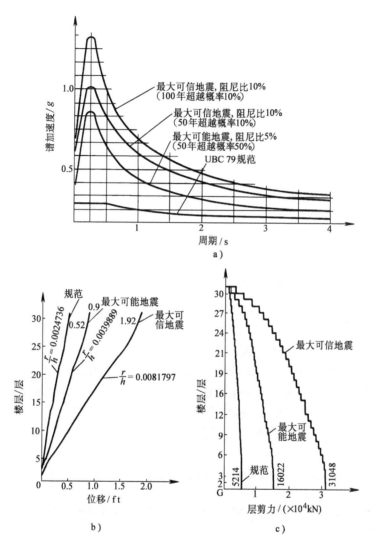

图 10-30　太平洋公园广场公寓设计反应谱和计算结果

a）设计反应谱　b）侧移　c）层剪力

2）设计规范规定的地震作用、第一级和第二级地震作用下，都采用弹性静力结构分析，反应谱振型组合方法采用 CQC 方法，阻尼比分别采用 5% 和 10%。按规范规定计算的等效地震荷载相当于总重量的 4%，考虑规范规定的荷载系数与荷载组合要求，得到的内力用于结构构件配筋设计。在第一级地震作用下，基底剪力为总重量的 12.3%，要求所有梁、柱构件都应处于弹性，即要求计算最大应力除以构件屈服应力的比值≤1.0（即计算弯矩小于构件屈服弯矩）；在第二级地震作用下，基底剪力为总重量的 23.8%，允许构件屈服，但要求梁的计算最大应力除以构件屈服应力的比值≤4.0，对柱构件要求严一些，要求计算最大应力除以构件屈服应力的比值≤2.0，见图 10-31。

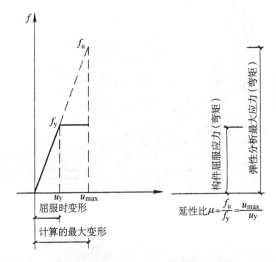

图 10-31　太平洋公园广场公寓地震作用下的构件强度要求

3）计算得到的侧移、层剪力曲线见图 10-30b。按规范反应谱计算的层间位移为层高的 1/403，小于允许值 0.005h；最大可能地震作用的层间位移为层高的 1/250，小于允许值 0.005h；最大可信地震的层间位移为层高的 1/122，小于允许值 0.015h。

4）用 100% 最大可能地震作用在一个方向，30% 最大可能地震作用在垂直方向，按双向地震作用进行分析检验，结构的配筋是足够的。

5）风荷载计算的基底剪力只有地震作用基底剪力的 30%，对设计不起控制作用。

6）计算中考虑了 $P—\Delta$ 效应，结构层间侧移限制在层高的 1/200。

10.14　美国芝加哥南威克大街 311 号大楼（Building at 311 South Wacker Drive）

1. 概况

1990 年建成的办公楼，采用钢筋混凝土筒中筒结构，建成时为美国最高、也是世界最高的钢筋混凝土结构，采用了强度为 12000psi（83MPa）的高强混凝土。地下 3 层，地上共 70 层，总高 294.7m，其中 65 层是办公用房，顶部 5 层是钢结构和玻璃墙面，像一个大灯笼点缀在芝加哥的上空。大楼裙房是冬季花园，也是大楼的入口。

主楼底部平面为梯形，沿高度有三次收进，14 层、47 层收进不大，51 层以上成为正八角形平面，大楼的照片和平面见图 10-32。结构设计是美国达拉斯的 Brockette、Davis、Drake。采用钢筋混凝土结构的原因是可以节省几百万元美金，最后造价是 1.25 亿美金。

a)

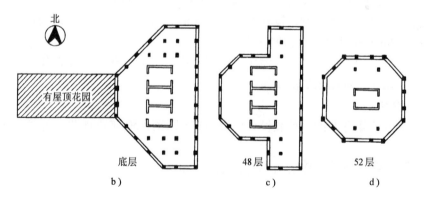

图 10-32　美国芝加哥南威克大街 311 号大楼

a）照片　b）底层平面　c）48 层平面　d）52 层平面

　　由于高强混凝土的应用，可以降低层高，在同样的高度下，可建造更多楼层。在芝加哥与本工程同时建成的还有一幢高层钢筋混凝土结构——咨询广场大厦 2（Two Prudential Plaza），该建筑地上 64 层，地下 5 层，屋顶高度 278m，上有 25m 高的塔桅，总高 303m。59 层以下采用钢筋混凝土框架—核心筒—伸臂结构，60 层以上采用钢结构，结构平面见图 10-96。

2. 结构

芝加哥南威克大街 311 号大楼采用钢筋混凝土筒中筒结构。

钢筋混凝土柱间距不等，为 14 ~ 32ft(4.3 ~ 9.75m)，柱的轴力大约有 12000 ~ 30000kips(53376 ~ 133440kN)，窗裙梁高 36in(914mm)。

核心筒为由底到上贯通的钢筋混凝土筒，51 层以上减小为 2 个槽形截面，底层墙厚 36 英寸(914mm)，上部厚度减小。

外柱和内筒之间有楼板大梁，跨度为 40 ~ 48ft(12.2 ~ 14.6m)，梁高 39in (991mm)，在柱端加腋以增大梁刚度，楼板大梁可减小结构侧移。

为减小层高，采用无粘结预应力楼板，内筒与外柱之间设置了一些柱，并在柱顶设 10in 厚(254mm)柱帽，可进一步减小板的跨度，板厚 4.5in(114mm)。事实上，只在 2 ~ 3 层楼板上施加了预应力，因为施加预应力要使每层楼的施工时间延长 1 天，上层楼板改用 75 级钢筋代替原来的 60 级钢筋，可以不用预应力，楼板厚度也不必增加，这样可缩短工期。

采用了高强混凝土，核心筒混凝土由 12000psi 减小到 10000psi，最后减到 8000psi(分别为 82.8MPa，69MPa，55.2MPa)，柱子相同，最上部减到 6000psi (41.4MPa)。

因为规范要求当柱和楼盖混凝土强度相差 1.4 倍以上时，梁、柱节点需要另行浇筑与柱强度相同的混凝土，为了避免增加工序，13 层以下的楼板混凝土采用了 9000psi(62MPa)，其余楼板混凝土强度为 7500psi(51.7MPa)。

采用桩基—筏板基础，筏板厚 8ft(2.44m)，桩长约 92ft(28m)，直径 72in 和 84in(1829mm 和 2134mm)，伸入岩层。

地下室采用逆作法施工，缩短了工期，提前 4 个月进入上部结构施工，上部结构的混凝土全部用泵送法浇筑。

3. 分析

按 100 年重现期的风荷载设计(当地规范要求用 50 年重现期风荷载设计)。

10.15　香港和合中心(Hopewell Centre)[27][28]

1. 概况

建成于 1980 年，地上 65 层，地下 1 层，标准层层高 3.35m，总高 216m。该建筑建于一个坡度很大的山坡上，较低一侧的地面与正门入口的地面高差达 17 层楼，照片和结构平面、剖面见图 10-33。9 层以下为商店、餐厅、工作用车辆停车等公用面积，9 ~ 15 层为停车场，16 层、17 层为餐厅，18 层以上有 41 层办公面积，60 ~ 62 层为观光及旋转餐厅。

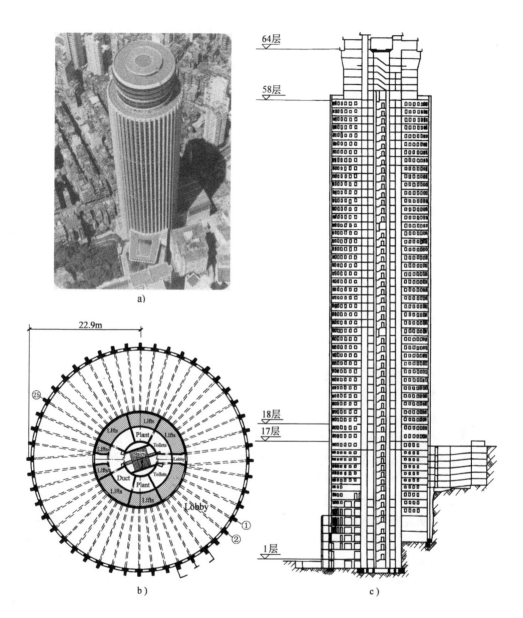

图 10-33　香港和合中心

a) 照片　b) 标准层平面　c) 剖面

2. 结 构

该建筑为钢筋混凝土圆形筒中筒结构。

外筒由 48 根柱组成，柱间距为 3m，柱截面底部为矩形，上部为 T 形，翼缘靠内侧，柱尺寸为 1.45m × 1.22m，在 6 层、18 层、30 层及 39 层处变截面，窗裙梁高1676mm，梁宽与柱的翼缘厚度相同，与矩形柱相连时，梁高减至686mm，见图10-34。底部几层的外框筒有一些变化，有一些柱子取消，改用实心墙。

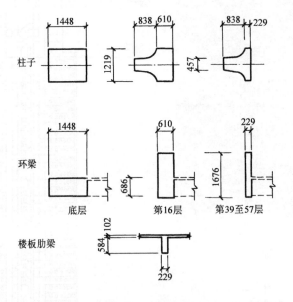

图10-34　香港和合中心梁柱截面(尺寸 mm)

核心筒由3层圆环形井筒及10道放射形内墙组成。外环剪力墙底部厚度由762mm减至顶部203mm；两道内环墙厚度由基础顶面的305mm减至178mm；8道辐射形墙厚152mm，最核心内部的2道墙厚由229mm减至178mm。

内、外筒之间净距离12.3m，辐射形布置的48根梁截面高686mm、宽229mm，17层以下楼板厚127mm，18层以上楼板厚100mm，3层楼板加厚到457mm，它将剪力直接传至基础。

柱、墙、梁的混凝土强度为40MPa，楼板的混凝土强度为30MPa。

基础为圆环形条形基础，直接落在风化的花岗岩上，开挖斜坡形成高低不同的两个主要平台，在岩石边坡中打入300根预应力锚杆以稳定有裂缝的岩石。核心筒为3个环形基础，基础深2.44m，外圈基础宽3.05m，两个内圈基础宽1.22m；部分框架柱落在高台上的条形基础上，另一部分在低台上，柱条形基础为2.13m宽，1.83m深。

3. 自振特性

建筑物的基本自振周期是3.7s。

4. 分析

按抗风设计，采用50年重现期，按规范规定的静力荷载计算，考虑动力效应增大，用2%阻尼比计算得到阵风效应系数1.8～2.1，最后算得顶点位移为150mm。还估算了在4年重现期风作用的涡流共振作用下，屋顶标高处的横向位移为 50~120mm，加速度为 0.012~0.03g。在 2 年重现期风作用的阵风作用下最大加速度为 0.016g。

对温度效应进行了研究，设计的环境温度采用：最高 38℃，最低 7℃，室内温度 18℃，采用中等风蚀混凝土面层表面吸收系数 0.8。柱在 58 层的轴向收缩值 12mm，膨胀值为 18mm，使内、外筒之间的楼板和梁产生变形，但转动不大。由向阳及背阴产生的总弯曲，使水平位移变化 20mm，在任意两根相临柱子之间有局部轴向变形差 0.9mm。

在风荷载作用下，采用内、外两个悬臂协同工作的计算模型，得到内、外筒弯矩分配比例是 0.67∶0.33，整体变形具有反弯形曲线。又用有限元方法分析了杆件截面应力。

10.16 芝加哥昂提瑞中心[27]

1. 概况

该建筑 1985 年建成，为多功能建筑，采用钢筋混凝土桁架筒结构。主塔楼地上 57 层，地下 1 层，地面以上总高度为 174m，照片和平面见图 10-35。由美

a)

图 10-35 芝加哥昂提瑞中心

a）照片

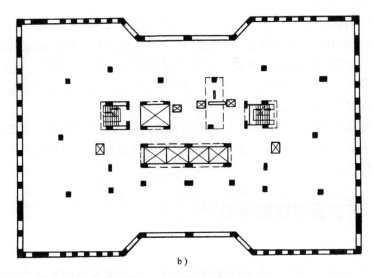

b)

图 10-35 芝加哥昂提瑞中心（续）

b) 13 ~ 57 层标准层平面

国 S. O. M 公司做结构设计，也是法兹勒·坎恩结构工程师生前的最后一个创新工程，采用了新型的钢筋混凝土桁架结构体系。在纽约，由他人设计的另一幢仿照该体系的 780 Third Avenue 办公大楼（50 层、高 174m）于 1983 年先于本建筑建成，见图 10-37，但是法兹勒·坎恩都没能见到它们。

2. 结构

该建筑为钢筋混凝土桁架筒结构。水平风荷载由结构周边两组对称的槽形桁架承受，提供了高效的空间结构。

周边布置间距为 1.68m 的柱，截面尺寸为 480mm × 510mm，窗裙梁很小，因而框筒作用很小，主要由斜撑传力。柱间斜撑由阶梯形的剪力墙板构成，选择阶梯形的窗洞，在窗洞位置浇筑混凝土堵住洞口，形成由剪力墙板组成的斜撑，见图 10-35 照片。剪力墙板厚 510mm，剪力墙形成的斜撑杆传递轴力，减少了剪力滞后，使所有翼缘框架柱承受大的轴力。

内部柱子是为减小楼板跨度而设置的，只承受竖向荷载，柱间距为 6.1m × 6.7m，内部空间布置更加灵活。

楼板采用钢筋混凝土平板，在商业用途的楼层中，楼板厚 216mm，在公寓部分的楼层中，楼板厚 178mm。

采用直径为 1.5m 的沉箱基础，支承在较坚硬的黏土层上。

混凝土强度由底部 49MPa（7000psi），减小至顶部 28MPa（4000psi）。

3. 分析

按风荷载设计，100 年重现期的基本风速为 34m/s，层间位移角 1/500。用空间结构分析方法可得结构内力，图 10-36 是混凝土墙板，墙板中配置了受力的斜向钢筋，也配置了水平和竖向钢筋。

在 100 年重现期的风荷载下，顶点位移为 1/500。

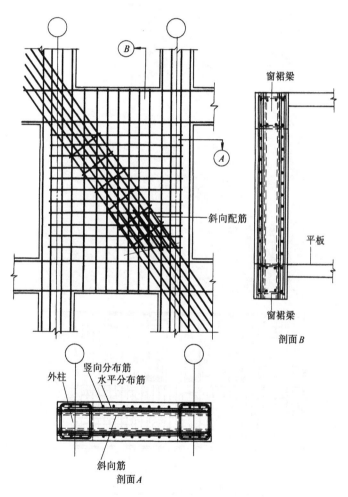

图 10-36　芝加哥昂提瑞中心斜撑墙板配筋

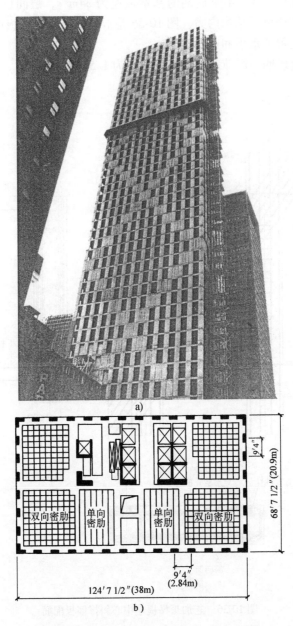

图 10-37　纽约 780 Third Avenue 办公大楼

a) 立面　b) 标准层平面

10.17 上海中心[⊖]

1. 概况

上海中心位于上海浦东,与上海金茂大厦、上海环球金融中心三座超高层建筑成三足鼎立之势,见图 1-8。上海中心塔楼总高 632m,地上 126 层,地下 5 层,商业裙房 7 层,塔楼与东裙房相连,与西裙房间设有抗震缝。2008 年破土动工,现在还在施工中,预计今年(2014 年)建成,届时将是国内第 1 高楼,世界第 2 高楼(不过,预计建成不久,其高度就会被国内其他更高的高层建筑超过)。上海中心总建筑面积 58 万 m²(地上 41 万、地下 17 万),具有商业、办公楼、公寓、观光等多功能用途,沿高度分为 9 个区。该建筑外观的最大特点是具有扭转的外形,并具有双层外壳,外壳玻璃幕墙呈圆角三角形(凸轮状平面),沿高度逐步减小,且逐步扭转,到顶部时总扭转角达到 120°,见图 10-38;内壳围绕结构为圆形。建筑设计方案由美国 Gensler 建筑设计事务所完成,结构设计是同济大学建筑设计研究院(集团)有限公司。

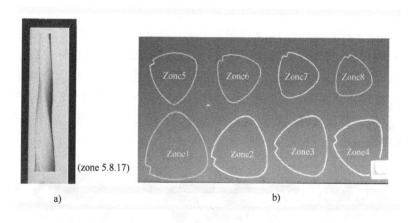

(zone 5.8.17)

a) b)

图 10-38 上海中心外立面沿高度扭转 120°
a) 立面 b) 平面外轮廓

2. 结构

该建筑采用巨型框架—核心筒—伸臂结构,为混合结构。从 ± 0.0 到屋面的结构高度为 580m,内部结构呈圆形,结构体从下到上圆形直径减小,平面基本对称、规则。巨型框架为 9 层,与建筑功能分区一致,见图 10-39。

⊖ 本节资料由同济大学建筑设计研究院(集团)有限公司提供。

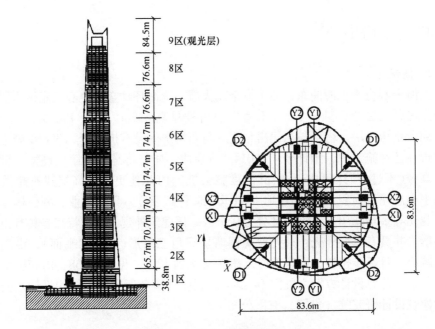

图 10-39   上海中心结构剖面、平面

钢筋混凝土核心筒底部 1~4 区是正方形，尺寸为 30m×30m，5~6 区切去 4
角，7~8 区成为十字型，见图 10-40，核心筒的外墙厚度底部为 1.2m，改变 5
次厚度后，到顶部厚度变为 0.5m；核心筒内部墙体由底部的 0.9m，减小到顶部
的 0.5m，电梯井墙厚从底到顶不变，为 0.5m。核心筒底部 1、2 区的剪力墙内
配有钢板，成为钢板混凝土剪力墙，边缘构件采用宽翼缘型钢，通至上部各层，
但翼缘宽度逐渐减小，见图 10-41。

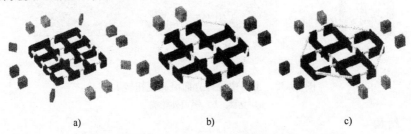

a)   b)   c)

图 10-40   上海中心核心筒平面

a) 1~4 区的正方形核心筒   b) 5~6 区的八边形核心筒
c) 7~8 区的十字形核心筒

巨型框架由巨柱与环向桁架组成，8 个大柱对称分布在 4 边，由基础直通
到顶，为减小环向桁架的跨度，在 6 区以下，角部设置 4 个斜角柱，8 道环向
桁架与巨型连接形成 9 层巨型框架，见图 10-42a。环向桁架设在设备层（避

难层），2 层楼高，上下弦杆斜杆及腹杆均采用 H 形截面。环向双层钢桁架见图 10-43。

图 10-41 钢板剪力墙照片

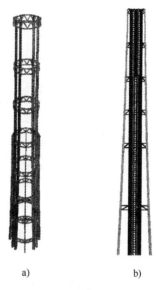

a)   b)

图 10-42 巨型框架与伸臂布置
a）巨型框架 b）6 道伸臂

为了减小水平荷载下的侧移，还设置了伸臂，伸臂连接巨柱与核心筒，并且与核心筒内的剪力墙是对齐的，见图 10-43。

伸臂也设置在设备层（和环向桁架同层），但是设置多少道是经过详细比较和优化的，见图 10-44，最后确定采用第 3 方案的 6 道伸臂，设在 2 层、4 层、5 层、6 层、7 层、8 层，该方案降低结构周期和减小侧移的效果较好。

8 根巨柱采用钢骨混凝土柱，柱

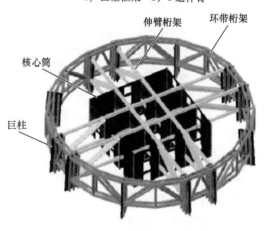

图 10-43 上海中心结构伸臂与环向桁架

截面尺寸在底层为 5.3m × 3.7m，到顶部减小为 1.9m × 2.4m，钢筋混凝土柱截面内埋钢板箱，内部钢骨含钢率约 4%～6%，巨柱见图 10-45。4 根角柱底部截面尺寸为 5.5m × 2.4m，5 区顶部截面尺寸为 4.5m × 1.2m。

为了传递轴向荷载，环向桁架上设置次框架，次框架不抵抗水平荷载。次框架由钢梁、钢柱组成，截面较小，梁柱连接为半刚接，钢柱支承在环向桁架

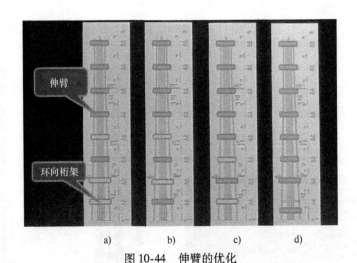

图 10-44　伸臂的优化
a) 方案 1　b) 方案 2　c) 方案 3　d) 方案 4

图 10-45　钢骨混凝土巨柱

上，它将楼板荷载传到环向桁架上。

在核心筒内，采用钢筋混凝土楼板；在核心筒外，采用钢梁、压型钢板组成的组合楼板，可以减小楼板厚度，也减小了结构自重，见图 10-46。压型钢板 75mm，上面浇筑 80mm 厚的混凝土，楼板总厚度 155mm（设备层楼板加厚至 200mm）。

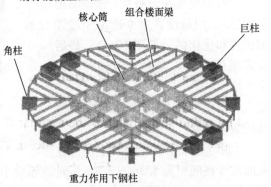

图 10-46　楼板结构

上海中心的双层外壳十分特殊，外壳呈圆角三角形的玻璃幕墙扭转向上，内壳是结构主体呈圆形，二者之间距离是变化的（沿周边、沿高度都变化）。外壳有它自身的结构支承体系，外壳不能抵抗地震作用，但它直接承受风荷载，必须将它承受的水平荷载和重量传递到主结构上，为此，在设备层下部楼板高度处设置放射形桁架，见图 10-47，放射形桁架支承在内筒、巨柱或环向内筒、桁架上，并伸过支承点形成悬臂梁，这些长短不一的悬臂梁端部就是外壳玻璃幕墙的支承点。这套支承体系能够传力，但又要保证外壳能够自由变形(温度、徐变、重力压缩等变形与主结构不同)，其体积应当较小而不影响人

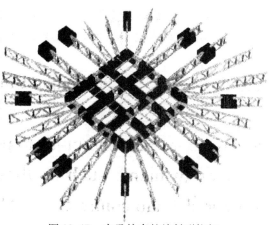

图 10-47　支承外壳的放射形桁架

的视线，外壳结构的设计是对结构工程师的挑战，为此，结构工程师进行了大量的研究，创造性地解决了各种要求，详情在此不再赘述。

利用这层放射形桁架做成楼板，又实现了建筑功能上的另一个需求，即沿建筑高度在每个区都布置一个休闲层，休闲层的空间在外壳和核心筒之间，有12～15层高，见图 10-48。

基础为桩基筏板结构，955 根现浇混凝土钻孔桩，直径 1000mm，桩长约 86m；筏板直径 121m，厚 6m，共用了 6.1 万立方米混凝土。地下室深 25.4m，采用逆作法施工。采用了 66 面、深达 50m，厚 1.2m 的地下连续围护墙。

3. 弹性计算分析

结构自振特性为：X 向：$T_1 = 9.05s$，Y 向：$T_2 = 8.96s$，扭转：$T_3 = 5.59s$。

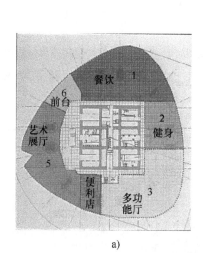

a)　　　　　　　　　　　　b)

图 10-48 休闲层

a) 平面图　b) 效果图

结构重量为：恒载：62.5 万 t，活荷载：12.3 万 t，约合 1.9t/m²。

确定风荷载时考虑了风洞试验结果，地震作用按 7 度抗震设防设计。

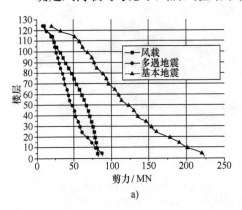 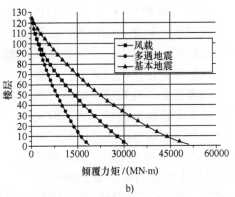

a)   b)

图 10-49 巨型框架、核心筒之间内力分配

a）剪力分配 b）倾覆力矩分配

主结构及次结构分别计算。主结构中剪力分配和倾覆力矩分配见图 10-49。由图可见，风荷载作用大于小震作用，而小于基本地震作用。图 10-50 给出了小震作用、风荷载作用以及 2 个方向风荷载的不利组合作用下的层间位移分布图，最大层间位移发生在风荷载作用下，第 94 层的最大层间位移角是 1/505。

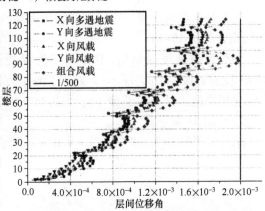

图 10-50 上海中心结构层间位移包络图

4. 弹塑性时程分析[87]

参考有关资料，上海中心进行了基于性能的抗震设计，性能要求列于表 10-6，为此，进行了弹塑性时程分析。

表 10-6 上海中心抗震设计性能目标

地震作用	多遇地震	基本地震（设防烈度）	罕遇地震时
性能要求	完好使用	基本可使用	生命安全
层间位移角限值	1/500	1/200	1/100
各构件性能要求	各构件保持完好	允许连梁进入塑性，环向桁架、巨柱和核心筒的底部加强区、加强层及加强层上下各一层墙体保持弹性状态，核心筒的其他部位墙体和伸臂桁架及其他构件不屈服	允许连梁破坏但不脱落，环向桁架不屈服，巨柱、核心筒、伸臂桁架的承载能力满足要求，其余构件允许进入塑性，但不倒塌

采用大型通用有限元结构分析程序 ABAQUS，对地面以上 124 层及顶部钢桁架进行三维整体分析，未考虑楼面梁和层间小柱等次要构件，未考虑地下室，楼板采用刚性楼板假定。

时程分析选取 5 条地震波，其中 3 条为天然地震波，2 条为人工模拟地震波，7 度多遇、7 度基本和 7 度罕遇地震作用下的主方向加速度峰值分别采用 $35\,cm/s^2$、$100\,cm/s^2$、$200\,cm/s^2$。地震波输入时，加速度峰值按 1∶0.85∶0.65 的比例三向同时输入。

表 10-7 列出了结构 Y 向顶层位移及最大层间位移角，图 10-51、图 10-52 分别为 Y 向楼层位移包络图和层间位移角包络图。

表 10-7　Y 向顶层位移及最大层间位移角

工况	7 度多遇地震			7 度基本地震			7 度罕遇地震		
	顶层位移/mm	最大层间位移角	最大位移角位置（楼层）	顶层位移/mm	最大层间位移角	最大位移角位置（楼层）	顶层位移/mm	最大层间位移角	最大位移角位置（楼层）
MEX006 - 008	489.26	1/582	110	1322.90	1/258	92	2457.15	1/134	92
US1213 - 1215	255.51	1/810	111	778.50	1/272	109	1495.03	1/152	109
US724 - 726	286.01	1/872	110	743.30	1/319	109	1364.43	1/168	108
S79010 - 12	388.81	1/620	111	984.41	1/248	109	1740.50	1/164	93
SHW3	480.65	1/763	110	1216.37	1/298	109	2053.18	1/173	109

从表 10-7 可见，结构在三个水准地震作用下的层间位移角均满足要求。

从图 10-51、图 10-52 可以看出，不同地震波输入下结构的位移响应差别较大，其中 MEX006 - 008 波输入时结构的位移响应最大。由于加强层楼层刚度较大，最大层间位移角包络曲线在加强层位置处减小；最大层间位移角发生在：多遇地震时，第 8 区中部的 110 层附近；基本地震时，第 7 区中部的 92 层附近；罕遇地震时，第 8 区中部的 109 层附近。

多遇地震作用下，所有构件均处于弹性状态，保持完好。

基本地震作用下，底部巨柱保持弹性，与地震波输入主方向平行的 4 根巨柱在结构上部与外伸臂桁架连接部位有较小范围的受拉损伤发生，无受压损伤；底部核心筒基本无损伤发生，可以认为保持弹性状态；角柱、加强层及加强层上下墙体发生了轻微的受拉损伤，基本无受压损伤，其他部位墙体无损伤发生；结构

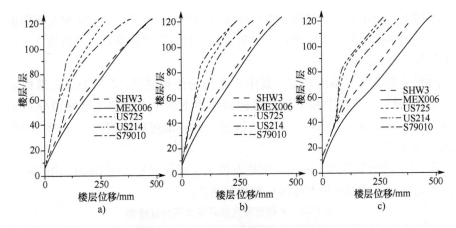

图 10-51　结构 Y 向楼层位移包络曲线

a) 7 度多遇地震　b) 7 度基本地震　c) 7 度罕遇地震

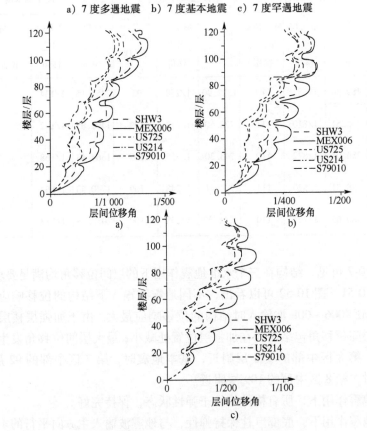

图 10-52　结构 Y 向层间位移角包络曲线

a) 7 度多遇地震　b) 7 度基本地震　c) 7 度罕遇地震

中上部部分连梁进入塑性；环向桁架和伸臂桁架保持弹性状态。

罕遇地震作用下，筒体内埋钢板和型钢均处于弹性状态，钢筋亦未屈服，墙体主要在加强层附近开裂，混凝土压碎范围极小，伸臂桁架、环向桁架基本处于弹性状态；巨柱在一定范围开裂（主要集中在加强层附近），但无压碎；角柱在少量部位发生开裂，亦无压碎；从下往上连梁发生大范围破坏，具有理想的屈服耗能机制，可以认为满足构件性能目标要求，核心筒的中心部位损伤较多。从整体看，结构在 7 度罕遇地震作用下受压破坏范围很小，可以保证生命安全，且有较高的安全储备。

图 10-53　振动台试验模型全景

5. 结构模型振动台试验[87]

振动台试验模型按 1/50 设计，模型竣工后高度为 12.64m，模型总质量为 24974kg，其中模型质量 3828kg，附加质量 17064kg，底座质量 4082kg。模型完成后全景见图 10-53。

根据上海中心大厦整体结构的弹塑性动力时程分析和振动台试验研究结果可知，该结构具有较好的抗震性能，能够满足预先设定的抗震性能目标。

10.18　重庆滨江广场大厦结构优化设计[89]

1. 概况

重庆滨江广场大厦是大底盘高层住宅，地上 50 层，地下 3 层；5 层商业裙房是大底盘，裙房以上架空 6m，高位转换成 3 幢 45 层住宅，总高 204.8m，建筑平面是蝴蝶形，见图 10-54。

最初设计采用 2.5m 厚板转换，上部剪力墙很多，下部为 1.8m 钢筋混凝土圆柱，原设计的结构属于特别不规则的超高层建筑，经超限高层审查初步方案后，业主委托上海江欢成建筑设计事务所进行优化设计，经过优化做了很多修改，取得了较好的效果，结构合理了，通过了超限审查，省下 2.2 万 m³ 混凝土，约合 2000 多万元人民币。

2. 优化内容

主要做了以下四项优化：

（1）减少和缩短剪力墙　建筑师设计的上部住宅与下部商业区布置完全不同。上部 3 幢塔楼是住宅，标准平面为蝴蝶形布置，结构主要布置了沿 45° 方向的剪力墙，中间有 6 边形的上下直通的内筒；下部商业裙房的柱网是矩形，布置框架柱和楼电梯间剪力墙筒体。图 10-55 是结构布置图，图中所见小圆圈，是下部

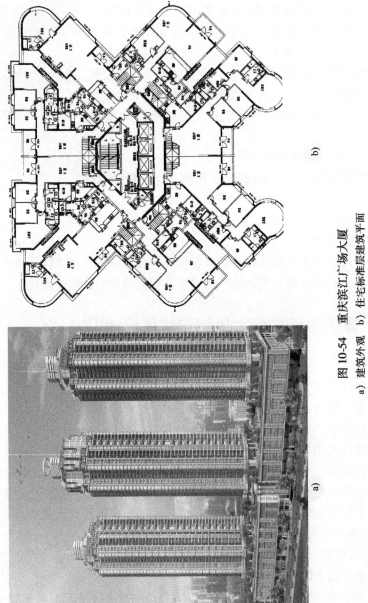

图 10-54　重庆滨江广场大厦
a) 建筑外观　b) 住宅标准层建筑平面

柱网布置的圆柱，与上部剪力墙完全对不上，因此采用了高位的厚板转换，这是结构设计的大忌。

从图10-55a中可见，原设计中上部剪力墙很多，不但重量大（约$2t/m^2$），而且刚度也很大，转换层上下刚度比达到2.6。因此优化方案的主要修改是减少、减薄剪力墙，减小上部结构的重量和刚度。

优化后的剪力墙布置见图10-55b，剪力墙缩短，每道剪力墙长度都小于8m，但大于8倍墙厚，都有较短的翼缘（可以不属于短肢剪力墙），剪力墙的轴压比控制在0.5左右，使之具有较好的延性；中心筒体内部的墙体主要承受自重，且无支长度都很小，因此由原来的300mm、250mm、200mm等一律减薄为200mm。

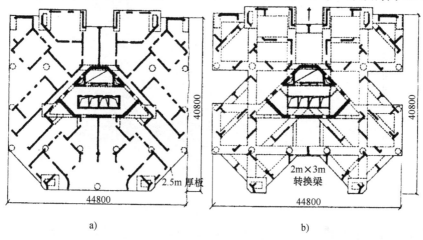

图10-55　结构平面布置

a）优化前　b）优化后

（2）转换层结构平面由原来矩形改成蝴蝶形　从图10-55a可见，原结构设计转换层是一块矩形的大厚板，没有必要，优化修改成图10-55b的蝴蝶形，取消四块三角形混凝土板，取消了下部正中的一根大柱。

（3）将箱形转换梁改成梁板转换　经过超限审查，原设计已经将厚板转换层改为箱形转换层。但是上海江欢成建筑设计事务所认为，还可以进一步优化成如图10-55b所示的梁板转换层：取消箱形结构的下部楼板，改为$2m \times 3m$的大梁，转换大梁与下部柱网对齐，45°方向布置转换次梁，上部剪力墙都直接支承在次梁上，取消了很多没有上部剪力墙的转换次梁，有一些剪力墙偏置在大梁上，大梁会产生扭转，这些大梁底部加一根小梁，这样就可以避免很多设计者常常采用的箱式转换层了。大梁上面的楼板也不需要很厚。（2）、（3）两项措施大大减轻了转换层的重量与混凝土用量。

（4）下部框支柱改为核芯钢管混凝土柱　经过超限审查，原设计的下部5层裙房圆柱改为钢管混凝土圆柱，直径已经减小了一些。上海江欢成建筑设计事

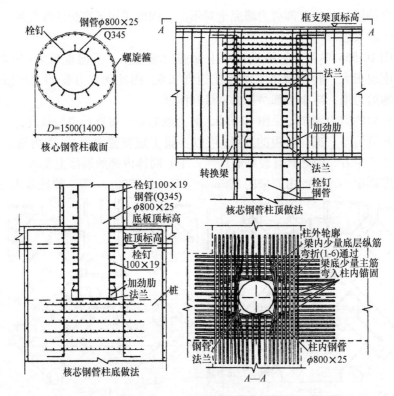

图 10-56　核芯钢管混凝土柱

务所进一步将圆柱改为内置核芯钢管 $\phi800\times25$、外包钢筋混凝土的核芯钢管混凝土柱，见图 10-56，不仅可以进一步减小圆柱直径，从 1.8m 减小为 1.5m 和 1.4m。这个修改还有以下优点：简化了梁柱节点，大部分钢筋可以从柱中直通，又增大了柱的延性，还省下了建筑使用面积，还解决了钢管混凝土柱的外包防火层问题，降低了用钢量和造价。

3. 优化结果和优化的概念

原设计的剪力墙太多、太厚，刚度太大，导致了一系列的问题。优化后，减轻了上部结构的重量，改善了上下的刚度比，又减轻了对转换层的要求，最后计算地震作用下的结构最大侧移控制在 1/1400 到 1/1600 左右，风荷载下侧移更小。现在很多高层住宅的剪力墙太多、太厚是没有必要的。

减轻了转换层重量，降低了转换层高度，解决了钢管混凝土柱的外包防火层问题，降低了用钢量和造价。即使是在 6 度设防地区，能不用厚板转换最好，很多时候是可以避免厚板转换层的。

巨大的经济效益，节约混凝土约 1.5 万 m^3，钢管 760t，可节约造价约 2000万元。

方案和结构优化是大有可为的。结构优化不能以降低结构安全度为代价，应改进布置和改进构件形式，减轻结构重量，使结构更加安全合理。

10.19 北京中国尊[○]

1. 概况

中国尊建造在北京商业建筑核心地段，是以写字楼为主，集高端商业、观光功能为一体的高层建筑，地上建筑面积约 35 万 m^2，总高 528m，108 层，地下 6 层，局部 7 层，深 38m。建成后是北京最高建筑，大楼外形仿照中国古代盛酒器皿 "尊" ——下大、中小、顶大，最小腰线在标高 385m 处，见图 10-57。该工程建在地震设防烈度为 8 度区的北京，高度大大超过了规程的允许高度，在世界各个烈度较高的地震区，还没有这么高的超高层建筑，对于结构设计，是一个很大的挑战。本工程由奥雅纳工程顾问公司设计，现正在施工中，将逐步完善并细化结构设计。

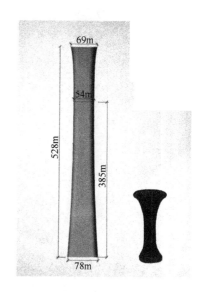

a)   b)

图 10-57　中国尊

a）建筑效果图　b）象征 "尊"

结构工程师与建筑师、业主三方密切配合，经历了数轮比较和优化，确定合理的底盘尺寸、腰线位置、顶部放大比例等，经过弹性及弹塑性分析，发挥了结构最大效率、提供了足够的抗震及抗风抗侧刚度，设计了符合多道设防要求的结构体系。

2. 结构体系

从±0.0 到主要屋面的结构高度为522m，建筑、结构均规则，平面为方形，底部平面 78m × 78m，腰部平面 54m × 54m，顶部平面 69m × 69m，高宽比为 7.2。

采用了抗侧刚度很大的筒中筒结构体系，钢—混凝土混合结构。外筒是钢管混凝土巨柱加钢环向桁架、钢交叉支撑的巨型桁架筒，内筒是加了钢板或型钢的钢骨混凝土剪力墙核心筒，见图 10-58。

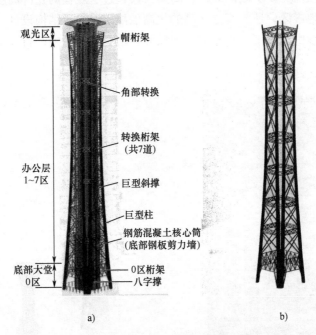

图 10-58　结构体系

a) 筒中筒体系　b) 外部桁架筒

核心筒位于正中，贯通全高，底部基本为正方形，约 39m × 39m，随着周边电梯及墙截面的收进，到 34 层是完全正方形。核心筒墙肢分布均匀，连梁洞口布置规则，某些部位设置了双连梁，既提高了连梁延性，又方便了管道通行。

核心筒 41 层以下，墙体内设置钢板，底部钢板厚 60mm，逐步减薄至30mm，钢板组合墙可以减小墙的厚度，增加抗剪能力，提高延性。上部各层墙肢端部均配置了型钢暗柱，结构顶部核心筒独立凸出屋顶，根据计算要求，伸出的墙肢内也设置了钢板。核心筒的平面及组合墙位置见图 10-59。

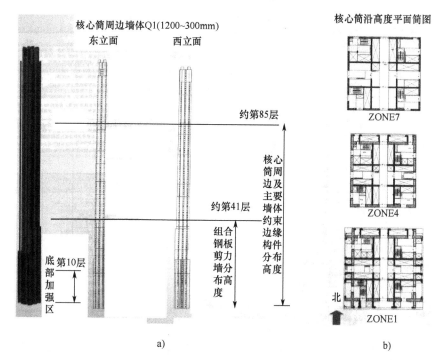

图 10-59　核心筒布置

a）核心筒组成　b）核心筒平面

　　巨柱布置在 4 角，从第 10 层（第 0 区以上）开始每个柱分叉为 2 个柱，沿外立面幕墙内边缘弯曲向上直到屋面。为避免巨型柱双向偏心的不利影响，各区段巨型柱的质心与建筑外立面曲线一致，质心的投影是一条直线。每 10 ~ 12 层为一个桁架单元，包括环向的水平桁架与斜向支撑。第 0 区的环向桁架有 4 层楼高，为了在最底层设置对外通道，采用八字形斜撑，第 1 ~ 7 区共 7 个桁架单元，环向桁架为 2 层高，采用交叉斜撑，见图 10-58。环向水平桁架又是转换桁架，因为它要把上部 10 ~ 12 层的次框架荷载（楼板传来的重力荷载）传递到巨型柱上，次框架由小截面的钢梁、钢柱组成，不参加抵抗水平荷载，次框架柱与斜撑刚接，梁与斜撑铰接，梁柱之间做成铰接，次框架柱上端与上层转换桁架的连接采用可以滑动的长圆孔螺栓，避免将重力荷载传递给上层桁架。

　　巨型柱采用钢管混凝土柱。第 0 区的巨柱面积有 $60.8m^2$，是多腔体钢管混凝土柱，见图 10-60a，这种超大型的钢管混凝土柱在天津高银 117 大厦中已有应用，采取很多构造和加强措施，并进行了一系列相关试验验证，在施工中也积累了经验。第 1 区以上、分叉后的钢管混凝土柱是矩形，见图 10-60b，截面面积从约为 $19.2m^2$ 减小到 $1.5m^2$。巨柱的钢管含钢率约为 5% ，钢筋含钢率约为

0.2%，内部浇筑 C70 ~ C50 高强混凝土，在腔体内人孔周围还配置了钢筋笼，转换桁架、斜撑与巨型柱的连接处，增设钢板、型钢等连接构件，将它们连成整体，都埋置在混凝土内。

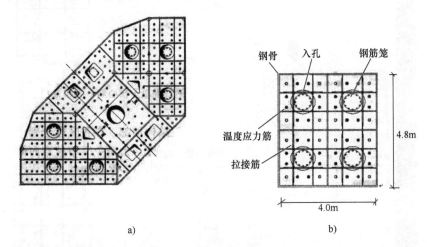

图 10-60　巨型钢管柱截面构造

a）0 区 60m² 巨型角柱截面　b）上部巨型柱截面

巨型斜撑采用焊接箱形钢截面。环向桁架所在层，也是大楼的设备层和避难层。核心筒内采用钢筋混凝土楼板，核心筒外采用组合楼板体系。

高层塔楼下采用桩筏基础，筏板厚 6.5m，采用钻孔混凝土灌注桩，直径 1.0 ~ 1.2m。

3. 计算分析

结构设计基准期及使用年限为 50 年，耐久性为 100 年，结构安全等级一级，抗震设防烈度 8 度，抗震设防类别为乙类，按 9 度设防选取抗震构造措施，地震加速度 0.2g，场地类别 Ⅱ 类，特征周期 0.4s，结构阻尼比 0.5，周期折减系数 0.85。风荷载按 100 年回归期规范风速风洞试验进行结构强度控制；按 50 年回归期规范风速风洞试验、阻尼比 0.02 进行位移控制；按 10 年回归期风速、阻尼比 0.15 的风洞试验，顶部加速度满足舒适度要求。

塔楼总重量 65.8 万 t，约合 1.83t/m²。自振周期前 3 阶为 7.30s、7.27s、2.99s，前 2 阶为平动，扭转、平动周期比 0.41，满足规范要求。竖向主振型周期为 0.6s。

地震作用是本工程的控制荷载，由于规范对剪重比的要求，小震下塔楼底部剪力由约 130MN 提高至 154MN（风荷载作用下基底剪力仅 59MN）。图 10-61 给出了外桁架筒和核心筒的剪力、倾覆力矩分配图，从图中可见，外桁架筒承受的层剪力约为总剪力的 40% ~ 50%，还分担了 67% 的倾覆力矩，说明本工程中，外桁架筒的刚度很大，满足双重抗侧力体系的基本条件。

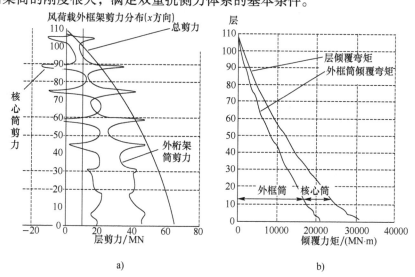

图 10-61　内外筒剪力和倾覆力矩沿高度分配

a）层剪力分配　b）屈服力矩分配

风荷载作用下最大层间位移角在顶层，为 1/999，小震作用下的最大层间位移为 1/513，风荷载作用下的位移小于地震作用下的位移，地震作用为控制作用，见图 10-62。

计算中发现，高柔结构的高振型影响不容忽视。塔楼第 1 振型参与质量仅占 45%，前 3 阶相加也不到 70%，高振型所占比例很大，因此高振型产生的鞭梢效应不容忽视，特别值得注意的是本工程的鞭梢效应在弹塑性计算中更为明显。因此在初步设计中，对高柔结构工程的鞭梢效应应有充分的估计。

按照抗震性能设计的要求进行了中震和大震作用下的弹塑性分析，应用和参考美国 FEMA356 及 ATC40 的方法，制定了抗震性能设计的目标，见表 10-8。

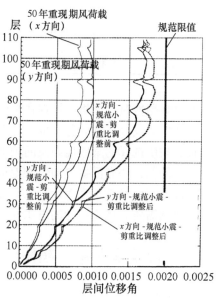

图 10-62　层间位移角分布

采用了 5 组天然地震波和 2 组人工波，峰值经过调整，从整体性能及构件变形两个方面考察了结构性能。

表 10-8　中国尊结构抗震性能设计目标

抗震烈度			多遇地震	设防烈度	罕遇地震
性能要求			无损坏	可修复损坏	不倒塌
层间位移限值			1/500	——	1/100
核心筒	墙肢	压弯拉弯	按规范要求，弹性	底部加强部位弹性 其他及次要墙体 不屈服	允许塑性，混凝土、钢筋应变在极限应变范围内
		抗剪	按规范要求，弹性	弹性	抗剪截面不屈服
	连梁		按规范要求，弹性	允许进入塑性	最早进入塑性
巨型框架	巨型柱		按规范要求，弹性	弹性	可修复，保证生命安全
	次框架小柱、边梁			不屈服	形成塑性铰，可修复，保证生命安全
	巨型斜撑			弹性	允许屈服，可修复，保证生命安全
	转换桁架			弹性	不屈服
	角部桁架			弹性	形成塑性铰，可修复，保证生命安全
其他	构件		按规范要求，弹性	允许进入塑性	出现塑性变形，允许破坏，防止倒塌
	节点		不先于构件破坏		

　　通过弹塑性时程分析，发现在某些地震波作用下，大震下的反应会加大，顶部鞭梢效应也较大，基底剪力也会加大，主要原因是在进入弹塑性状态后结构周期加长，与所选择的某些地震波的频谱峰值靠近，这说明地震波的不确定性会给设计带来问题，一方面要更加仔细地选用比较合理的地震波，同时，也应当更加强调，即使在已经有了强大计算工具的现在，对于结构体系、布置和关键构件的设计，仍然需要有概念设计的思想和丰富的概念设计经验。

10.20　合肥华润中心超限结构设计⊖

1. 概况
合肥华润中心总建筑面积约为 5.5 万 m^2，包括一座东塔楼（1 号楼）、一座

⊖　本节资料由中建国际设计顾问有限公司提供。

西塔楼(2号楼)和大片商业裙房。1号楼高250m,幕墙顶高283.3m,地面以上共55层;2号楼高178.6m,幕墙顶高216.0m,地面以上43层;商业裙房高36.3m,地上6层;扩大地下室3层,长278m,宽206m,埋深约15.4m。建筑设计为美国RTKL建筑师,结构设计为中建国际设计顾问有限公司。

工程设计基准期50年,使用年限50年,抗震设防烈度为7度,设防类别为乙类。场地类别为Ⅱ类。

2. 结构设计与研究

地面以上设置一道抗震缝,分成南北两部分,南部为单独裙房,北部为2幢高层建筑加裙房的大底盘双塔建筑,见图10-63。

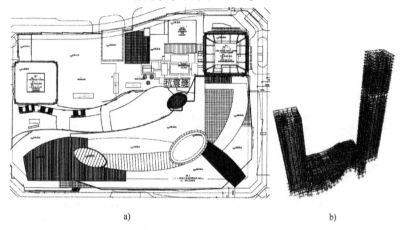

a)   b)

图10-63 建筑平面与结构示意图

a) 建筑平面 b) 北部大底盘双塔模型

1号楼和2号楼的结构平面见图10-64。两个高层建筑均采用钢筋混凝土框架—核心筒结构。1号楼外框架3~21层是钢骨混凝土柱,柱截面尺寸为1500mm×1500mm~1400mm×1400mm,混凝土强度等级为C70,含钢率7.7%,38层、39层有跨层长柱,也采用型钢加强,含钢率为4%,22层以上其他楼层都是钢筋混凝土柱。2号楼外框架3~8层采用钢骨混凝土柱,截面尺寸为1400mm×1400mm,混凝土强度等级为C60,含钢率6.7%,9层以上采用钢筋混凝土柱。在超高层建筑结构中,底部采用钢骨混凝土柱不仅提高了外框架的承载力、刚度和延性,还有效地减小了柱截面,增大了使用空间。

本工程设计过程中研究的重点问题有:结构分缝、双塔大底盘与单塔的分析比较、裙房对剪力分配的影响、跨层柱的分析、核心筒中有部分柱时采取的设计措施等。

结构设计计算考虑了两种计算模型,一是将两个单塔分别独立计算,二是双塔和大底盘进行整体计算,见图10-63b,计算结果列于表10-9。

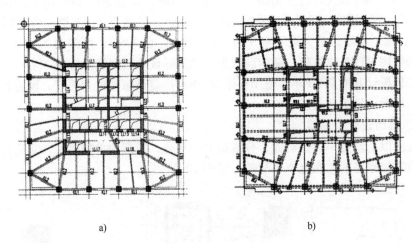

a)   b)

图 10-64　结构平面图

a) 1 号楼结构平面　b) 2 号楼结构平面

表 10-9　单塔与双塔大底盘模型的计算比较

模型		1 号楼				2 号楼			
		单塔		双塔大底盘		单塔		双塔大底盘	
方向		周期/s	方向	周期/s	方向	周期/s	方向	周期/s	方向
自振特性	振型 1	5.89	X	5.63	Y	4.64	X	4.41	X
	振型 2	5.73	Y	5.44	X	4.58	Y	4.26	Y
	振型 3	4.14	扭转	2.98	扭转	3.94	扭转	3.16	扭转
风荷载	最大层间位移角	X 向 1/1354	Y 向 1/1237	X 向 1/1601	Y 向 1/1505	X 向 1/1426	Y 向 1/1494	X 向 1/1553	Y 向 1/1657
	所在楼层	46	46	44	44	30	30	35	35
地震作用	最大层间位移角	X 向 1/861	Y 向 1/786	X 向 1/792	Y 向 1/765	X 向 1/922	Y 向 1/871	X 向 1/920	Y 向 1/851
	所在楼层	46	46	39	39	28	28	40	40

由表 10-9 所列数据的比较可见，裙房对结构抗侧刚度有影响，双塔大底盘模型计算的周期较短、层间位移也较小。值得注意的是，1 号楼在单塔计算模型中，第 1 振型是 X 向，而在双塔大底盘模型中，第 1 振型为 Y 向，原因是大底盘与 1 号楼的连接主要在 X 方向，大底盘增加了 X 方向的刚度，使 X 方向振型周

期减低较多。此外，大底盘对风荷载作用的侧移影响较大，而在地震作用下大底盘对侧移的影响较小，原因是大底盘增大了结构刚度，地震作用相应增大，侧移也相应增大，与单塔计算模型得到的侧移接近。

图 10-65 是 1 号楼在地震作用下的层剪力沿高度分布，无论是 X 方向，还是 Y 方向，双塔大底盘计算模型得到的层剪力都比单塔模型得到的层剪力大，但是 Y 方向的增大较小；此外，由双塔大底盘模型分析结果可见，在裙房顶部层剪力突变，因为有部分剪力传递到裙房结构中，减少了塔楼的层剪力，同样，Y 方向的突变较小；上述结果都与 1 号楼与大底盘主要在 X 方向相连有关，大底盘对 1 号楼 Y 方向的影响较小。由于剪力传递，楼板承受了较大剪力，所以采用设防烈度地震作用计算所得的传递剪力设计裙房与塔楼连接处的钢筋混凝土楼板。

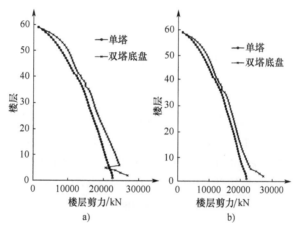

图 10-65　1 号楼单塔和双塔大底盘计算模型的楼层剪力比较
a）X 方向　b）Y 方向

在 1 号楼的 38 层、39 层（标高 184.5m～198.5m）设酒店大堂，核心筒到外框架之间没有楼板，形成 2 层高的跨层长柱，采用型钢加强，含钢率为 4%，为此专门做了分析，考察长柱的屈曲模态，见图 10-66。分析表明，长柱的屈曲迟于同层剪力墙墙肢的压曲，也迟于整体屈曲模态，证明不会因为长柱而造成薄弱层。

图 10-66　跨层柱屈曲模态

1 号楼 37 层处，核心筒南部的外墙（500mm 厚）开洞很大，成为 4 根柱子，如

图 10-67 所示，采取的措施是将柱子截面尺寸增大到 1300mm × 1300mm，并将柱子延伸到下一层，在 36 层、37 层楼板处设置 1300mm × 800mm 圈梁。通过墙柱相交部位的应力分析（有限元分析），发现柱根部有应力集中现象，但仍小于混凝土的受压强度，柱下墙体有明显的应力扩散，柱和墙体都不会出现破坏。

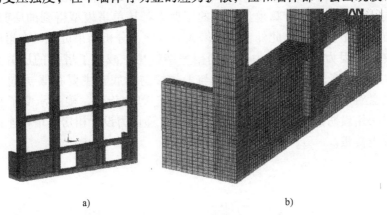

a)　　　　　　　　　　　　　　　　b)

图 10-67　1 号楼墙转换柱结构

a) 柱、圈梁设置　b) 有限元分析

3. 抗震性能分析

由于本工程为超限高层建筑（高度超限、多塔大底盘，楼板开洞及缺失、裙房超长），进行了抗震性能设计。选择 1 号楼的抗震性能目标是 C 级，2 号楼的抗震性能目标是 D 级。表 10-10 列出了 1 号楼的抗震性能目标和性能水准。

表 10-10　1 号楼抗震性能目标及性能水准

	地震作用	多遇地震	设防烈度地震	罕遇地震
	性能水准	1 结构无损坏	3 结构轻微损坏	4 结构中度损坏
关键构件	地下 1 层至 7 层核心筒和框架柱	按规范设计无损坏	设防烈度地震弹塑性计算，构件不屈服（满足弹塑性屈服承载力要求）	罕遇地震作用弹塑性计算构件不屈服（满足弹塑性屈服承载力要求）
	39～40 层跨层柱			
	39～40 层核心筒			
	37～38 层核心筒收进处墙体及框架柱			
普通竖向构件	除"关键构件"之外的其他竖向构件	同上	同上	部分构件进入屈服，不允许脆性破坏
耗能构件	连梁、框架梁	同上	部分耗能构件进入屈服	耗能构件进入屈服，不允许脆性破坏

在罕遇地震作用下进行了弹塑性动力分析，X方向最大层间位移角为1/152，Y方向最大层间位移角为1/132，均满足不大于1/100的要求。

核心筒底部小墙肢出现轻度受压屈服，其余墙肢均在弹性状态，除个别钢筋外，绝大部分钢筋拉应力小于屈服应力。在中上部楼层墙转换为柱的位置有钢筋受拉屈服，层高变化处钢筋受拉屈服；在墙转换柱位置有局部轻微剪切破坏现象，因此重又加强了该位置处的水平分布筋，其他地方未发现剪切破坏现象；在跨层柱以上两层，由于取消了型钢，部分框架柱进入塑性，因此又加强了该处配筋。大部分剪力墙连梁出现了程度不同的屈服，连梁形成塑性铰。

10.21 其他钢筋混凝土框架结构

其他钢筋混凝土框架结构见图 10-68 ~ 图 10-71。

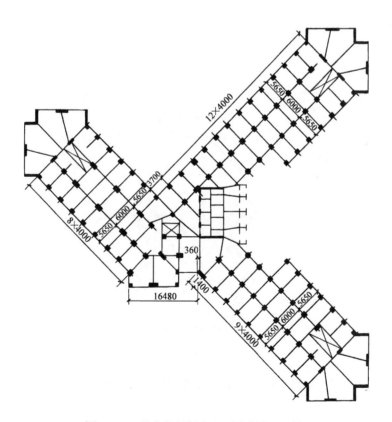

图 10-68　北京长城饭店(18层,局部22层)

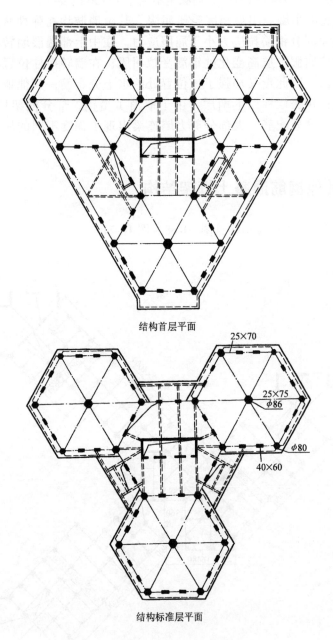

结构首层平面

结构标准层平面

图 10-69　昆明工人文化宫(15 层,56.4m)

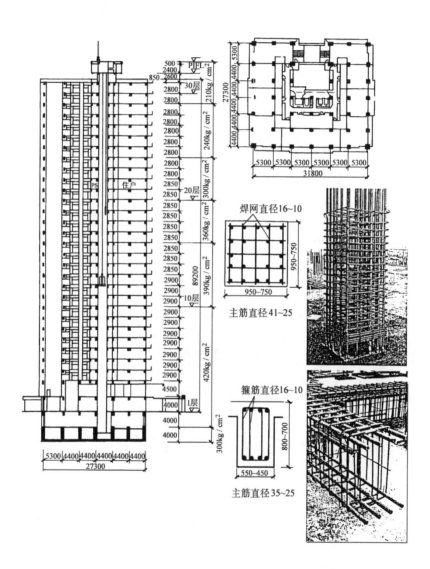

图 10-70　日本竹中株式会社高层钢筋混凝土框架(30 层)

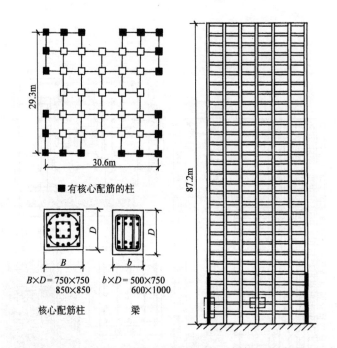

图 10-71　日本鹿岛株式会社高层钢筋混凝土框架(30 层,96.85m)

10.22　其他钢筋混凝土剪力墙结构

其他钢筋混凝土剪力墙结构见图 10-72 ~ 图 10-81。

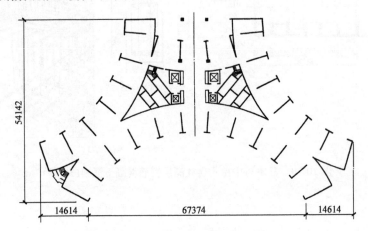

图 10-72　北京国际饭店(31 层,104m)

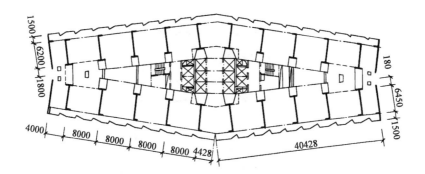

图 10-73 广州白天鹅宾馆(36 层,100m)

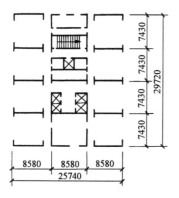

图 10-74 深圳金融中心财
税楼(31 层,105.5m)

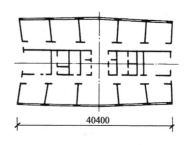

图 10-75 成都蜀都
大厦(33 层,102m)

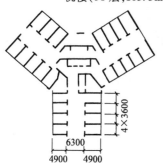

图 10-76 北京军区老干部
活动中心(20 层,65.7m)

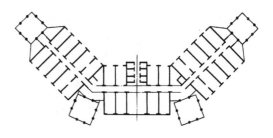

图 10-77 北京中国旅行社(30 层,101.5m)

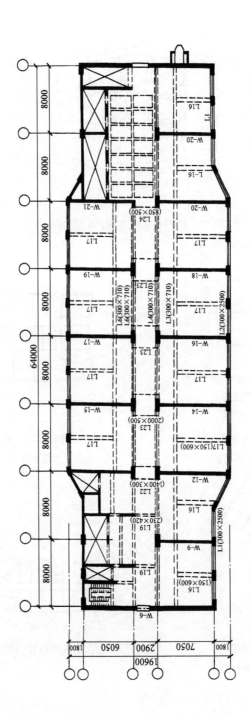

图 10-78　上海花园饭店（34 层，119.2m）

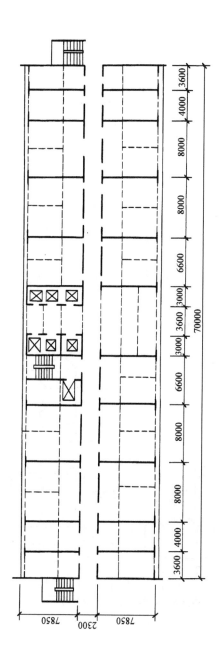

图 10-79　广州白云宾馆（33 层，114m）

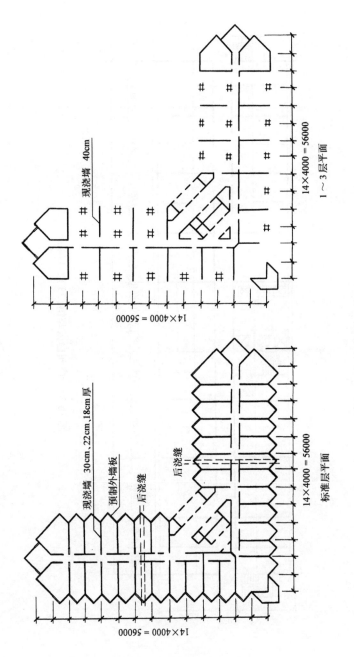

图 10-80 北京西苑饭店 (23 层, 93.06m)

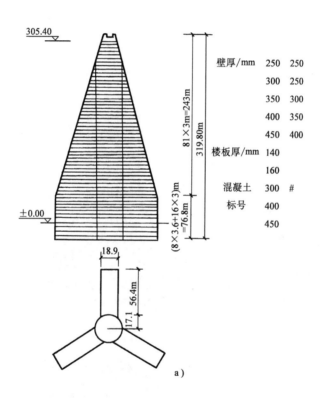

图 10-81　朝鲜平壤柳京饭店(102 层,305.4m)

a）剖面与总平面

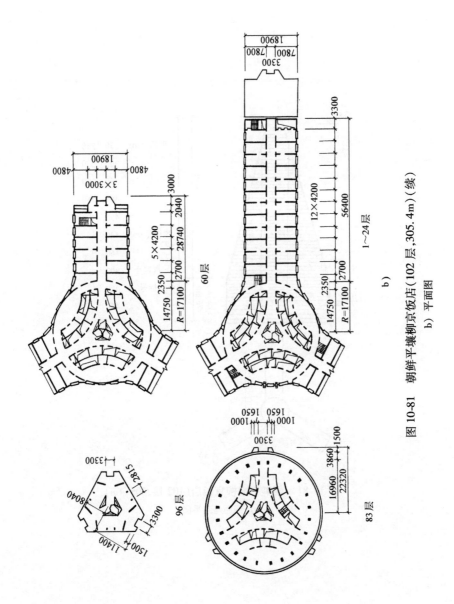

图 10-81　朝鲜平壤柳京饭店（102 层，305.4m）（续）

b）平面图

10.23 其他钢筋混凝土框架—核心筒结构(见图 10-82 ~ 图 10-96)

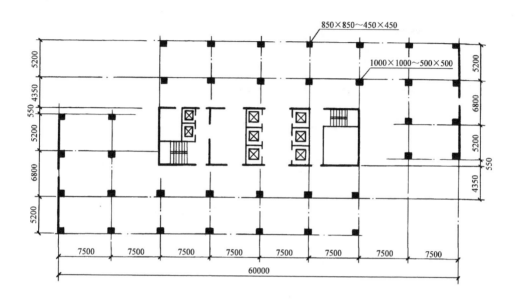

图 10-82 上海宾馆(26 层,91.5m)

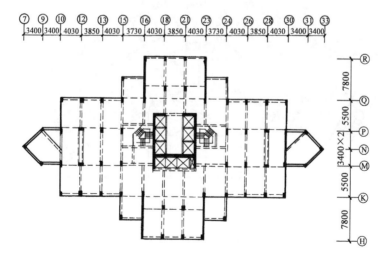

图 10-83 上海扬子江大酒店(36 层,124m)

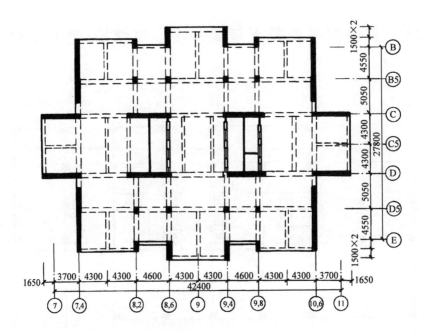

图 10-84　上海商城波特曼酒店(48 层,164.8m)

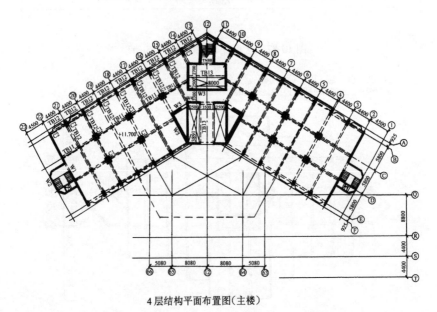

4 层结构平面布置图(主楼)

图 10-85　上海锦沧文华大酒店(29 层,105.1m)

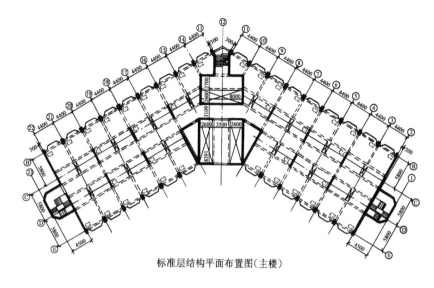

标准层结构平面布置图(主楼)

图 10-85　上海锦沧文华大酒店(29 层,105.1m)(续)

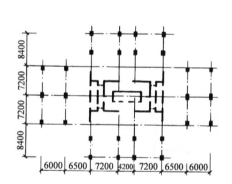

图 10-86　上海雁荡大厦(28 层,81.2m)

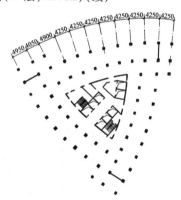

图 10-87　上海虹桥宾馆(34 层,95m)

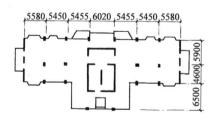

图 10-88　香港大宝阁住宅
(32 层,106m)

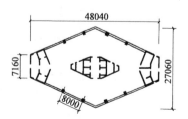

图 10-89　深圳北方大厦
(26 层,83.9m)

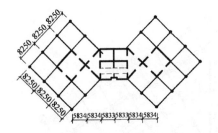

图 10-90　深圳渣打银行大厦(35 层,140. 95m)

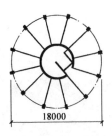

图 10-91　淮南广播电视中心(19 层,67. 3m)

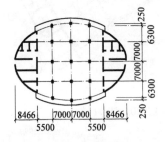

图 10-92　兰州工贸大厦(21 层,90. 5m)

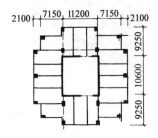

图 10-93　北京岭南大酒店(22 层,73m)

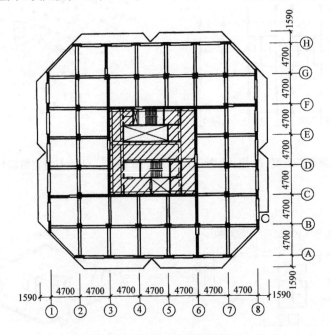

图 10-94　北京中国国际贸易中心国际公寓(34 层,106. 3m)

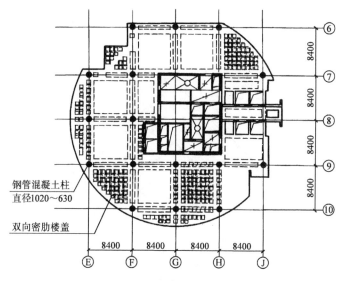

图 10-95　天津今晚报大厦(38 层,137m)

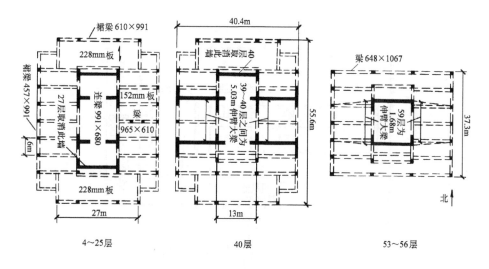

图 10-96　美国芝加哥 Two Prudentisl Plaza(64 层,278m)

10.24　其他钢筋混凝土筒中筒结构和巨型结构

其他钢筋混凝土筒中筒结构和巨型框架结构见图 10-97 ～ 图 10-105。

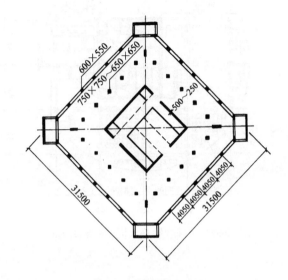

图 10-97 南京金陵饭店
(37 层,110m,筒中筒结构)

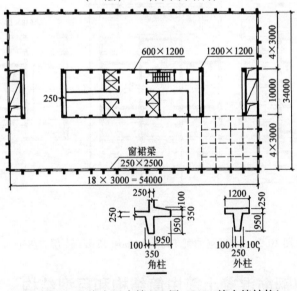

图 10-98 上海电讯大楼(24 层,131m,筒中筒结构)

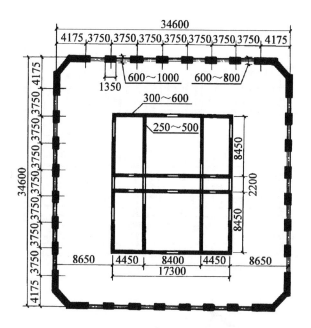

图 10-99　深圳国贸中心大厦
（50 层,158.65m,筒中筒结构）

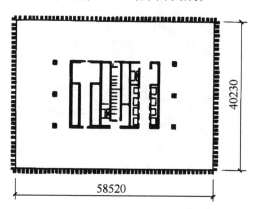

图 10-100　美国休斯顿第一贝
壳广场大厦(50 层,218m,筒中筒结构)

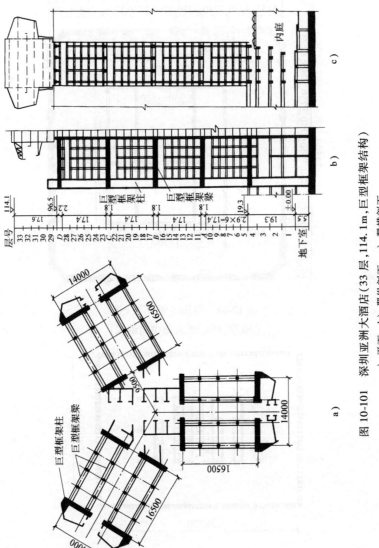

图 10-101 深圳亚洲大酒店（33 层，114.1m，巨型框架结构）

a）平面 b）翼纵剖面 c）翼横剖面

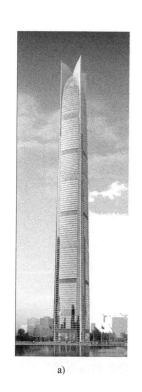

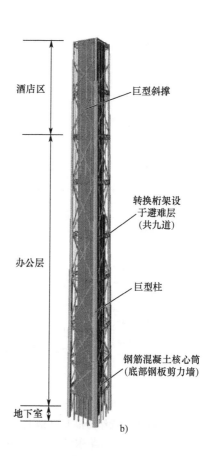

酒店区

巨型斜撑

转换桁架设
于避难层
(共九道)

办公层

巨型柱

钢筋混凝土核心筒
(底部钢板剪力墙)

地下室

a)

b)

图 10-102　天津高银 117(地上 117 层,地下 4 层, 总高 597m)
(华东建筑设计研究院有限公司提供)
a)　建筑效果图　高宽比 9.7
b)　巨型桁架筒—核心筒结构体系(桁架筒为:巨型柱框架 + 环向桁架 + 巨型支撑)

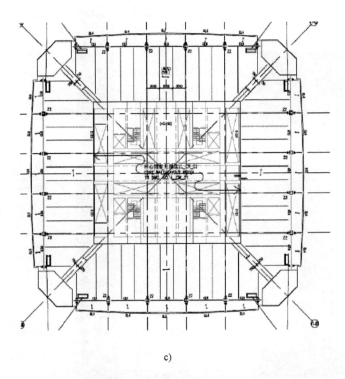

c)

图 10-102　天津高银 117(地上 117 层,地下 4 层,总高 597m)(续)

（华东建筑设计研究院有限公司提供）

c）标准层平面 底部尺寸 65×65m，顶部 45×45m，巨柱倾斜 88.2°

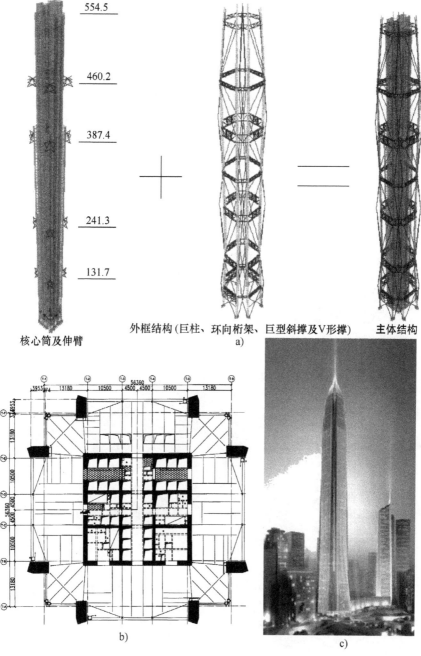

核心筒及伸臂   外框结构(巨柱、环向桁架、巨型斜撑及V形撑)   主体结构

a)

b)   c)

图 10-103　深圳平安金融中心(地上 118 层,地下 5 层,结构高 554.4m,总高 660m)
(华东建筑设计研究院有限公司提供)
a) 巨型桁架筒-核心筒-伸臂结构体系(桁架筒为:巨柱+环向桁架+巨型斜撑+V形斜撑)
b) 标准层平面　c) 建筑效果图

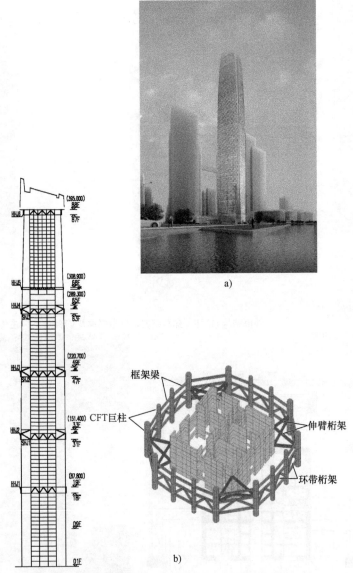

图 10-104　武汉中心(地上 88 层,地下 4 层,总高 438m)

(华东建筑设计研究院有限公司提供)

a) 建筑效果图　b) 巨柱 – 核心筒 – 伸臂结构体系

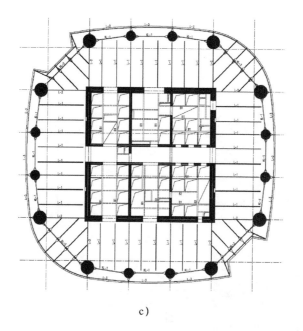

c)

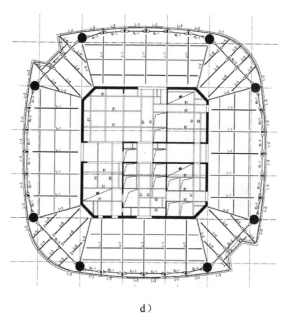

d)

图 10-104 武汉中心(地上 88 层,地下 4 层,总高 438m)(续)

(华东建筑设计研究院有限公司提供)

c) 标准层结构平面, 巨柱 16 根圆钢管混凝土柱

d) 66 层以上结构平面, 巨柱 8 根

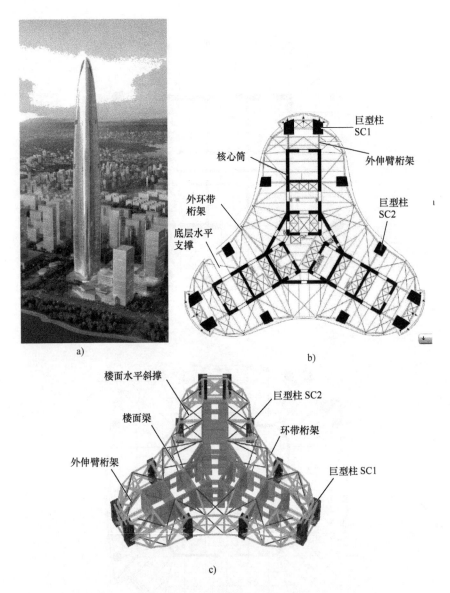

图 10-105　武汉绿地中心(地上 119 层,地下 5 层,总高 606m)
(华东建筑设计研究院有限公司提供)

a) 建筑效果图

b) 标准层平面

c) 巨型柱框架－钢骨混凝土核心筒－伸臂结构体系

参 考 文 献

［1］　林同炎，S D 斯多台斯伯利. 结构概念和体系［M］. 高立人，方鄂华，钱稼茹，译. 2
　　　　版. 北京：中国建筑工业出版社，1999.
［2］　本格尼 S 塔拉纳特. 高层建筑钢、混凝土组合结构设计［M］. 罗福午，方鄂华，等译.
　　　　2 版. 北京：中国建筑工业出版社，1999.
［3］　R Park，T Paulay. Reinforced Concrete Structures［M］. John Wiley & Sons Inc. 1975.
［4］　T Paulay，M J N Priestley. Seismic Design of Reinforced Concrete and Masonry Buildings［M］.
　　　　John Wiley & Sons Inc. 1999.
［5］　A H 尼尔逊. 混凝土结构设计［M］. 过镇海，方鄂华，等译. 12 版. 北京：中国建筑
　　　　工业出版社，2003.
［6］　方鄂华，钱稼茹，叶列平. 高层建筑结构设计［M］. 北京：中国建筑工业出版
　　　　社，2003.
［7］　罗伯特 L 威格尔. 地震工程学［M］. 北京：科学出版社，1978.
［8］　包世华，方鄂华. 高层建筑结构设计［M］. 2 版. 北京：清华大学出版社，1990.
［9］　包世华，方鄂华. 高层建筑结构设计［M］. 北京：清华大学出版社，1985.
［10］　刘大海，等. 高层建筑抗震设计［M］. 北京：中国建筑工业出版社，1993.
［11］　胡世德. 国内外高层建筑的发展及所采用的施工技术［J］. 建筑科学，2001(1).
［12］　中华人民共和国住房和城乡建设部. GB50011—2010 建筑抗震设计规范［S］. 北京：中
　　　　国建筑工业出版社，2010.
［13］　中华人民共和国住房和城乡建设部. JGJ 3—2010 高层建筑混凝土结构技术规程［S］.
　　　　北京：中国建筑工业出版社，2010.
［14］　中华人民共和国住房和城乡建设部. CECS 230 ： 2008 高层建筑钢-混凝土混合结构设
　　　　计规程［S］. 北京：中国建筑工业出版社，2008.
［15］　中华人民共和国住房和城乡建设部 GB50009—2012 建筑结构荷载规范［S］. 北京：中
　　　　国建筑工业出版社，2012.
［16］　吕西林，等. 上海地区超高层建筑振动特性实测［J］. 建筑科学，2001(2).
［17］　胡健雄. 深圳地王大厦［M］. 北京：中国建筑工业出版社，1997.
［18］　钱稼茹，过静君，等. 地王大厦动力特性及大风时楼顶位移和加速度实测研究［J］.
　　　　土木工程学报，1998(6).
［19］　丁洁民. 广州中天广场 80 层办公楼的结构计算与分析［J］. 建筑结构，1994(12).
［20］　R W Clough，K L Benuska. FHA Study of Seismic Design Criteria For High-rise Building［J］.
　　　　RUDTS-3，FHA，1966.
［21］　Hamdan Mohamad，Tiam Choon etc. "The Petronas Towers：The Tallest Building in the
　　　　World" Habitat and High-Rise, Tradition and Innovation, Proceedings of the 5th World Con-

gress[C], CTUBH 1995. 5, Amsterdam, The Netherlands.

[22] 方鄂华，何国松，容伯生，等. 广州天王中心大厦弹塑性地震反应分析[J]. 建筑结构学报，2000(6).

[23] 陈富生，邱国华，范重. 高层建筑钢结构设计[M]. 北京：中国建筑工业出版社，2000.

[24] Wu, Guo Lin, "Application of Concrete Filled Steel Tubular Column in Super High-Rise Building-Seg Plaza". Composite and Hybrid Structures[C]. Proceedings of 6th ASCCS Conference, Los Angeles, USA, March 22-24, 2000.

[25] 崔鸿超，高晓明，等. 大连远洋大厦钢结构设计[J]. 钢结构，1999(2).

[26] Tai J C, Yang Y C, Lin T Y, "Design of a Thirty Story Concrete Ductile Framed Structure, Emeryvile-east San Francisco Bay" Proceeding of 8th World Conference of Earthquake Engineering[C], 1984, San Francisco, California.

[27] CTBUH. Structural System For Tall Buildings. Council On Tall Buildings and Urban Habitat [M]. McGraw-Hill, Inc. 1995.

[28] The Hopewell Hang Kong[J]. The Syructural Engineering, Vol. 59. 1, January 1981.

[29] P V Banavalkar. Concept and Application of Spine Structures for High-Rise Buildings[C]. Habitat and High-Rise, Tradition and Innovation. Proceedings of the 5th World Congress, CTUBH 1995. 5, Amsterdam, The Netherlands.

[30] International Building Code 2000[J]. International Code Council, Inc. Printed in U. S. A, March 2000.

[31] Robert Campbell. Learning from The Hancock[J]. Architecture. March 1988.

[32] 王亚勇，张自平，等. 深圳地王大厦测振、测风试验研究[J]. 建筑结构学报，1998(6).

[33] 小谷俊介. 日本基于性能结构抗震设计方法的发展[J]. 建筑结构，2000(6).

[34] 王松涛，曹资. 现代抗震设计方法[M]. 北京：中国建筑工业出版社，1997.

[35] 王亚勇，等. 结构抗震设计时程分析法中地震波的选择[J]. 工程抗震，1988(4).

[36] 钱稼茹，罗文斌. 建筑结构基于位移的抗震设计[J]. 建筑结构，2001(4).

[37] 叶燎原，潘文. 结构静力弹塑性分析(push-over)的原理和计算实例[J]. 建筑结构学报，2000(2).

[38] 久田俊彦. 地震与建筑[M]. 姜敦超，译. 北京：地震出版社，1974.

[39] D Mitchell. Structural Damage Due to the 1985 Mexican Earthquake. Proceeding of the 5th Canadian Conference Earthquake Engineering[C]. 1987 Ottawa.

[40] Mark Fintel. Performance of Precast and Prestressed Concrete in Mexico Earthquake[J]. PCI Journal. February, 1986.

[41] MANAGUA, NICARAGUA EARTHQUAKE of December 23, 1972[C]. Earthquake Engineering Research Institute Reconnaissance Report, May 1973.

[42] A Design of Imperial County Service Building[C]. Proceedings 8th WCEE, Vol. 5 p. 355, July 21-28, 1984 San Francisco.

［43］ V V Berteto, B. Bresler, L G Selna. Design Implications of Damage Observation in The Olive-View Medical Center Building［C］. Proceedings 5th WCEE, Vol. 1 p. 51, Rome, June 25-29 1973.

［44］ A K Chopra, V V Berteto, S A Mahin. Response of The Olive-View Medical Center Main Building During the San Fernando Earthquake［C］. Proceedings 5th WCEE, Vol. 1 p. 26, Rome, June 25-29 1973.

［45］ 中国石油化工总公司抗震办公室. 地震的教训［M］. 北京：地震出版社，1990.

［46］ Preliminary Report on the Seismological and Engineering Aspects of the October 17, 1989 Santa Cruz (loma Prieta) Earthquake［C］. Earthquake Engineering Research Center Report No. UCB/EERC-89/14 October 1989.

［47］ B K Kacyra, P V Banavalkar, etc. Seismic Analysis Of The 101 California Building［C］. Proceedings of the 8th WCEE, July 21-28 1984 San Francisco.

［48］ 沈聚敏，翁义军. 钢筋混凝土构件的刚度和延性. 清华大学抗震抗爆工程研究室科学研究报告集，第3集. 钢筋混凝土结构的抗震性能［C］. 北京：清华大学出版社，1981.

［49］ 沈聚敏，翁义军，冯世平. 周期反复荷载下钢筋混凝土压弯构件的性能. 清华大学抗震抗爆工程研究室科学研究报告集，第3集. 钢筋混凝土结构的抗震性能［C］. 北京：清华大学出版社，1981.

［50］ 方鄂华，翁义军，沈聚敏. 轴压比和含箍率对框架柱延性的影响［J］. 建筑结构，1983 (3).

［51］ Bianchini A C Woods R. E. Kester C E Effect of Floor Concrete Strength on Column Strength ［J］. ACI Journal, 1960, 31(11).

［52］ Ospina C E Alexander S D B. Transmission of High-strength Concrete Columns Loads Through Concrete Slabs［C］. Engineering Report No. 214 University of Alberta, 1997.

［53］ Buiding Code Requirements for Structural Concrete［S］. ACI 318-95.

［54］ 舒传谦. 多层建筑不等强混凝土轴心受压柱承载内力计算［J］. 建筑结构，1997(1).

［55］ 程懋堃. 高强混凝土柱的梁柱节点处理方法［J］. 建筑结构，2001(5).

［56］ M Fintel and A T Derecho. Inelastic Seismic Response of Isolated Structural Walls［J］. Proceedings, International Symposium on Earthquake Structural Engineering, St. Louis, Missouri, August 1976.

［57］ 吕文，钱稼茹，方鄂华. 钢筋混凝土剪力墙延性的试验和计算［J］. 清华大学学报，1999(4).

［58］ Ehua Fang. Failure Modes of RC Tall Shear Walls. Concrete Shear in Earthquake［C］. Conference of International Workshop on Concrete Shear in Earthquake 1991 Univ. of Houston Texas, USA.

［59］ Coull, A, Choudhury, J R Stresses and Deflections in Coupled Shear Walls［J］. Journal of the American Concrete Institute. 1967.

［60］ 方鄂华，李国威. 开洞钢筋混凝土剪力墙性能的研究. 清华大学抗震抗暴工程研究室

科学研究报告集，第 3 集. 钢筋混凝土结构的抗震性能[C]. 北京：清华大学出版社，1981.

[61] A E Aktan & V V Bertero. States of The Art and Practice in the Optimum Seismic Design and Analytical Response Prediction Of R/C Frame-wall Structures[J]. UCB/EERC report 82/06 July 1982.

[62] 方鄂华. 连梁对双肢剪力墙弹塑性性能的影响[J]. 工程抗震，1985(4).

[63] Mahin, S A & Bertero V V Nonlinear Seismic response of a Coupled Wall System[J]. Journal of the Structural Divition, ASCE Vol. 102 ST9 Sept. 1976.

[64] 周云龙. 截面形状及配筋对单片剪力墙抗震性能的影响[D]. 北京：清华大学，1987.

[65] 龚炳年，方鄂华. 反复荷载下联肢剪力墙结构连系梁的性能[J]. 建筑结构学报，1988(1).

[66] 方鄂华，陈勇. 筒中筒结构设置刚性层效果的分析[J]. 烟台大学学报(自然科学与工程版)，1996(3).

[67] 阮永辉，昌西林. 带水平加强层的超高层结构的力学性能分析[J]. 结构工程师，2000(4).

[68] 李豪邦. 高层建筑中结构转换层新形式——斜柱转换[J]. 建筑结构学报，1997(4).

[69] 张誉，赵敏，等. 空腹桁架式结构转换层的试验研究[J]. 建筑结构学报，1999(12).

[70] 郝锐坤，方鄂华. 底层大空间上层大开间大模板高层建筑体系结构的研究[J]. 建筑技术，1988(3).

[71] 底层大空间上层大开间鱼骨式剪力墙结构抗震设计要点[J]. 建筑技术，1988(3).

[72] 朱宏亮，方鄂华. 底层大空间鱼骨式剪力墙结构模型模拟地震振动台试验研究[P]. 清华大学抗震抗爆工程研究室科研报告集，第 5 集. 结构模型振动台试验研究，1990(4).

[73] 付平均，方鄂华，王宗纲. 底层大开间无翼缘剪力墙结构模型振动台试验研究[P]. 清华大学抗震抗爆工程研究室科研报告集，第 5 集，结构模型振动台试验研究. 1990(4).

[74] 方鄂华，郝锐坤. 大开间灵活分隔住宅结构研究[J]. 建筑技术，1992(12).

[75] 方鄂华. 底层加强剪力墙的抗震性能[J]. 建筑结构学报，1989(2).

[76] 吴美良. 带高位转换层高层建筑结构抗震性能研究[D]. 北京：清华大学，2003.

[77] 徐培福，王翠坤，等. 转换层设置高度对框支剪力墙的影响[J]. 建筑结构，2000(1).

[78] 王森，魏琏. 不同高位转换层对高层建筑动力特性和地震作用影响的研究[J]. 建筑结构，2002(8).

[79] Structural Engineers Association of California Performance Based Seismic Engineering of Buildings[J], Vision 2000, 1995(4).

[80] Federal Emergency Managament Agercy Prestandard and Commentary for The Seismic R ehabilitation of Buildings[J], FEMA 356、357, 2000(11).

[81] 武藤清，久田俊彦. 超高层建筑 II，构造篇[M]. 鹿岛出版社，1972.

［82］ 中日长周期地震动长周期结构地震作用高层建筑隔减震技术专题研讨会观点汇总［J］. 建筑结构(技术通讯)，2013.7.

［83］ 方鄂华，程懋堃. 关于规程中对扭转不规则控制方法的讨论［J］. 建筑结构，2005(11).

［84］ 甄星灿，关于"扭转不规则"判别的思考［J］. 深圳土木与建筑，2005(1).

［85］ 钱稼茹，魏勇，蔡益燕，等. 钢框架–混凝土核心筒结构框架地震设计剪力标准值研究［J］. 建筑结构，2008(3).

［86］ 中华人民共和国住房和城乡建设部. GB 50010—2010 混凝土结构设计规范［S］. 北京：中国建筑工业出版社，2010.

［87］ 蒋欢军，和留生，吕西林，等. 上海中心大厦抗震性能分析和振动台试验研究［J］. 建筑结构，2011(11).

［88］ 田春雨，张宏，肖从真，等. 上海中心大厦模型振动台试验研究［J］. 建筑结构. 2011(11).

［89］ 江欢成，丁朝辉，等. 重庆某超限高层结构优化设计［J］. 建筑结构，2004(6).